普通高等教育"十一五"国家级规划教材
高等职业教育
工程造价专业系列教材

JIANZHU SHITU YU
FANGWU GOUZAO

建筑识图与房屋构造（第二版）

主 编　许　光　袁雪峰
副主编　马晓霞　陈　静

重庆大学出版社

内容提要

本书依据高等职业教育工程造价专业的教学计划和课程要求编写而成,是普通高等教育"十一五"国家级规划教材。本书分为两部分内容:第1篇建筑识图是在建立正投影概念的基础上,介绍了点、线、面、体的投影及轴测投影等内容,并结合建筑制图的标准和规范,以砖混结构和框架结构为例讲授施工图纸的内容和读图方法;第2篇房屋构造主要介绍房屋的基础、墙体、楼地层、楼梯、屋顶和门窗等6个基本组成部分的构造原理和构造方法。

本书具有较强的专业特色,可作为建筑工程技术、工程监理、工程造价、物业管理等专业的教材,也可作为相关工程技术人员学习参考书。

图书在版编目(CIP)数据

建筑识图与房屋构造/许光,袁雪峰主编.—2版.
—重庆:重庆大学出版社,2014.6(2021.7重印)
高等职业教育工程造价专业系列教材
ISBN 978-7-5624-8213-0

Ⅰ.①建… Ⅱ.①许…②袁… Ⅲ.①建筑制图—识别—高等职业教育—教材②房屋构造—高等职业教育—教材 Ⅳ.①TU2

中国版本图书馆 CIP 数据核字(2014)第 099992 号

普通高等教育"十一五"国家级规划教材
高等职业教育工程造价专业系列教材
建筑识图与房屋构造
(第二版)
主　编　许　光　袁雪峰
副主编　马晓霞　陈　静
责任编辑:桂晓澜　　版式设计:桂晓澜
责任校对:刘雯娜　　责任印制:赵　晟
*
重庆大学出版社出版发行
出版人:饶帮华
社址:重庆市沙坪坝区大学城西路 21 号
邮编:401331
电话:(023)88617190　88617185(中小学)
传真:(023)88617186　88617166
网址:http://www.cqup.com.cn
邮箱:fxk@ cqup.com.cn(营销中心)
全国新华书店经销
重庆天旭印务有限责任公司印刷
*
开本:787mm×1092mm　1/16　印张:21.5　字数:537 千
2014 年 8 月第 2 版　　2021 年 7 月第 10 次印刷
印数:21 501—22 500
ISBN 978-7-5624-8213-0　定价:49.00 元

编委会

特别鸣谢（排名不分先后）

天津理工大学经济管理学院
重庆市建设工程造价管理总站
重庆大学
重庆交通大学应用技术学院
重庆工程职业技术学院
平顶山工学院
江苏建筑职业技术学院
番禺职业技术学院
青海建筑职业技术学院
浙江万里学院
济南工程职业技术学院
湖北水利水电职业技术学院
洛阳理工学院
邢台职业技术学院
鲁东大学
成都大学
四川建筑职业技术学院
四川交通职业技术学院
湖南交通职业技术学院
青海交通职业技术学院
河北交通职业技术学院
江西交通职业技术学院
新疆交通职业技术学院
甘肃交通职业技术学院
山西交通职业技术学院
云南交通职业技术学院
重庆三峡学院
重庆市建筑材料协会
重庆市交通大学管理学院
重庆市建设工程造价管理协会
重庆泰莱建设工程造价咨询有限公司
重庆江津市建设委员会

序

《高等职业教育工程造价专业系列教材》于1992年由重庆大学出版社正式出版发行,并分别于2002年和2006年对该系列教材进行修订和扩充,教材品种数也从12种增加至36种。该系列教材自问世以来,受到全国各有关院校师生及工程技术人员的欢迎,产生了一定的社会反响。编委会就广大读者对该系列教材出版的支持、认可与厚爱,在此表示衷心的感谢。

随着我国社会经济的蓬勃发展,建筑业管理体制改革的不断深化,工程技术和管理模式的更新与进步,以及我国工程造价计价模式和高等职业教育人才培养模式的变化等,这些变革必然对该专业系列教材的体系构成和教学内容提出更高的要求。另外,近年来我国对建筑行业的一些规范和标准进行了修订,如《建设工程工程量清单计价规范》(GB 50500—2008)等。为适应我国"高等职业教育工程造价专业"人才培养的需要,并以系列教材建设促进其专业发展,重庆大学出版社通过全面的信息跟踪和调查研究,在广泛征求有关院校师生和同行专家意见的基础上,决定重新改版、扩充以及修订《高等职业教育工程造价专业系列教材》。

本系列教材的编写是根据国家教育部制定颁发的《高职高专教育专业人才培养目标及规格》和《工程造价专业教育标准和培养方案》,以社会对工程造价专业人员的知识、能力及素质需求为目标,以国家注册造价工程师考试的内容为依据,以最新颁布的国家和行业规范、标准、法规为标准而编写的。本系列教材针对高等职业教育的特点,基础理论的讲授以应用为目的,以必需、够用为度,突出技术应用能力的培养,反映国内外工程造价专业发展的最新动态,体现我国当前工程造价管理体制改革的精神和主要内容,完全能够满足培养德、智、体全面发展的,掌握本专业基础理论、基本知识和基本技能,获得造价工程师初步训练,具有良好综合素质和独立工作能力,会编制一般土建、安装、装饰、工程造价,初步具有进行工程造价管理和过程控制能力的高等技术应用型人才。

由于现代教育技术在教学中的应用和教学模式的不断变革,教材作为学生学习功能的唯一性正在淡化,而学习资料的多元性也正在加强。因此,为适应高等职业教育"弹性教学"的需要,满足各院校根据建筑企业需求,灵活调整及设置专业培养方向。我们采用了专业"共用课程模块 + 专业课程模块"的教材体系设置,给各院校提供了发挥个性和设置专业方向的空间。

本系列教材的体系结构如下:

共用课程模块	建筑安装模块	道路桥梁模块
建设工程法规	建筑工程材料	道路工程概论
工程造价信息管理	建筑结构基础	道路工程材料
工程成本与控制	建设工程监理	公路工程经济
工程成本会计学	建筑工程技术经济	公路工程监理概论
工程测量	建设工程项目管理	公路工程施工组织设计
工程造价专业英语	建筑识图与房屋构造	道路工程制图与识图
	建筑识图与房屋构造习题集	道路工程制图与识图习题集
	建筑工程施工工艺	公路工程施工与计量
	电气工程识图与施工工艺	桥隧施工工艺与计量
	管道工程识图与施工工艺	公路工程造价编制与案例
	建筑工程造价	公路工程招投标与合同管理
	安装工程造价	公路工程造价管理
	安装工程造价编制指导	公路工程施工放样
	装饰工程造价	
	建设工程招投标与合同管理	
	建筑工程造价管理	
	建筑工程造价实训	

注:①本系列教材赠送电子教案。
②希望各院校和企业教师、专家参与本系列教材的建设,并请毛遂自荐担任后续教材的主编或参编,联系 E-mail:linqs@ cqup. com. cn。

本次系列教材的重新编写出版,对每门课程的内容都作了较大增加和删改,品种也增至 36 种,拓宽了该专业的适应面和培养方向,给各有关院校的专业设置提供了更多的空间。这说明,该系列教材是完全适应工程造价相关专业教学需要的一套好教材,并在此推荐给有关院校和广大读者。

编委会
2012 年 4 月

前言

　　本书是普通高等教育"十一五"国家级规划教材,是遵循该专业培养目标,按照本课程教学大纲要求,结合编者多年的教学经验和工程实践,在广泛征求同行和建筑工程专家意见的基础上编写而成的。在编写过程中,依据《房屋建筑制图统一标准》《建筑制图标准》《建筑结构制图标准》和《12系列建筑标准设计图集》。在叙述上力争简明扼要,做到通俗易懂;在内容的编排上,结合教学规律,采用由浅入深、循序渐进的方法。本书分为两部分内容:第一篇建筑识图是在建立正投影概念的基础上,介绍了点、线、面、体的投影及轴测投影等内容,结合介绍建筑制图的标准和规范,以建筑施工图纸为例讲授砖混结构和框架结构的建筑施工图内容和读图方法;第二篇房屋构造主要介绍房屋六大部分的构造原理和构造方法。

　　工程造价专业的培养目标是从事工程概预算、工程项目评估、建筑工程结算审计和施工项目管理的高等技术应用型专门人才。建筑识图与房屋构造课程是工程造价专业领域的一门最基本的专业基础课程。众所周知,建筑工程造价是以施工图纸所表达的内容为依据进行计算和分析的,因此,掌握施工图的成图原理,了解和掌握房屋的构造组成、构造方法和作用是读懂施工图的理论基础。只有熟练读取图纸内容,获取施工图纸所提供的专业信息,才能准确地分析、计算、确定建筑工程造价,为社会经济建设服务。

　　建筑识图与房屋构造是一门综合性和专业性很强的课程,由于工程图纸采用正投影的表示方法,因此要求学生在学习过程中具有一定的空间想象能力。同时为便于识读工程图纸所反映的内容,需要学生掌握一定的建筑材料知识。而本课程中建筑识图与房屋构造之间有相互呼应,识图是学习构造的基础,构造又为识图服务。另外,为了丰富教师教学手段,提升教学质量,本教材配套提供了"数字教学资源包",包括教学课件、课后习题参考答案、教学素材等,教师可在重庆大学教育资源网上免费下载(下载地址:http://www.cqup.com.cn/edusrc/)。

本书由邢台职业技术学院许光、袁雪峰主编,马晓霞、陈静为副主编,第1篇由邢台职业技术学院陈静、许光修订,第2篇由邢台职业技术学院马晓霞编写。徐州建筑职业技术学院袁绍华、湖北职业技术学院张天俊、洛阳大学金云霄、平顶山工学院李雅文、邢台职业技术学院袁雪峰参加前续版本编写,为此书打下了良好的基础,在此一并向他们表示最诚挚的谢意!为便于教师组织教学和读者自学,本书后附有砖混结构、框架结构的建筑施工图,砖混结构图纸由袁绍华提供,框架结构图纸由张天俊提供。

由于编者水平有限,书中不足之处在所难免,恳请广大读者批评指正。

编　者

2013 年 10 月

目录

第2篇 房屋构造

第1篇　建筑识图

1　建筑制图的标准和规范

　　图样是工程界的技术语言,为了使工程图样达到基本统一,便于生产和技术交流,绘制工程图样必须遵守统一的规定,使图面简洁、简明,符合设计、施工、存档的要求。这个在全国范围内的统一的规定就是国家制图标准(简称国标),它是一项所有工程人员在设计、施工、管理中必须严格遵守的国家法令。

　　现行有关建筑制图标准主要有国家质量技术监督局发布的《技术制图》、建设部发布的《房屋建筑制图统一标准》(GB/T 50001—2010)、《总图制图标准》(GB/T 50103—2010)、《建筑制图标准》(GB/T 50104—2010)、《建筑结构制图标准》(GB/T 50105—2010)、《给水排水制图标准》(GB/T 50106—2010)、《暖通空调制图标准》(GB/T 50114—2010)。

1.1　制图的基本规定

·1.1.1　图纸·

　　为了使图纸整齐,便于管理和装订,《房屋建筑制图统一标准》(GB/T 50001—2010)对图纸的幅面、图框、格式及标题栏、会签栏等内容作出统一规定。

1)图纸幅面

　　图纸幅面简称图幅,是指图纸尺寸的大小。建设工程所用图纸应符合表1.1规定。在一套施工图中,选用图幅应以一种规格为主。如图纸幅面不够,只能加长其长边,加长尺寸为长边的 $n/8$ 倍。

表 1.1　幅面及图框尺寸*

尺寸代号＼幅面代号	A0	A1	A2	A3	A4
$b \times l$	841×1 189	594×841	420×594	297×420	210×297
c		10			5
a			25		

*本书未标注尺寸单位的均为 mm。

2)图框形式

　　图框是指图纸上绘图范围的界限。每张图纸都应用粗实线绘制图框。图框分为横式和立

3

式两种,以短边作为垂直边称为横式,如图1.1(a)所示;以短边作为水平边称为立式,如图1.1(b)、(c)所示。一般 A0 ~ A3 图纸宜横式使用,必要时也可立式使用。图纸的裁切方法如图1.1(d)所示。图纸长边可加长,但应符合国家制图标准,短边一般不应加长。

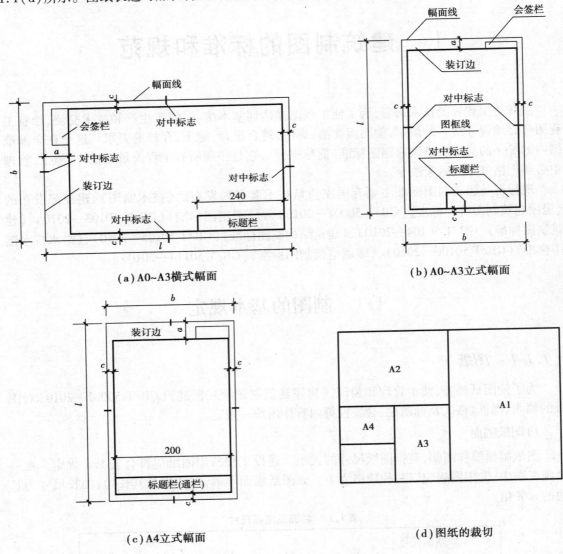

(a) A0~A3横式幅面

(b) A0~A3立式幅面

(c) A4立式幅面

(d) 图纸的裁切

图1.1 图框形式

3)标题栏与会签栏

图纸的标题栏与会签栏应按图1.1所示的位置布置。

标题栏又称图标,用来填写工程名称、设计单位、图名、图纸编号等内容,如图1.2(a)所示。标题栏可根据工程需要选择确定其尺寸、格式、分区。学生制图作业所用标题栏,如图1.2(b)所示。

会签栏应按图1.3的格式绘制,栏内应填写会签人员所代表的专业、姓名、日期。不需会签的图纸可不设会签栏。

4)图纸编排顺序

按照国标规定,工程图纸按专业顺序编排,一般应为图纸目录、总图、建筑图、结构图、给水排水图、暖通空调图、电气图……各专业的图纸,应按图纸内容的主次关系、逻辑关系有序排列。

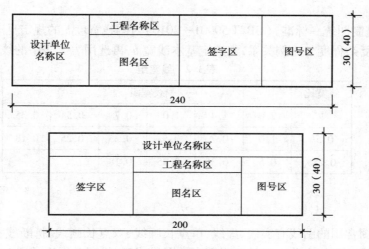

（a）工程用标题栏

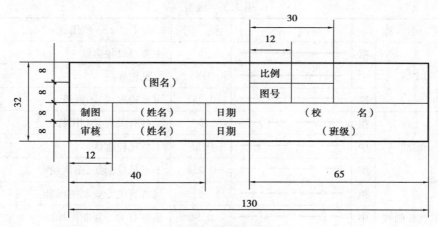

（b）学生作业用标题栏

图 1.2　标题栏

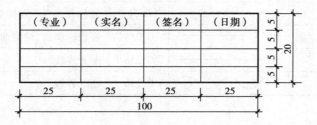

图 1.3　会签栏

·1.1.2 图线·

画在图纸上的线条统称图线。为了使图上的内容主次分明、清晰易看,在绘制工程图时,采用不同线型和不同线宽的图线来表示不同的意义和用途。

1)线宽

《房屋建筑制图统一标准》(GB/T 50001—2010)对图线宽度 b 的规定见表1.2。在绘图时应根据图样的复杂程度与比例关系,先选定基本线宽 b,再选用表1.2中的线宽组。

表1.2　线宽组

线宽比	线宽组					
b	2.0	1.4	1.0	0.7	0.5	0.35
$0.5b$	1.0	0.7	0.5	0.35	0.25	0.18
$0.25b$	0.5	0.35	0.25	0.18		

2)线型

建筑工程图常用的图线有实线、虚线、单点长画线、双点长画线、折断线和波浪线等,其中某线图线还有粗、中、细之分。建筑工程图中的图线线型、线宽及用途见表1.3。

表1.3　线型

名　称		线　型	线　宽	一般用途
实线	粗	——————	b	主要可见轮廓线
	中	——————	$0.5b$	可见轮廓线
	细	——————	$0.25b$	可见轮廓线、图例线
虚线	粗	— — — —	b	见各有关专业制图标准
	中	— — — —	$0.5b$	不可见轮廓线
	细	— — — —	$0.25b$	不可见轮廓线、图例线
单点长画线	粗	—·—·—·	b	见各有关专业制图标准
	中	—·—·—·	$0.5b$	见各有关专业制图标准
	细	—·—·—·	$0.25b$	中心线、对称线等
双点长画线	粗	—··—··—	b	见各有关专业制图标准
	中	—··—··—	$0.5b$	见各有关专业制图标准
	细	—··—··—	$0.25b$	假想轮廓线、成型前原始轮廓线
折断线		——/\——	$0.25b$	断开界线
波浪线		～～～	$0.25b$	断开界线

3)图线画法

图线和线宽确定后,在绘图过程中应注意以下几点:

①相互平行的图线,其间隙不宜小于其中的粗线宽度,且不宜小于0.7 mm。

②虚线、单点长画线或双点长画线的线段长度和间隔,宜各自相等。

③单点长画线或双点长画线,当在较小图形中绘制有困难时,可用实线代替。

④单点长画线或双点长画线的两端,不应是点。点画线与点画线交接或点画线与其他图线交接时,应是线段交接,如图1.4所示。

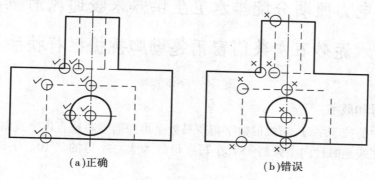

（a）正确　　　　　　　　（b）错误

图1.4　各种线型交接画法

⑤虚线与虚线交接或虚线与其他图线交接时,应是线段交接。虚线为实线的延长线时,不得与实线连接,如图1.4所示。

⑥图线与文字、数字或符号重叠时,应首先保证文字的清晰。

·1.1.3　字体·

图纸上所需书写的文字、数字、符号等,均应笔画清晰、书写端正、排列整齐,标点符号应清楚明确。

1)汉字

图样及说明中的汉字采用国家公布的简化汉字,并采用长仿宋字体。文字的字高即字号应从下列系列中选用:3.5,5,7,10,14,20 mm。字的宽度和高度的关系,应符合表1.4的规定。大标题、图册封面、地形图等的汉字,也可书写成其他字体,但应易于辨认。

表1.4　长仿宋体字高宽关系

字　高	20	14	10	7	5	3.5
字　宽	14	10	7	5	3.5	2.5

写好长仿宋体字的基本要领为横平竖直、起落分明、结构匀称、填满方格,字体如图1.5所示。长仿宋体字和其他汉字一样,都是由点、横、竖、撇、捺、挑、折、钩8种笔画组成。在书写时,要先掌握基本笔画的特点,注意起笔和落笔要有棱角,使笔画形成尖端或三角形,字体的结构布局、笔画之间的间隔均匀相称,以及偏旁、部首比例的适当。要写好长仿宋体字,正确的方法是按字体大小,先用铅笔淡淡地打好字格,多描摹和临摹、多看、多写,持之以恒,自然熟能生巧。

建筑工程制图统一标准底层平面图比例尺

梁板柱框基础屋架墙身设计说明砖混结构

电力照明分配排水卫生供热采暖通风消防

水泥砂石灰浆门窗雨篷勒脚挑檐栏杆扶手

图 1.5　字体示例

2)拉丁字母和数字

　　设计图纸中的拉丁字母、阿拉伯数字与罗马数字可按需要写成直体字或斜体字,斜体字斜度应是从字的底线逆时针向上倾斜 75°,小写字母约为大写字母的 7/10。字母和数字的示例如图 1.6 所示。

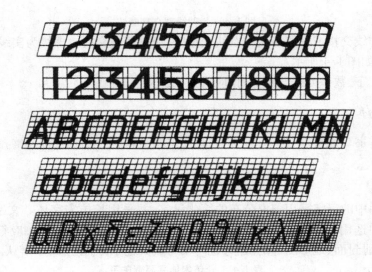

图 1.6　数字与字母示例

·1.1.4　比例·

　　图样的比例是指图形与实物相对应的线性尺寸之比。比例的大小,即其比值的大小,如 1:50 大于 1:100。比例宜注写在图名的右侧,与字的基准线齐平,比例的字高应比图名的字高小一号或二号,如图 1.7 所示。

底层平面图 1:100

图 1.7　比例的注写

　　绘图时所用的比例,应根据图样的用途与被绘对象的复杂程度从表 1.5 中选用,并优先选用表中常用比例。一般情况下,一个图样应选用一个比例。根据专业制图的需要,同一图样也可选用两种比例。

表 1.5　绘图所用比例

常用比例	1:1,1:2,1:5,1:10,1:20,1:50,1:100,1:150,1:200,1:500,1:1 000, 1:2 000,1:5 000,1:10 000,1:20 000,1:50 000,1:100 000,1:200 000
可用比例	1:3,1:4,1:6,1:15,1:25,1:30,1:40,1:60,1:80,1:250,1:300,1:400

·1.1.5　符号·

1)剖切符号

剖视的剖切符号应符合下列规定:

①剖视的剖切符号应由剖切位置线及投射方向线组成,均应以粗实线绘制。剖切位置线的长度宜为 6 ~ 10 mm;投射方向线应垂直于剖切位置线,长度应短于剖切位置线,宜为 4 ~ 6 mm,如图 1.8 所示。绘制时,剖视的剖切符号不应与其他图线相接触。

②剖视剖切符号的编号宜采用阿拉伯数字,按顺序由左至右、由下至上连续编排,并应注写在剖视方向线的端部。

③需要转折的剖切位置线,应在转角的外侧加注与该符号相同的编号。

④建(构)筑物剖面图的剖切符号宜注在 ±0.000 标高的平面图上。

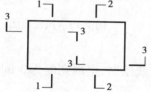

图 1.8　剖视的剖切符号

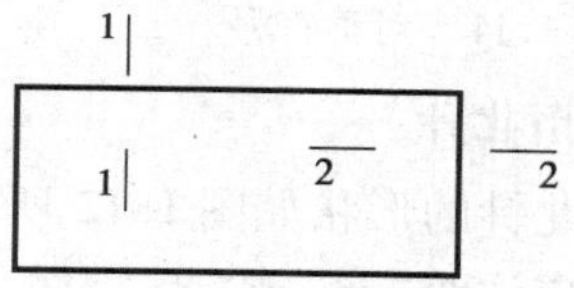

图 1.9　断面剖切符号

断面的剖切符号应符合下列规定:

①断面的剖切符号只用剖切位置线表示,并应以粗实线绘制,长度宜为 6 ~ 10 mm。

②断面剖切符号的编号宜采用阿拉伯数字,按顺序连续编排,并应注写在剖切位置线的一侧,编号所在的一侧应为该断面的剖视方向,如图 1.9 所示。

2)索引符号与详图符号

图样中的某一局部或构件,如需另见详图,应以索引符号索引,如图 1.10(a)所示。索引符号是由直径为 10 mm 的圆和水平直径组成,圆及水平直径均应以细实线绘制。索引符号应按下列规定编写:

①索引出的详图,如与被索引的详图同在一张图纸内,应在索引符号的上半圆中用阿拉伯数字注明该详图的编号,并在下半圆中画一段水平细实线,如图 1.10(b)所示。

②索引出的详图,如与被索引的详图不在同一张图纸内,应在索引符号的上半圆中用阿拉伯数字注明该详图的编号,在索引符号的下半圆中用阿拉伯数字注明该详图所在图纸的编号,如图 1.10(c)所示。数字较多时,可加文字标注。

③索引出的详图,如采用标准图,应在索引符号水平直径的延长线上加注该标准图册的编号,如图 1.10(d)所示。

(a)索引符号的组成　　(b)索引图在同一张图纸上　(c)索引图不在同一张图纸上　(d)索引图在标准图上

图 1.10　索引符号

3)对称符号

对称图形绘图时可只画对称图形的一半,并用细实线和点画线画出对称符号,如图 1.11 所示。对称符号中平行线的长度宜为 6～10 mm,间距为 2～3 mm,对称线垂直平分于两对平行线,两端超出平行线 2～3 mm。

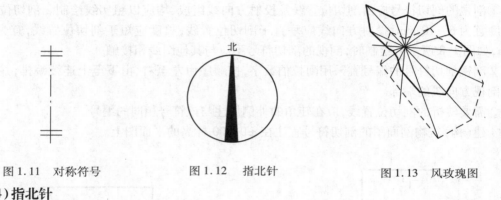

图 1.11　对称符号　　　　图 1.12　指北针　　　　　图 1.13　风玫瑰图

4)指北针

指北针的形状如图 1.12 所示,圆的直径为 24 mm,用细实线绘制,尾部宽度为 3 mm,指北针头部应注明"北"或"N"字样。

5)风玫瑰图

风玫瑰图是根据某一地区多年统计的各方向平均吹风次数的百分数值,按一定比例绘制而成,一般用 8～16 个方位表示,如图 1.13 所示。在风玫瑰图中,风的吹向是从外向内(中心),实线表示全年风向频率,虚线表示夏季风向频率。

·1.1.6　定位轴线·

为了便于施工时定位放线,以及查阅图纸中相关的内容,在绘制建筑图样时通常将墙、柱等承重的构件的中心线作为定位轴线。定位轴线应用细点画线绘制并编号,编号应注写在轴线端部的圆内。圆应用细实线绘制,直径为 8～10 mm。定位轴线圆的圆心应在定位轴线的延长线上或延长线的折线上。

平面图上定位轴线的编号,宜标注在图样的下方与左侧。横向编号应用阿拉伯数字,从左至右顺序编写,竖向编号应用大写拉丁字母,从下至上顺序编写。为了避免与数字混淆,竖向编号不得用 I,O 和 Z。

附加轴线的编号以分数形式表示。两根轴线之间的附加轴线,以分母表示前一根轴线的编号,分子表示附加轴线的编号;1 号或 A 号轴线之前的附加轴线,分母以 01 或 OA 表示,如图 1.14 所示。

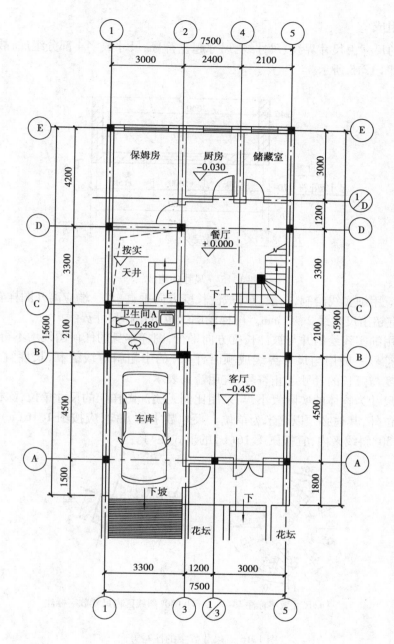

图 1.14 定位轴线的画法

·1.1.7 尺寸标注·

图样除了画出建筑物及其各部分的形状外,还必须准确地、详尽地、清晰地标注尺寸,以确定其大小,作为施工时的依据。因此,尺寸标注是图样中的重要内容,也是制图工作中极为重要的一环,需要认真细致、一丝不苟。

1)尺寸的组成

一个完整的尺寸由尺寸界线、尺寸线、尺寸起止符号、尺寸数字 4 部分组成,故常称为尺寸的 4 大要素,如图 1.15 所示。

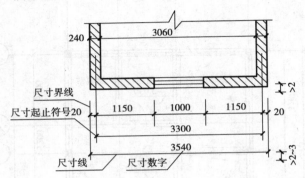

图 1.15　尺寸的组成

尺寸界线应用细实线绘制,一般应与被注长度方向垂直,其一端应离开图样轮廓线不小于 2 mm,另一端宜超出尺寸线 2~3 mm。图样轮廓线也可用作尺寸界线。

尺寸线应用细实线绘制并与被注长度方向平行,图样本身的任何图线均不得用作尺寸线。

尺寸起止符号一般用与尺寸界线成顺时针 45°的中粗斜短线绘制,长度宜为 2~3 mm。半径、直径、角度与弧长的尺寸起止符号,宜用箭头表示。

图样上的尺寸为物体的实际大小,与采用比例无关。图样上的尺寸单位,除标高及总平面尺寸以米为单位外,其他必须以毫米为单位。尺寸数字的方向,应按图 1.16(a)的规定注写。若尺寸数字在 30°斜线区内,宜按图 1.16(b)的形式注写。

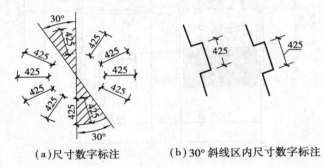

（a）尺寸数字标注　　　　　（b）30°斜线区内尺寸数字标注

图 1.16　尺寸数字的注写方向

尺寸数字一般应依据其方向注写在靠近尺寸线的上方中部。如没有足够的注写位置,最外边的尺寸数字可注写在尺寸界线的外侧,中间相邻的尺寸数字可错开注写,如图 1.17 所示。

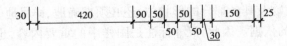

图 1.17　尺寸的注写位置

2）尺寸的排列与布置

建筑图中尺寸的排列和布置应注意以下几点：

①尺寸应标注在图样轮廓以外，不宜与图线、文字、符号等相交。必要时也可标注在图样轮廓线以内。

②互相平行的尺寸线应从被注图样轮廓线由里向外整齐排列，小尺寸在里，大尺寸在外。小尺寸距离图样轮廓线不小于 10 mm，平行排列的尺寸线间距为 7～10 mm。在建筑工程图纸上，通常由外向内标注三道尺寸，即总尺寸、轴线尺寸、分尺寸，如图 1.18 所示。

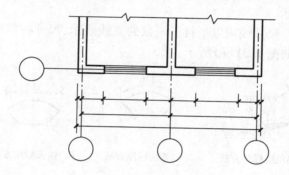

图 1.18　尺寸的排列与位置

③总尺寸的尺寸界限应靠近所指部位，中间分尺寸的尺寸界限可稍短，但长度应相等。

3）半径、直径的标注

半径的尺寸线应一端从圆心开始，另一端画箭头指向圆弧。半径尺寸数字前应加注半径符号"*R*"，如图 1.19（a）所示。较小圆弧的半径，可按图 1.19（b）形式标注。较大圆弧的半径，可按图 1.19（c）形式标注。

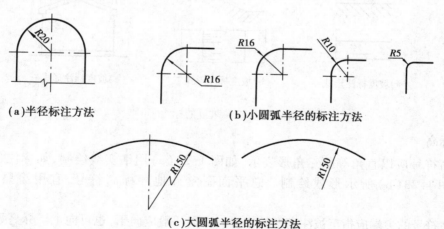

（a）半径标注方法　　　　（b）小圆弧半径的标注方法

（c）大圆弧半径的标注方法

图 1.19　半径的标注

标注圆的直径时，直径数字前应加直径符号"ϕ"。在圆内标注的尺寸线应通过圆心，两端画箭头指至圆弧，如图 1.20 所示。

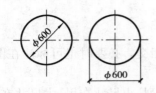

图 1.20　圆直径的标注方法

4)角度、弧度、弦长的标注

角度的尺寸线应以圆弧表示。该圆弧的圆心应是该角的顶点,角的两条边为尺寸界线。起止符号应以箭头表示,如没有足够位置画箭头,可用圆点代替,角度数字应按水平方向注写,如图 1.21(a)所示。

标注圆弧的弧长时,尺寸线应以与该圆弧同心的圆弧线表示,尺寸界线应垂直于该圆弧的弦,起止符号用箭头表示,弧长数字上方应加注圆弧符号"⌒",如图 1.21(b)所示。

标注圆弧的弦长时,尺寸线应以平行于该弦的直线表示,尺寸界线应垂直于该弦,起止符号用中粗斜短线表示,如图 1.21(c)所示。

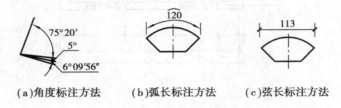

(a)角度标注方法　　　(b)弧长标注方法　　　(c)弦长标注方法

图 1.21　角度、弧度、弦长的标注

5)坡度的标注

标注坡度时,在坡度数字下,应加注坡度符号,坡度符号用单面箭头,一般应指向下坡方向,如图 1.22 所示。其注法可用百分比表示,如图 1.22(a)中的 2%;也可用比例表示,如图 1.22(b)中的 1∶2;还可用直角三角形的形式表示,如图 1.22(c)中的屋顶坡度。

(a)坡度标注形式一　　　(b)坡度标注形式二　　　(c)坡度标注形式三

图 1.22　坡度的标注

6)标高

标高符号应以直角等腰三角形表示,如图 1.23(a)用细实线绘制,如标注位置不够,也可按图 1.23(b)所示形式绘制。总平面图室外地坪标高符号,宜用涂黑的三角形表示。

标高符号的尖端应指至被注高度的位置。尖端一般应向下,也可向上。标高数字应注写在标高符号的左侧或右侧,如图 1.23(c)所示。

标高数字应以米为单位,注写到小数点以后第 3 位。在总平面图中,可注写到小数点以后第 2 位。零点标高应注写成 ±0.000,正数标高不注"+",负数标高应注"−",例如 3.000,−0.600。

(a)标高符号　　　(b)标高标注形式一　　　(c)标高标注形式二

图1.23　标高的标注

当建筑物或建筑材料被剖切时,通常在图样中的断面轮廓线内,画出建筑材料图例,表1.6中列出的是常用的建筑材料图例。

表1.6　常用建筑材料图例

材料名称	图例	备注
夯实土壤	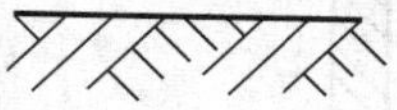	
砂、灰土	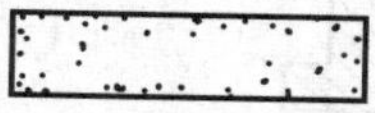	靠近轮廓线绘较密的点
砂砾石、碎砖三合土	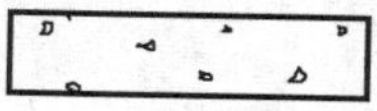	
石材	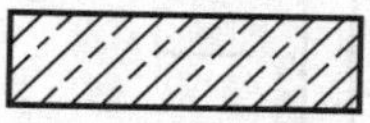	
普通砖	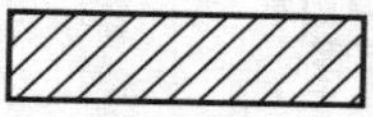	包括实心砖、多孔砖、砌块等砌体。断面较窄不易绘出图例线时,可涂红
混凝土	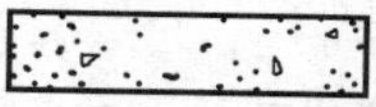	①本图例指能承重的混凝土和钢筋混凝土 ②包括各种强度等级、骨料、添加剂的混凝土 ③在剖面图上画出钢筋时,不画图例线 ④断面图形小,不易画出图例线时,可涂黑
钢筋混凝土		

1.2　简化画法

为了节省绘图时间或由于绘图位置不够,《房屋建筑制图统一标准》(GB/T 50001—2010)规定允许在必要时采用下列简化画法。

·1.2.1　对称图形的简化画法·

构配件的对称图形,可以对称中心线为界,只画出该图形的一半,并画上对称符号,如图1.24(a)所示。如果图形不仅左右对称,而且上下也对称,还可进一步简化只画出该图形的1/4,如图1.24(b)所示。对称图形也可稍超出对称线,此时可不画对称符号,而在超出对称线部分画上折断线,如图1.24(c)所示。

对称的形体需画剖面图或断面图时,也可以对称符号为界,一半画外形图,一半画剖面图或断面图,如图1.25所示。

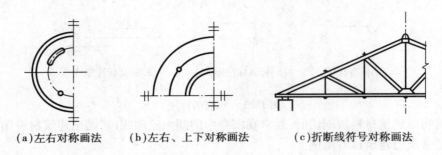

（a）左右对称画法　　（b）左右、上下对称画法　　（c）折断线符号对称画法

图 1.24　对称图形的简化画法一

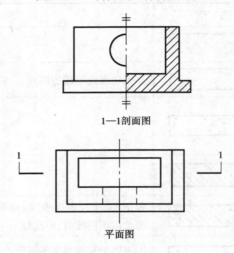

1—1剖面图

平面图

图 1.25　对称图形的简化二

·1.2.2　相同构造要素的简化画法·

　　建筑物或构配件的图样中,如果图上有多个完全相同且连续排列的构造要素,可以仅在两端或适当位置画出其完整形状,其余部分以中心线或中心线交点确定它们的位置即可,如图1.26(a)所示。如相同构造要素少于中心线交点,则应在相同构造要素位置的中心线交点处用小圆点表示,如图1.26(b)所示。

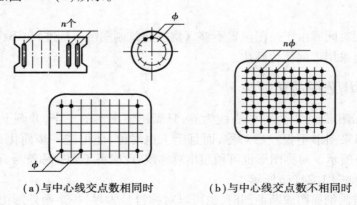

（a）与中心线交点数相同时　　　（b）与中心线交点数不相同时

图 1.26　相同要素简化画法

· 1.2.3　　较长构件的简化画法 ·

　　较长的构件,如沿长度方向的形状相同或按一定规律变化,可断开省略绘制,断开处应以折断线表示,如图 1.27 所示。应注意:当在用折断省略画法所画出的图样上标注尺寸时,其长度尺寸数值应标注构件的全长。

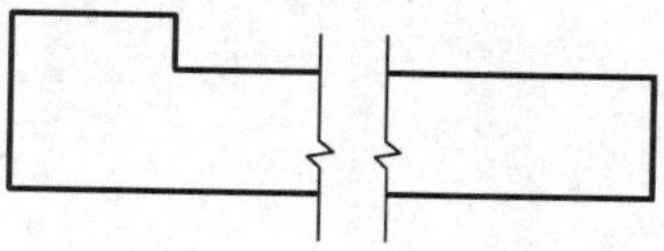

图 1.27　较长构件的简化画法

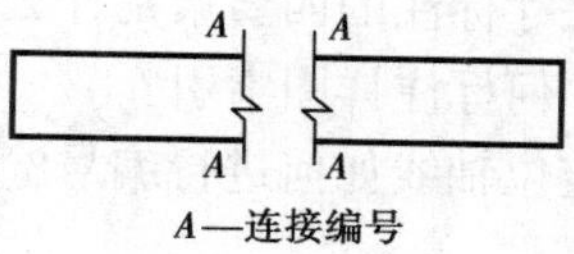

A—连接编号

图 1.28　　连接符号

· 1.2.4　　构件的分部画法 ·

　　绘制同一个构件,如绘制位置不够,可分成几个部分绘制,并应以连接符号表示相连。连接符号用折断线表示需连接的部位,并以折断线两端靠图样一侧用大写拉丁字母表示连接编号,两个被连接的图样,必须用相同字母编号,如图 1.28 所示。

· 1.2.5　　构件局部不同的简化画法 ·

　　当两个构配件仅部分不相同时,则可在完整地画出一个后,另一个只画不相同部分,但应在两个构配件的相同部分与不同部分的分界处,分别绘制连接符号。两个连接符号应对准在同一线上,如图 1.29 所示。

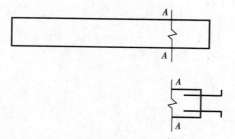

图 1.29　　构件局部不同的简化画法

小结 1

　　掌握建筑制图的标准和相关规范是识读建筑图基础和前提。本章简要介绍了建筑制图标准的有关规定。通过学习,应了解并执行国家相关标准所规定的基本制图规范。

复习思考题 1

1.1　国标中如何规定标准图纸图幅的代号和规格?

1.2　尺寸标注的四要素是什么?

1.3　如何标注详图索引?

1.4　定位轴线如何进行编号?

2 投影的基本知识

2.1 投影及其特性

· 2.1.1 投影的概念 ·

我们知道,我们周围的三维空间的形体都有长度、宽度和高度,如果在只有二维空间的图纸上,准确全面地表达出形体的形状和大小,就必须用投影的方法。

如图 2.1(a)所示,在光线(如阳光)的照射下,形体将在地面上投下一个多边形的影子,这个影子反映形体的外部轮廓和大小。如图 2.1(b)所示,假设光源发出的光线可穿透形体,将各顶点及各棱线投落在平面 H 上,则这些点和线的影子将组成一个能够反映出物体形状的图形,这个图形称为形体的投影。

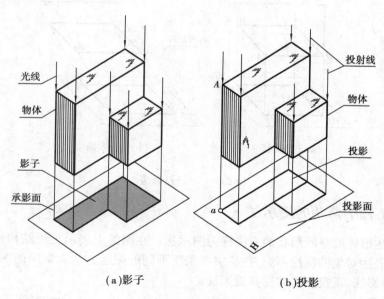

(a)影子　　　　　　　　　(b)投影

图 2.1 影子与投影

由此可知,要产生投影必须具有 3 个条件:投射线、投影面和投影体,这 3 个条件又称为投影三要素。如图 2.2 所示,光源是投影中心,连接投影中心与形体上点的直线称为投射线。投影所在的平面 H 称为投影面。空间的几何形体称为投影体。通过一点的投影线与投影面 H 相交,所得交点称为该点在平面 H 上的投影。

这种对形体作出投影,在投影面上产生图像的方法,称为投影法。工程上常用这种投影法来绘制图样。

· 2.1.2 投影的分类 ·

投影一般分为中心投影和平行投影两类。

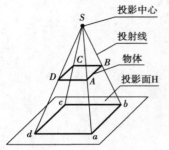

图2.2 中心投影法

（1）中心投影

由一点发出呈放射状的投影线照射物体所形成的投影称为中心投影,如图2.2所示。

（2）平行投影

当投影中心 S 至投影面 H 的距离无限远时,投射线可理解为相互平行的平行投影线,由平行投影线照射物体所形成的投影称为平行投影,如图2.3所示。

根据投射线与投影面夹角的不同,平行投影法又分为两种：

· 正投影法 在平行投影中,投射线垂直于投影面时所形成的投影称为正投影(直角投影)。作出正投影的方法称为正投影法(直角投影法),如图2.3(a)所示。正投影法是工程上最常用的一种投影方法,本书主要讲授正投影。

· 斜投影法 在平行投影中,投射线倾斜于投影面时所形成的投影,称为斜投影,如图2.3(b)所示。斜投影法常用来绘制工程中的辅助图样。

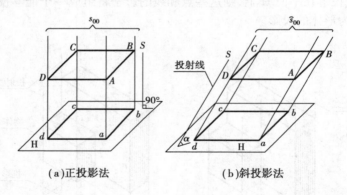

(a)正投影法　　　　(b)斜投影法

图2.3 平行投影法

· 2.1.3 工程中常用的图示法 ·

用图样表达形体的空间形状的方法称为图示法。在图纸上表示工程结构物时,由于所表达的目的及被表达对象的特性不同,往往需要采用不同的图示方法。常用的图示方法有透视投影法、轴测投影法、正投影法和标高投影法。

（1）透视投影法

采用中心投影法将形体投射到单一投影面上所得到的具有立体感的投影图,简称透视图,如图2.4所示。透视图成像接近照相效果,比较符合人们的视觉,具有直观、形象的特点;但作图繁琐、度

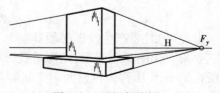

图2.4 透视投影图

量性差,常作为方案设计阶段辅助视图。

(2)轴测投影法

轴测投影法,是按照平行投影法将空间形体投射到一个投影面上,得到其投影图的一种方法,如图2.5所示。轴测投影图立体感强,在一定条件下,可度量出物体长、宽、高3个方向的尺寸。在实际工程中,常用轴测投影绘制给水排水、采暖通风和空气调节等方面的管道系统图。

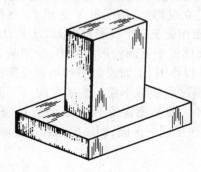

图2.5 轴测投影图

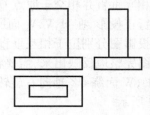

图2.6 正投影图

(3)正投影法

正投影法是指在两个或两个以上互相垂直的,并分别平行于形体主要侧面的投影面上作出空间形体的多面直角投影,然后将这些投影面按一定规律展开在一个平面上,从而得到形体投影图的方法,如图2.6所示。正投影图的优点是作图简便、便于度量,工程上应用最广;但直观性差,缺乏立体感。

(4)标高投影法

标高投影法是利用正投影法画出的单面投影图,在其上注明标高数据,如图2.7所示。标高投影常用来绘制地形图、建筑总平面图,以及道路、水利工程等的平面布置图。

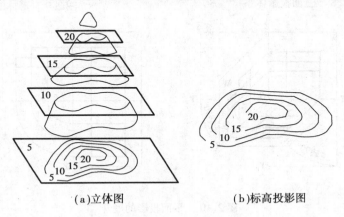

(a)立体图　　　　　　　　　(b)标高投影图

图2.7 标高投影

2.2 三面投影体系的形成

工程上绘制的图样主要采用具有绘图简单、图样真实、方便度量等优点的正投影法。在正投影中,物体的一个投影只能表达三维物体两个方向的尺度关系,不能确定出空间物体的唯一准确形状。解决这一问题需要建立多个投影面,一般用3个互相垂直的投影面建立三面投影体系。

·2.2.1   三面投影体系的建立·

如图2.8所示,三面投影体系由相互垂直的投影面组成。其中水平放置的面被称为水平投影面,用字母H表示;竖立在正面的投影面被称为正立投影面,用字母V表示;立在侧面的投影面被称为侧立投影面,用字母W表示。3个投影面相交于3个投影轴即OX,OY,OZ,3个投影轴相互垂直并相交于原点O。如图2.9所示,将物体置于三面投影体系中,分别向3个投影面进行正投影,在H,V,W面所得的投影被称为水平投影图、正面投影图和侧面投影图。由于3个投影图分别位于相互垂直的3个投影面上,绘图过程非常不便。为了在同一平面内将三面视图完整地反映出来,需要将3个投影面进行展开。即V面保持不动,H面绕OX轴向下旋转90°,W面绕OZ轴向右旋转90°,这样H,V,W面位于同一平面,即形成三面正投影图,如图2.10所示。

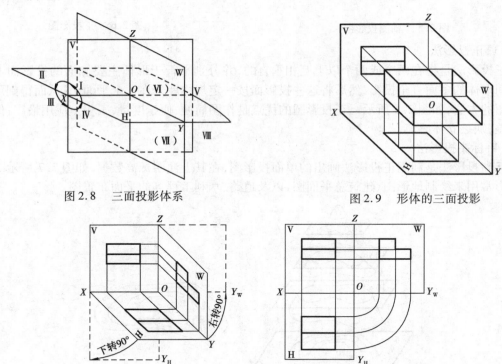

图2.8   三面投影体系　　　　　　　　　　图2.9   形体的三面投影

图2.10   平面投影的展开

·2.2.2   三面正投影图的对应关系·

三面投影图是从三个不同方向投影而得到的,对于同一物体,其三面投影图之间既有区别,又有联系。

1)投影对应规律

投影对应规律是指各投影图之间在量度方向上的相互对应。

由图 2.11 可知,H 投影和 V 投影在 X 轴方向都反映物体的长度,它们的位置左右应对正,这种关系称为"长对正";V 投影和 W 投影在 Z 轴方向都反映物体的高度,它们的位置上下应对齐,这种关系称为"高平齐";H 投影和 W 投影在 Y 轴方向都反映物体的宽度,它们的位置左右应对正,这种关系称为"宽相等"。

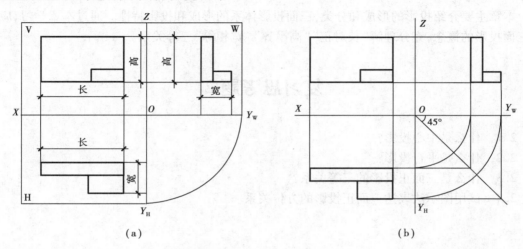

(a) (b)

图 2.11 投影的三等关系

"长对正、高平齐、宽相等"这三等关系反映了三面正投影图之间的投影对应规律,是绘制和识读正投影图时必须遵循的准则。

2)方位对应关系

方位对应规律是指各投影图之间在方向位置上的相互对应。

任何物体都有上、下、左、右、前、后 6 个方位。在三面投影图中,每个投影图各反映其中 4 个方位的情况,即平面图反映物体的左右和前后;正面图反映物体的左右和上下;侧面图反映物体的前后和上下,如图 2.12 所示。正面投影图反映物体上下、左右关系,水平面投影图反映物体前后和左右关系,侧面投影图反映物体上下和前后关系。

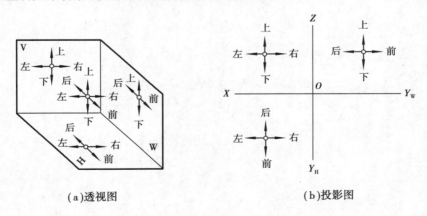

(a)透视图 (b)投影图

图 2.12 三面投影的方位关系

小结 2

本章主要介绍投影的形成和分类,三面投影体系的形成和投影特性。通过本章学习,应建立三面投影的概念,充分理解"长对正""高平齐""宽相等"三等关系。

复习思考题 2

2.1 什么是中心投影?

2.2 什么是平行投影?

2.3 什么是三面正投影的三等关系?

2.4 试用图示法表达三面正投影的方位关系。

3 点、线、面、体的投影

3.1 点的投影

任何物体都是由点、线、面组成的,建筑形体也不例外。所以说点、线、面是构成物体的最基本的几何元素,而点的投影规律是线、面、体投影的基础。

· 3.1.1 点的投影 ·

如图 3.1(a)所示,将空间点 A 设在三面投影体系中,由点 A 分别向 3 个投影面做垂线(投影线)可得到 3 个垂足 a, a', a'',即为空间点 A 的三面投影。其中点 A 在 H 面上的投影称为点 A 的水平投影,用小写字母 a 表示;V 面上的投影称为点 A 的正立投影,用小写字母加一撇 a' 表示;W 面上的投影称为点 A 的侧面投影,用小写字母加两撇的形式 a'' 标注。为将点 A 的 3 个投影表示在同一平面内,将三面投影体系展开,即得到点 A 的三面投影图,如图 3.1(b)所示。其投影规律如下:

点的 V, H 投影连线垂直于 OX 轴,即 $aa' \perp OX$ 轴。

点的 V, W 投影连线垂直于 OZ 轴,即 $a'a'' \perp OZ$ 轴。

点的水平投影到 OX 轴的距离等于侧面投影到 OZ 轴的距离,即 $aa_X = a''a_Z = y$。

为了表示 $aa_X = a''a_Z = y$ 的关系,常用过原点 O 的 45°斜线或以 O 为圆心的圆弧,把水平投影和侧面投影之间的投影连线联系起来,如图 3.1(b)所示。

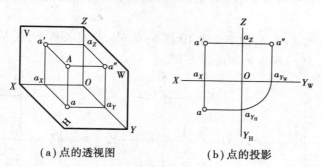

(a)点的透视图   (b)点的投影

图 3.1 点的三面投影

综观点的投影的 3 条规律不难发现,只要任意给出点的两个投影就可以补出点的第三面投影(即"二补一"作图)。

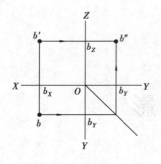

图 3.2 求点的第三面投影

【例 3.1】 如图 3.2 所示，已知点 B 的正面投影 b' 和水平投影 b，求该点的侧面投影 b''。

分析：

由点的投影规律可知：正面投影和侧面投影连线垂直于 Z 轴，即 $b'b'' \perp OZ$ 轴，所以 b'' 一定在过 b' 且垂直于 OZ 轴的直线上，又因为水平投影到 X 轴的距离等于侧面投影到 Z 轴的距离，便可以求得 b''。

作图：

由 b' 作 OZ 轴的垂线与 OZ 轴相交于 b_Z，在此垂线上自 b_Z 向前量取 $b_Z b'' = b b_X$，即得点 B 的侧面投影 b''。

· 3.1.2　点的坐标 ·

如果把三投影面体系看作空间直角坐标系，把投影面 H，V，W 视为坐标面，投影轴 OX，OY，OZ 视为坐标轴，则空间点 A 分别到 3 个坐标面的距离 Aa''，Aa'，Aa 可用点 A 的 3 个直角坐标 x，y，z 表示，记为 $A(x, y, z)$。同时点 A 的 3 个投影 a，a'，a'' 也可用坐标来确定。即：水平投影 a 由 x 和 y 确定，反映了空间点 A 到 W 面和 V 面的距离 Aa'' 和 Aa'；正面投影 a' 由 x 和 z 确定，反映了空间点 A 到 W 面和 H 面的距离 Aa'' 和 Aa；侧面投影 a'' 由 y 和 z 确定，反映了空间点 A 到 V 面和 H 面的距离 Aa' 和 Aa。

【例 3.2】 已知空间点 B 的坐标为 $X = 12$，$Y = 10$，$Z = 15$，也可以写成 $B(12, 10, 15)$。单位为 mm（下同）。求作 B 点的三面投影。

分析：

已知空间点的 3 个坐标，便可先作出该点在 V，H 面上的两个投影，再作出 W 面上的投影。

作图：

①画投影轴，在 OX 轴上由 O 点向左量取 12，定出 b_X，过 b_X 作 OX 轴的垂线，如图 3.3(a) 所示。

②在 OZ 轴上由 O 点向上量取 15，定出 b_Z，过 b_Z 作 OZ 轴垂线，两条线交点即为 b'，如图 3.3(b) 所示。

③在 $b'b_X$ 的延长线上，从 b_X 向下量取 10 得 b；在 $b'b_Z$ 的延长线上，从 b_Z 向右量取 10 得 b''。或者由 b' 和 b 用图 3.3(c) 所示的方法作出 b''。

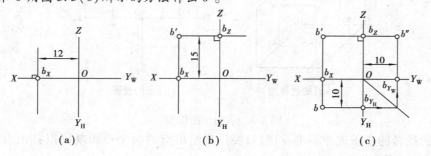

(a)　　　　　　　　(b)　　　　　　　　(c)

图 3.3　由点的坐标作三面投影

· *3.1.3* 两点的相对位置及重影点 ·

1)两点的相对位置

空间两点的相对位置是指两点间上下、左右、前后位置关系。在投影图上判别两点的相对位置是读图中的重要问题。

空间两点的相对位置可根据它们在投影图中各组同名投影的相对位置,或比较同名坐标值来判断。在三面投影图中,X 坐标可确定点的左右位置,Y 坐标可确定点的前后位置,Z 坐标可确定点的上下位置。只要将空间两点同面投影的坐标值加以比较,就可判断出两点的左右、前后、上下位置关系。坐标大者为左、前、上,坐标小者为右、后、下。

【例3.3】 已知空间点 $C(15,8,12)$,D 点在 C 点的右方7,前方5,下方6。求作 D 点的三投影。

分析:D 点在 C 点的右方和下方,说明 D 点的 X,Z 坐标小于 C 点的 X,Z 坐标;D 点在 C 点的前方,说明 D 点的 Y 坐标大于 C 点的 Y 坐标。可根据两点的坐标差作出 D 点的三投影。

作图:如图 3.4 所示。

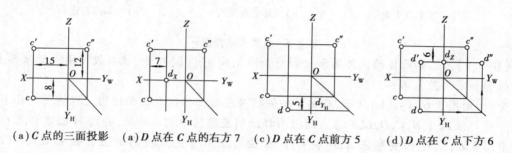

(a)C 点的三面投影　(a)D 点在 C 点的右方7　(c)D 点在 C 点前5　(d)D 点在 C 点下方6

图 3.4　求作 D 点的三投影

2)重影点

当两点同时处于某一投影面的同一条投射线上时,这两点在该投影面上的投影重合,因而此两点称为该投影面的重影点。

重影点的可见性由两点不重合投影的相对位置来判断。或由第三坐标大小来判断,坐标值大者为可见投影,坐标值小者为不可见投影。

重影点的投影标注方法是:可见点注写在前,不可见点注写在后并且在字母外加括号。

如图 3.5(a)所示,点 A 和点 B 在同一垂直于 H 面的投影线上,它们的 H 投影重合在一起,由于点 A 在上,点 B 在下,向 H 面投影时,投影线先遇 A 点,后遇 B 点。A 点为可见,它的 H 投影仍然标注为 a,点 B 为不可见,其 H 投影标注为 (b)。H 面重影点可见性判断是上遮下。

如图 3.5(b)所示,点 C 和点 D 在同一垂直于 V 面的投影线上,它们的 V 投影重合在一起,由于点 C 在前,点 D 在后,向 V 面投影时,投影线先遇 C 点,后遇 D 点。C 点为可见,它的 V 投影仍然标注为 c',点 D 为不可见,其 V 投影标注为 (d')。V 面重影点可见性判断是前遮后。

如图 3.5(c)所示,点 E 和点 F 在同一垂直于 W 面的投影线上,它们的 W 投影重合在一起,由于点 E 在左,点 F 在右,向 W 面投影时,投影线先遇 E 点,后遇 F 点。E 点为可见,它的

W 投影仍然标注为 e'',点 F 为不可见,其 W 投影标注为(f'')。W 面重影点可见性判断是左遮右。

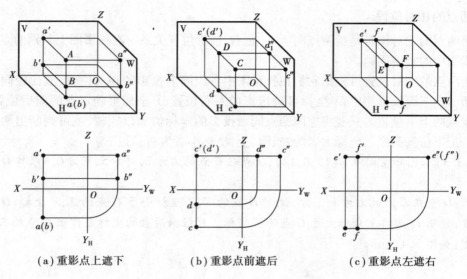

(a) 重影点上遮下　　　　(b) 重影点前遮后　　　　(c) 重影点左遮右

图 3.5　重影点的投影

【例 3.4】　已知形体的立体图和投影图如图 3.6(a)、(b)所示,试在投影图上标记各主要点的投影和重影关系名称。

分析:由图 3.6(a)、(b)所示,已知是四坡顶房屋的立体图和三面投影。现将图 3.6(b)立体图中所标注的 A,B,C,D,E,F 各点的投影标注到投影图中相应部位,并将 H 面重影点 C,D,V 面重影点 C,E,W 面重影点 A,B 和 C,F 在该面上不可见点投影加上括弧 $c(d)$、$c'(e')$,$a''(b'')$、$c''(f'')$,如图 3.6(c)所示。

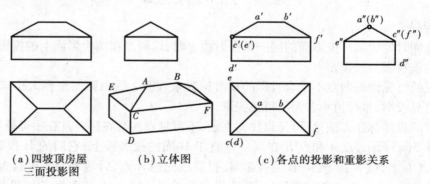

(a) 四坡顶房屋　　　　(b) 立体图　　　　(c) 各点的投影和重影关系
三面投影图

图 3.6　形体上各顶点的投影及重影点

3.2　直线的投影

我们知道,过两点可以确定一条直线,所以求作直线的投影,可先求出该直线上任意两点的投影(一直线段通常取其两个端点),然后连接该两点的同面投影,便可得直线的三面投影,如图 3.7 所示。根据直线与投影面的相对位置,可把直线分为一般位置直线和特殊位置直线。空间直线与它的水平投影、正面投影、侧面投影的夹角,称为该直线对投影面 H,V,W 的倾角,本书中分别用 α,β,γ 表示。

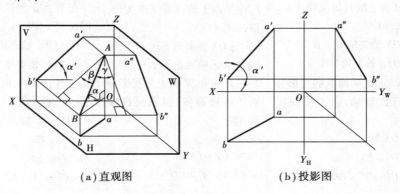

（a）直观图　　　　　　　　　（b）投影图

图 3.7　直线的投影

· 3.2.1　特殊位置直线及其投影特点 ·

特殊位置直线包括投影面平行线和投影面垂直线两种。

1）投影面平行线

平行于一个投影面而与另外两个投影面倾斜的直线称为投影面平行线。其中与水平投影面（H 面）平行的直线被称为水平线;与正立投影面（V 面）平行的直线被称为正平线;与侧立投影面（W 面）平行的直线称为侧平线。表 3.1 列出了这 3 种直线的直观图、投影图和投影特点。

表 3.1　投影面平行线的投影特点

名称	水平线	正平线	侧平线
直观图			
投影图			

续表

名称	水平线	正平线	侧平线
投影特点	1. 在 H 面上的投影反映实长，即：$cd = CD$ cd 与 OX 轴夹角等于 β cd 与 OY_H 轴夹角等于 γ 2. 在 V 面和 W 面上的投影分别平行投影轴，但不反映实长，即： $c'd' \parallel OX$ 轴 $c''d'' \parallel OY_W$ 轴 $c'd' < CD; c''d'' < CD$	1. 在 V 面上的投影反映实长，即：$c'd' = CD$ $c'd'$ 与 OX 轴夹角等于 α $c'd'$ 与 OZ 轴夹角等于 γ 2. 在 H 面和 W 面上的投影分别平行投影轴，但不反映实长，即： $cd \parallel OX$ 轴 $c''d'' \parallel OZ$ 轴 $cd < CD; c''d'' < CD$	1. 在 W 面上的投影反映实长，即：$c''d'' = CD$ $c''d''$ 与 OY_W 轴夹角等于 α $c''d''$ 与 OZ 轴夹角等于 β 2. 在 H 面和 V 面上的投影分别平行投影轴，但不反映实长，即： $cd \parallel OY_H$ 轴 $c'd' \parallel OZ$ 轴 $cd < CD; c'd' < CD$

现归纳投影面平行线的投影特性如下：

①直线平行于某一投影面，则在该投影面上的投影反映直线实长，并且该投影与投影轴的夹角反映直线对其他两个投影面的倾角。

②直线在另外两个投影面上的投影，分别平行于相应的投影轴，但不反映实长。

根据投影面平行线的投影特性，可判别直线与投影面的相对位置，即"一斜两直线，定是平行线；斜线在哪面，平行哪个面"。

2)投影面垂直线

垂直于一个投影面(必与另两个投影面平行)的直线称为投影面垂直线。其中与水平投影面(H 面)垂直的直线称为铅垂线；与正立投影面(V 面)垂直的直线称为正垂线；与侧立投影面(W 面)垂直的直线称为侧垂线。表 3.2 列出了这 3 种直线的直观图，投影图和投影特点。

表 3.2 投影面垂直线的投影特点

名称	铅垂线	正垂线	侧垂线
直观图	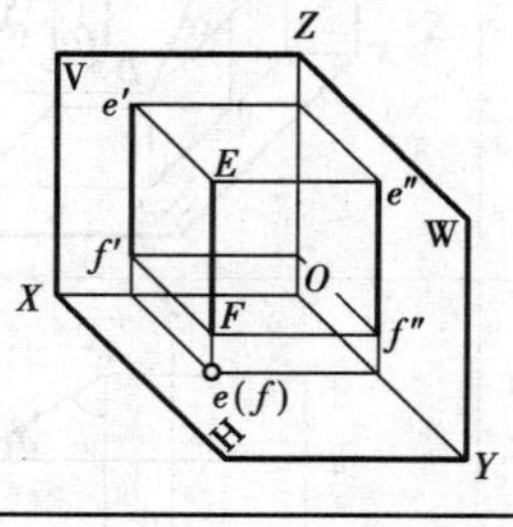	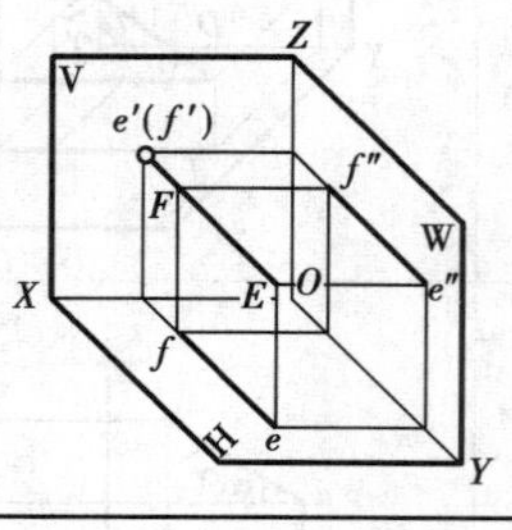	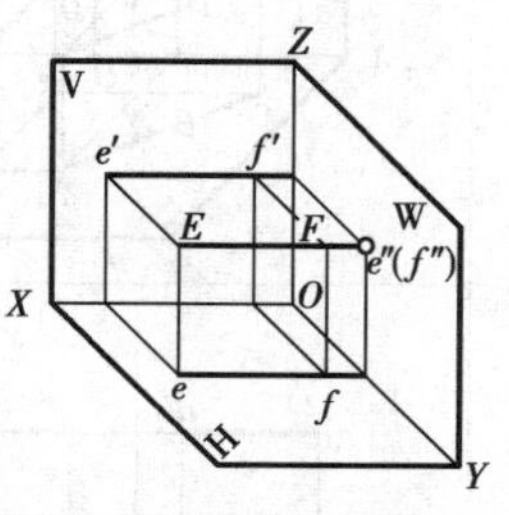

名称	铅垂线	正垂线	侧垂线
投影图	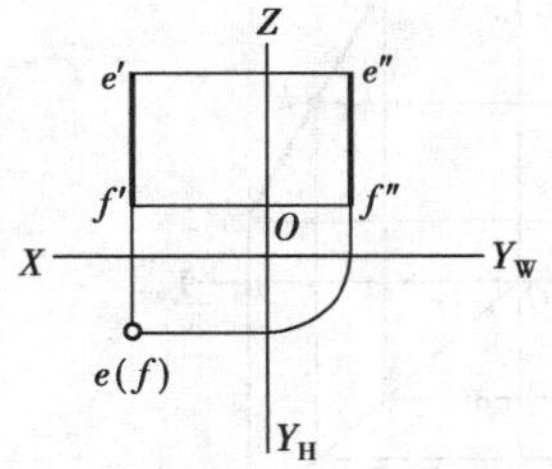	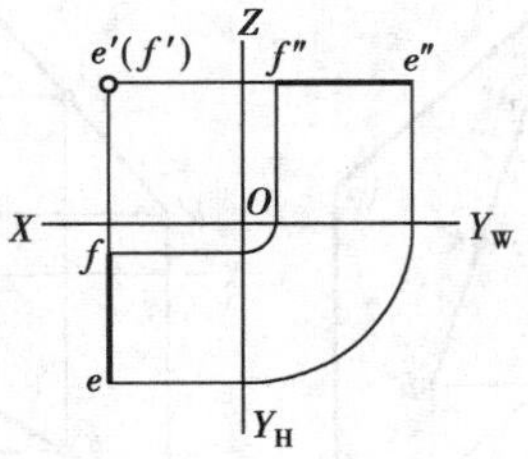	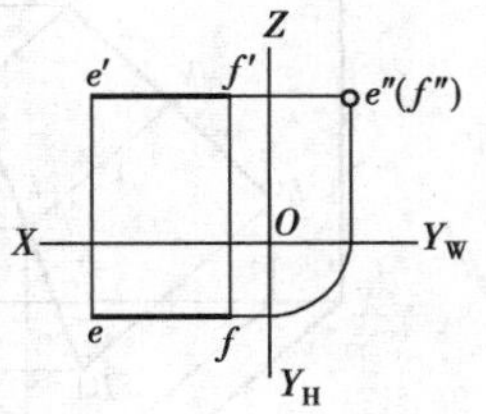
投影特点	1. 在 H 面上的投影 e、f 重为一点,即该投影具有积聚性 2. 在 V 面和 W 面上的投影反映实长,即:$e'f'=e''f''=EF$ $e'f'\perp OX$ 轴 $e''f''\perp OY_W$ 轴	1. 在 V 面上的投影 e'、f' 重为一点,即该投影具有积聚性 2. 在 H 面和 W 面上的投影反映实长,即:$ef=e''f''=EF$ $ef\perp OX$ 轴 $e''f''\perp OZ$ 轴	1. 在 W 面上的投影 e''、f'' 重为一点,即该投影具有积聚性 2. 在 H 面和 V 面上的投影反映实长,即:$ef=e'f'=EF$ $ef\perp OY_W$ 轴 $e'f'\perp OZ$ 轴

现归纳投影面垂直线的投影特性如下:

①投影面垂直线在它所垂直的投影面上的投影积聚为一点(积聚性)。

②空间直线在另两个投影面上的投影垂直于相应的投影轴,并且反映直线的实长(显实性)。

· 3.2.2　一般位置直线及其投影特点 ·

与3个投影面都倾斜的直线称为一般位置直线,如图3.7所示。一般位置直线 AB 与3个投影面 H,V,W 都倾斜,依据三面投影关系不难发现,由于 AB 直线对3个投影面都倾斜,所以 AB 直线的3个投影长度都短于真长,其投影与相关轴间的夹角也不能直接反映 AB 直线对该投影面的倾角,即 $\alpha\neq\alpha'$。

由此可知,一般位置直线的投影特性是:

①3个投影都倾斜于投影轴,3个投影长度均小于实长。

②3个投影与各投影轴的夹角不反映直线对投影面真实倾角。

· 3.2.3　直线上的点 ·

位于直线上的点,它的投影必然在该直线的同面投影上并且符合点的投影规律,反之,如果点的投影均在直线的同面投影上,且各投影符合点的投影规律,则该点必在直线上。根据这一特性,可求作直线上点的投影和判断点与直线的相对位置。如果直线上的一个点把直线分为一定比例的两段,则点的投影也分直线同名投影为相同比例的两段,如图3.8所示。

【例3.5】　如图3.9(a)所示,试判断 K 点是否在侧平线 MN 上。

分析:方法一:根据点在线上,点的投影必在线的同面投影上的特性判断;方法二:根据点定比分割线段的特性进行判断。

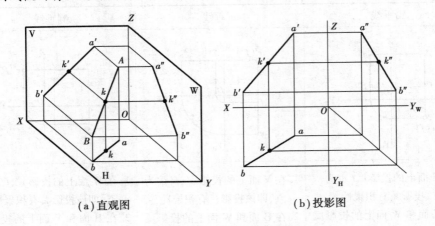

(a)直观图　　　　　　　　　　　(b)投影图

图3.8　直线上点的投影

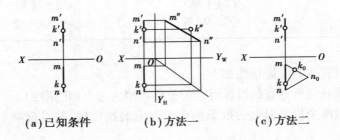

(a)已知条件　　　　　(b)方法一　　　　(c)方法二

图3.9　判断 K 点是否在侧平线 MN 上

方法一的判断过程如图3.9(b)所示。

作图:①加 W 面,即过 O 作投影轴 OY_H,OY_W,OZ。

②由 $m'n'$,mn 和 k',k 作出 $m''n''$ 和 k''。

③由于 k'' 不在 $m''n''$ 上,所以 K 点不在 MN 上。

直线上一点将线段分为两部分,两部分长度之比等于它们的投影长度之比,这种比例关系称为定比关系。

方法二的判断过程如图3.9(c)所示。

作图:①过 m 任作一直线,在其上取 $mk_0=m'k'$,$k_0n_0=k'n'$。

②分别将 k 和 k_0,n 和 n_0 连成直线。

③由于 kk_0 不平行于 nn_0,于是 $m'k':k'n'\neq mk:kn$,从而就可判断出 K 点不在 MN 上。

· 3.2.4　两直线的相对位置 ·

空间两直线的相对位置有3种情况:平行、相交或交叉。平行和相交的两直线均属于同一平面(共面)的直线,而交叉的两直线则不属于同一平面(异面)直线。表3.3列出了它们的投影图及投影特性。

表 3.3 空间两直线的投影图及投影特性

	两直线平行	两直线相交	两直线交叉
直观图			
投影图			
投影特性	若空间两直线平行,则它们的同面投影也互相平行	若两直线相交,则它们的同面投影也必相交,且交点的投影符合点的投影规律	两直线交叉,它们的 3 组同面投影不可能都平行;若它们的 3 组同面投影都相交,而交点不可能符合点的投影规律

【例 3.6】 如图 3.10(a)所示,已知直线 AB 和点 C 的投影,求作过点 C 与直线 AB 平行的直线 CD 的投影。

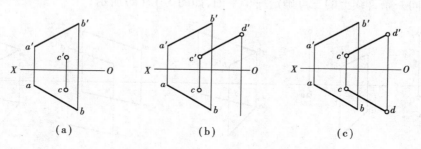

(a)　　　　　　　　(b)　　　　　　　　(c)

图 3.10 求作过点 C 与 AB 平行的直线 CD 的投影

分析:根据两平行直线的投影特性,如直线 $CD \parallel AB$,则 $cd \parallel ab$,$c'd' \parallel a'b'$,$c''d'' \parallel a''b''$。

作图:①过 c' 作 $a'b'$ 的平行线 $c'd'$,并自 d' 向下引垂线,如图 3.10(b)所示。

②过 c 作 ab 的平行线,与 d' 的垂线相交于 d 得 cd,cd 与 $c'd'$ 即为所求,如图 3.10(c)所示。

【例 3.7】 如图 3.11(a)所示,已知平面四边形 ABCD 的 V 投影及不完整的 H 投影 abc,补全平面的 H 投影。

分析:平面四边形 ABCD 的对角线 AC,BD 必定是共面且相交的。$a'c'$,$b'd'$,ac 及 b 已知,利用两直线的交点的投影特性不难求出 D 点的 H 投影 d。

作图:①连 $a'c'$,$b'd'$(交点为 l')及 ac,如图 3.11(b)所示。

②过 l' 作 OX 轴的垂线,交 ac 于一点 l,连 bl 并延长,过 d' 作 OX 轴垂线,交 bl 延长线于一点 d。

③连 $ad,cd,abcd$ 即为所求,如图 3.11(c)所示。

此题还可以用其他方法解答,请读者自行分析。

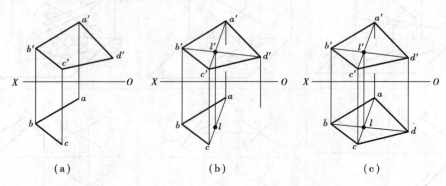

（a）　　　　　　　　（b）　　　　　　　　（c）

图 3.11　补全四边形的投影

3.3　平面的投影

· 3.3.1　平面的表示法 ·

从平面几何中可知,平面可由以下几何要素来确定:

①不在同一条直线上的三点确定一个平面,如图 3.12(a)所示;

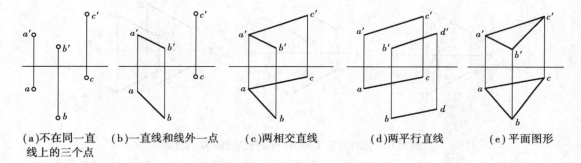

（a）不在同一直　　（b）一直线和线外一点　　（c）两相交直线　　　　（d）两平行直线　　　　（e）平面图形
线上的三个点

图 3.12　平面的几何元素表示法

②一条直线与直线外一点确定一个平面,如图 3.12(b)所示;

③相交两直线确定一个平面,如图 3.12(c)所示;

④平行两直线确定一个平面,如图 3.12(d)所示;

⑤任意平面图形如三角形、四边形、圆形等确定一个平面,如图 3.12(e)所示。

以上 5 种表示方法可相互转化。通常用三角形、平行四边形、两相交直线、两平行直线表示平面。

根据空间平面与投影面的相对位置,平面可分为特殊位置平面和一般位置平面。

平面的投影实质上是作点和线的投影。空间平面 ABC，作出其 3 个顶点 A,B,C 在三面的投影，将各点在同面投影连接起来，即为平面 ABC 在各面上的投影。

· 3.3.2 特殊位置平面 ·

特殊位置平面包括投影面垂直面和投影面平行面两种。

1) 投影面垂直面

垂直于一个投影面而倾斜于另外两个投影面的平面称为投影面的垂直面。与水平投影面（H 面）垂直的平面称为铅垂面；与正立投影面（V 面）垂直的平面称为正垂面；与侧立投影面（W 面）垂直的平面称为侧垂面。表 3.4 列出了它们的直观图、投影图和投影特点。

表 3.4　投影面垂直面的投影图及投影特性

名称	直观图	投影图	投影特点
铅垂面	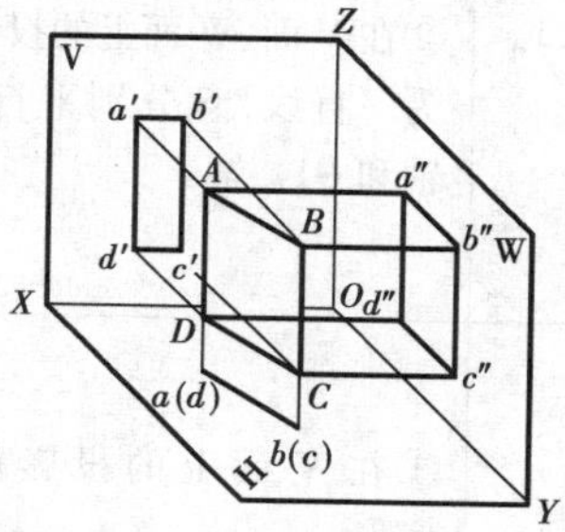	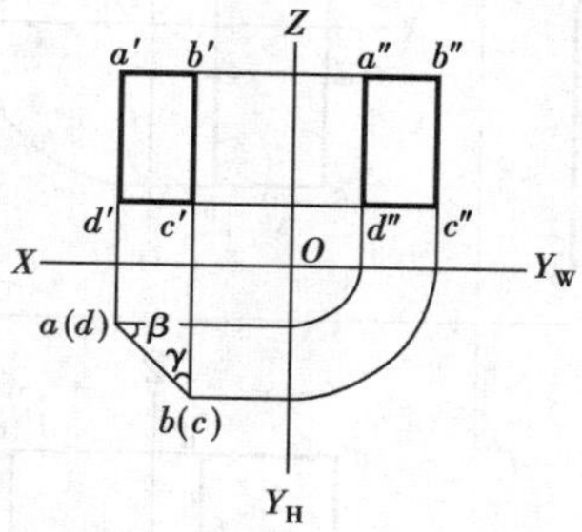	①在 H 面上的投影积聚为一条与投影轴倾斜的直线 ②β,γ 反映平面与 V,W 面的倾角 ③在 V,W 面上的投影为不反映实形的类似形
正垂面	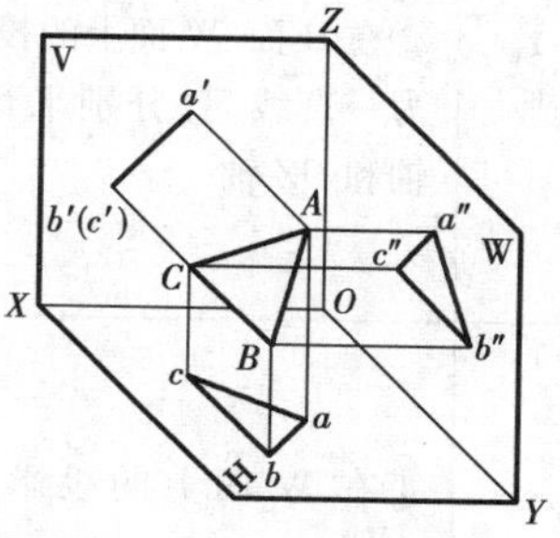	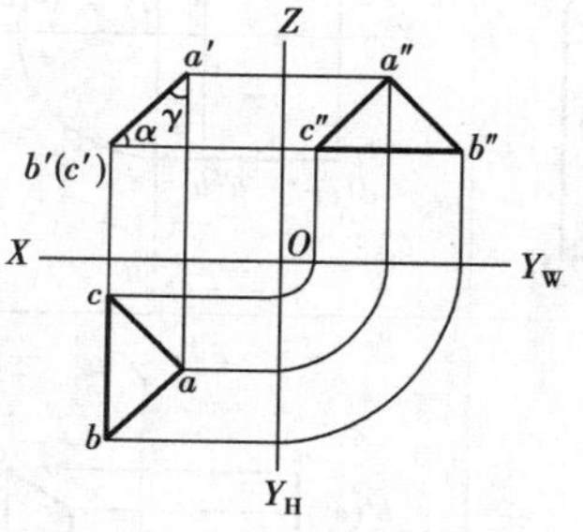	①在 V 面上的投影积聚为一条与投影轴倾斜的直线 ②α,γ 反映平面与 H,W 面的倾角 ③在 H,W 面上的投影为不反映实形的类似形
侧垂面	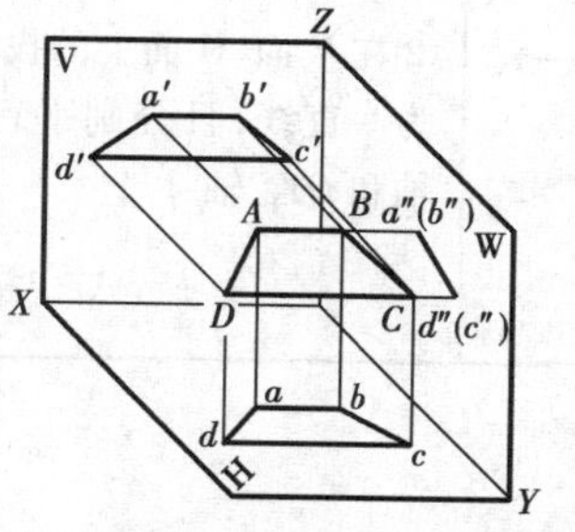	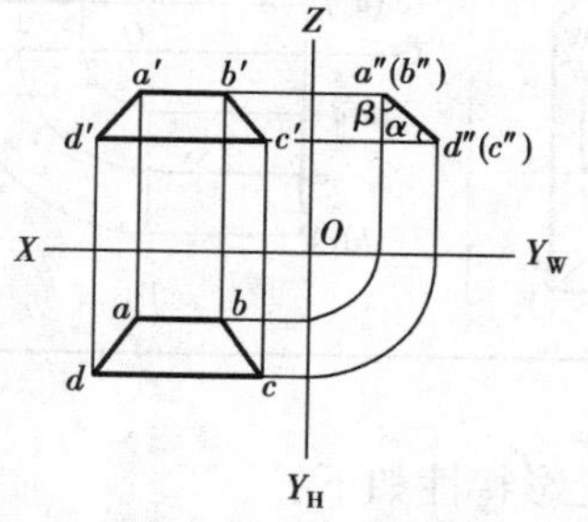	①在 W 面上的投影积聚为一条与投影轴倾斜的直线 ②α,β 反映平面与 H,V 面的倾角 ③在 V,H 面上的投影为不反映实形的类似形

现归纳投影面垂直面的投影特性如下：

①投影面垂直面在其所垂直的投影面上的投影积聚为一斜直线，该投影与投影轴的夹角分别反映平面与另两个投影面的真实倾角。

②该平面的另两个投影均为缩小的类似形。

根据投影面垂直面的投影特性,可判别平面与投影面的相对位置,即"两框一斜线,定是垂直面;斜面在哪里,垂直哪个面。"

2)投影面的平行面

平行于一个投影面而垂直于另外两个投影面的平面称为投影面的平行面。与水平投影面(H 面)平行的平面称为水平面;与正立投影面(V 面)平行的平面称为正平面;与侧立投影面(W 面)平行的平面称为侧平面。表 3.5 列出了它们的直观图、投影图和投影特点。

表 3.5 投影面平行面的投影图及投影特性

名称	直观图	投影图	投影特点
水平面	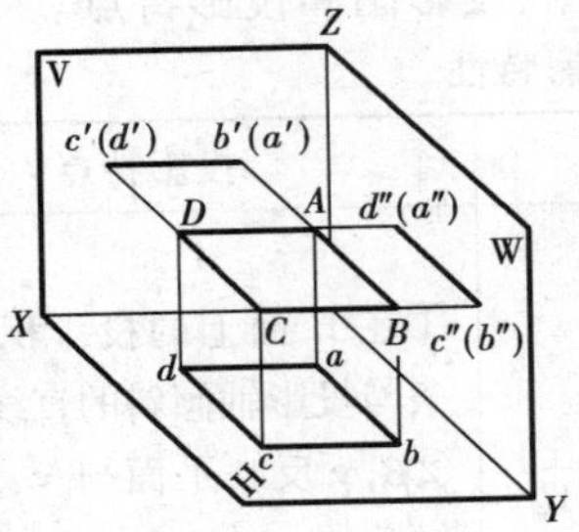	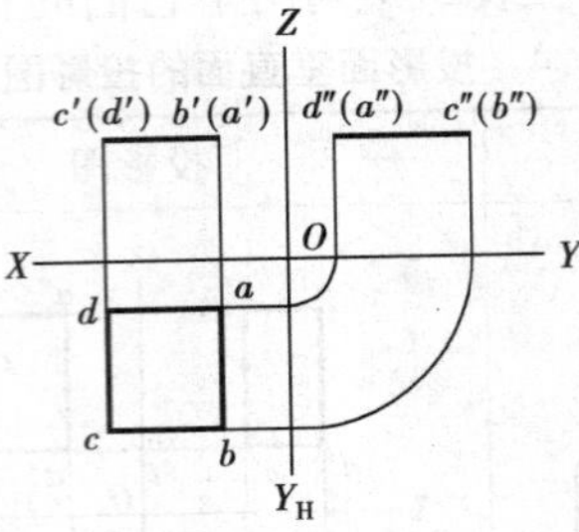	①在 H 面上的投影反映其实形 ②在 V 面、W 面上的投影积聚为一直线,且分别平行于 OX 轴和 OY_W 轴
正平面	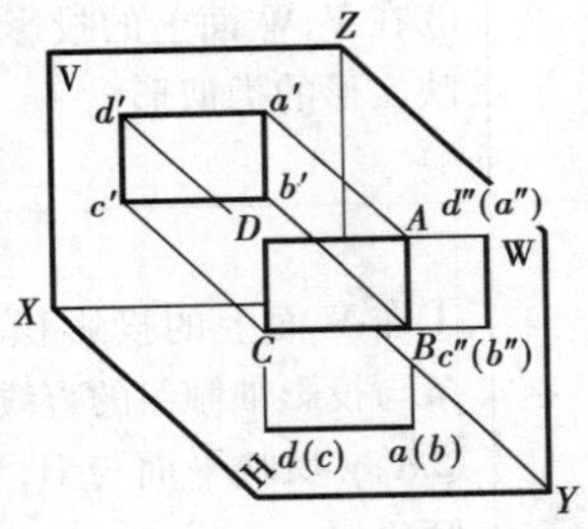	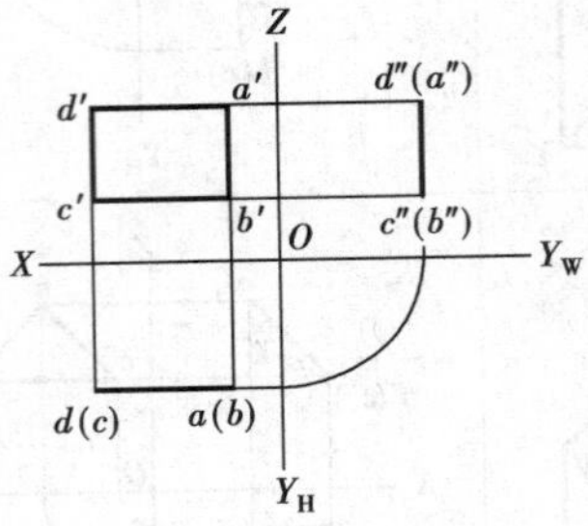	①在 V 面上的投影反映其实形 ②在 H 面、W 面上的投影积聚为一直线,且分别平行于 OX 轴和 OZ 轴
侧平面	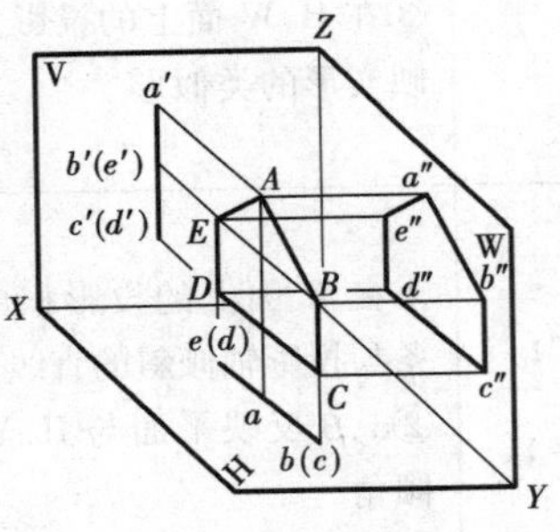	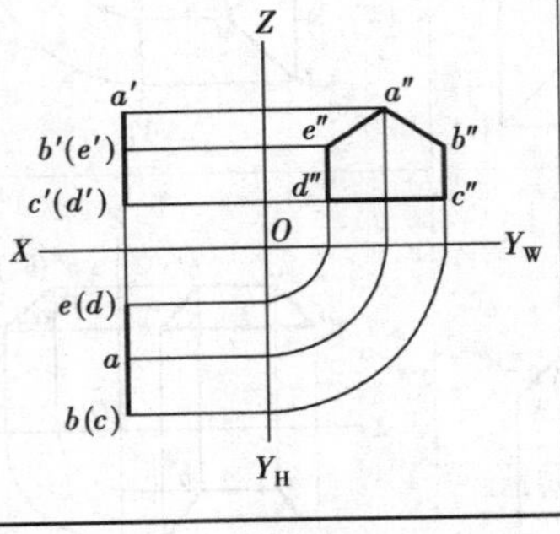	①在 W 面上的投影反映其实形 ②在 V 面、H 面上的投影积聚为一直线,且分别平行于 OZ 轴和 OY_H 轴

现归纳投影面平行面的投影特性如下:

①投影面平行面在它所平行的投影面上的投影反映该平面的实形。

②该平面的另两个投影都积聚为一条直线,且分别平行于相应投影轴。

根据投影面平行面的投影特性,可判别平面与投影面的相对位置,即"一框两直线,定是平行面;框在哪个面,平行哪个面"。

·3.3.3　一般位置平面·

在三面投影体系中,与3个投影面都倾斜的平面称为一般位置平面。如图3.13所示,三角形 ABC 与投影面 H,V,W 都倾斜,故为一般位置平面,其倾斜角度分别用 α,β,γ 来表示。一般位置平面的投影特性是:

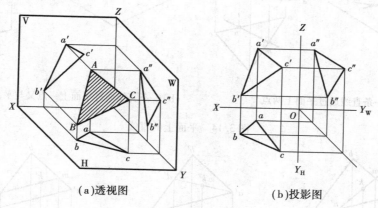

（a）透视图　　　　　　　　（b）投影图

图3.13　一般位置平面的投影

一般位置平面倾斜于投影面,则三个投影面既没有积聚性,也不反应实形,而是原平面图形缩小的类似形。

根据一般位置平面的投影特性,可判别平面与投影面的相对位置。即“三个投影三个框,定是一般位置面”。

·3.3.4　平面上的直线和点·

若一条直线通过平面上的两个点,或通过平面上的一个点又与该平面上的另一条直线平行,则此直线一定在该平面上。若一个点在某一平面内的直线上,则该点必定在该平面上。从点和直线在平面内的投影特性可知,在平面上取点,首先要在平面上取线。而在平面上取线,又需先在平面上取点。因此,在平面上取点取线,互为作图条件。

若欲在平面上取直线,可通过该平面内的两点,过两点连一条直线,如图3.14(a)所示;或通过该平面上的一点作直线平行于该平面内的任一直线,如图3.14(b)所示。

若欲在平面上取点,须先在该平面内作直线,然后在直线上取点,如图3.15(a)所示。投影图中辅助线的作法及线上作点,如图3.15(b)、(c)所示。

【例3.8】　已知△SBC的两面投影且 $BS/\!/V$ 面, $BC/\!/H$ 面,如图3.16(a)所示。求平面上直线段 EF 及点 D 的 H 面投影。

分析:已知 D,EF 在平面上,可利用点、直线在平面上的几何条件来解题。

作图:①延长 e'f' 分别与 s'b' 和 s'c' 交于 1',2',1,2 即是 EF 与 SB,SC 的交点。

②在 H 面上的 sb,sc 上求出1,2并连成线段12,ef 必在12线上,作出 ef 如图3.16(b)所示。

③连 e'd' 并延长,交 s'c' 于 3',3 即 ED 与 SC 的交点。在 H 面上的 sc 上求3,连 e3 线,d 必在 e3 线上,即可求出 d 如图3.16(c)所示。

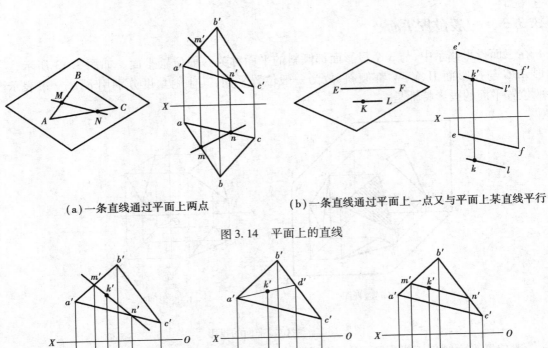
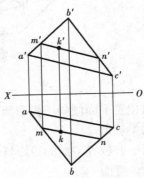

（a）一条直线通过平面上两点 　　　　（b）一条直线通过平面上一点又与平面上某直线平行

图 3.14　平面上的直线

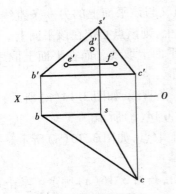
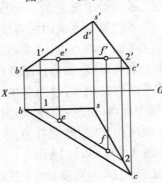
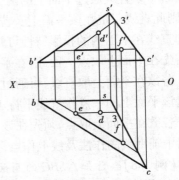

（a）平面内直线上取点 k 　　　（b）在平面内作辅助线 AD 　　　（c）在辅助线上求点 k

图 3.15　在平面上求点

（a）已知平面上的直线 　　　（b）求直线 EF 的水平投影 　　　（c）求点 D 的水平投影
　EF 及点 D 的正面投影

图 3.16　补全平面上点、线的投影

　　要在平面上确定一点，只需让它在平面内一已知（或可作出的）直线上即可。而过一点可在平面上作无数条直线，所以作图时，辅助线的选择很多，通常都作平行于已知边或过已知点的辅助线，以使作图简便。

3.4　体的投影

任何建筑形体不论其结构形状多么复杂,一般都可以看作是由一些棱柱、棱锥、圆柱、圆锥和圆球等基本几何形体(简称基本体)经叠加、切割、相交而形成。表面由平面围成的形体称为平面立体(简称平面体),如棱柱、棱锥等;表面由曲面或曲面与平面围成的形体称为曲面立体(简称曲面体),如圆柱、圆锥和圆球等。

·3.4.1　平面体的投影·

平面体的每个表面均为平面多边形,故作平面体的投影,就是作组成平面体的各个平面的投影。平面体是由若干个平面围成的立体。常见的平面体有棱柱体(主要是直棱柱)和棱锥体(包括棱台)。在作平面立体的投影时,应分析围成该形体的各个表面或其表面与表面相交棱线的投影,并注意投影中的可见性和重影问题。

1)棱柱体的投影

三棱柱的放置位置:上下底面为水平面,左前、右前侧面为铅垂面,后侧面为下平面。现以正三棱柱为例来进行棱柱体的投影的分析。图3.17所示为横放的正三棱柱的立体图和投影图。两底面是侧平面,W面投影反映实形。H,V面投影积聚成平行于相应投影轴的直线。棱面 ADFC 是水平面,H面投影反映实形,V,W面投影积聚成平行于相应投影轴的直线,另两个棱面 ADEB 和 BEFC 是侧垂面,W面积聚成倾斜的直线,V,H面投影都是缩小的类似形。将其两底面及3个棱面的投影画出后即得到横放的三棱柱体的三面投影图3.17(b)。由以上分析,可知棱柱的投影特征是:

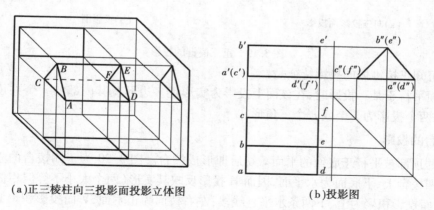

(a)正三棱柱向三投影面投影立体图　　　(b)投影图

图3.17　正三棱柱的投影

在底面平行的投影面上反映底面的实形,即三角形、四边形、……、n 边形;另二投影为1个或 n 个矩形。

图3.18(a)为正六棱柱的立体图,按照三棱柱的投影分析方法,不难得出六棱柱的投影如图3.18(b)所示。

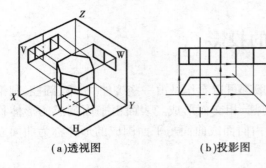

(a)透视图　　　　(b)投影图

图 3.18　正六棱柱的立体图和投影图

2)棱锥体的投影

正三棱锥的放置位置:底面为水平面,后侧面为侧垂面,左前、右前侧面为一般位置面。现以正三棱锥为例来进行棱椎体的投影的分析。图 3.19 为一正三棱锥的立体图和投影图。其底面△ABC 是水平面,水平投影反映其实形,正面投影和侧面投影积聚成平行相应投影轴的直线。棱面 SAC 是侧垂面,W 面投影积聚成倾斜直线,另两面投影为缩小的类似形。另外两个棱面 SAB 和 SBC 是一般位置的平面,三面投影均为缩小类似形。将其底面及 3 个棱面的投影面画出后,即得出正棱锥的三面投影如图 3.19(b)所示。

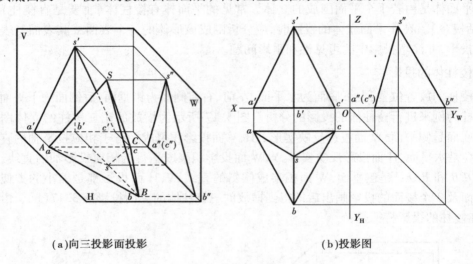

(a)向三投影面投影　　　　　　　　(b)投影图

图 3.19　正三棱锥的投影

由此可知正棱锥体的投影特征是:

当底面平行于某一投影时,在该面上投影为实形正多边形及其内部的 n 个共顶点的等腰三角形,另两个投影为 1 个或 n 个三角形。

3)棱台的投影

棱锥的顶部被平行于底面的平面截切后即形成棱台。图 3.20 为正四棱台的立体图及投影图。该四棱台上、下底面为水平面,因而 H 投影反映其实形(两个大小不等但相似的矩形),V 面与 W 面投影积聚为上、下两条水平直线段;左右棱面为正垂面,V 面投影积聚为倾斜的直线,H,W 面投影为缩小的类似形;前后棱面为侧垂面,W 面投影积聚为倾斜的直线,V,H 面投影为缩小的类似形。各棱线投影均为倾斜的直线段,其延长线交汇于一点。

当表达空间形状时,为了使作图简便,可将投影轴省略不画,但三投影之间必须保持"长对正,高平齐,宽相等"的投影关系。

平面体的投影特点:

①作平面体的投影,实质上就是作点、直线和平面的投影。

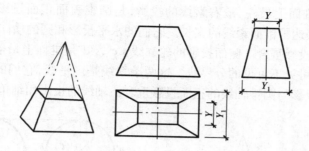

图 3.20　正四棱台的投影

②投影图中的线段可以仅表示侧棱的投影，也可能是侧面的积聚投影。

③投影图中线段的交点，可以仅表示为一点的投影，也可能是侧棱的积聚投影。

④投影图中的线框代表一个平面。

⑤当向某投影面作投影时，凡看得见的侧棱用实线表示，看不见的侧棱用虚线表示，当两条侧棱的投影重合时，仍用实线表示。

· *3.4.2*　**曲面体的投影** ·

工程上常用的曲面立体有圆柱、圆锥、圆球等。

1）圆柱的投影

圆柱由圆柱面和垂直其轴线的上、下底面所围成。圆柱面可以看作是直母线绕与它平行的轴线旋转而成。如图3.21所示，圆柱的轴线是一条铅垂线，则圆柱面上所示直素线都是铅垂线。因此，圆柱面的水平投影为一圆周，有积聚性。这个圆周上的任意一点，是圆柱上的相应位置素线的水平投影。

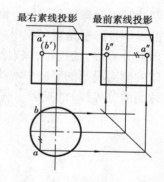

图 3.21　圆柱和圆柱面上点的投影

圆柱正面投影中，左、右两轮廓线是圆柱面上最左、最右素线的投影。它们把圆柱面分为前后两半，前半可见，后半不可见，是可见和不可见的分界线。最左、最右两素线的侧面投影和轴线的侧面投影重合，水平投影在横向中心线与圆周相交的位置。上、下底面的正面投影为两条积聚的水平线段。

圆柱侧面投影两侧轮廓线是圆柱面上最前和最后素线的投影，是圆柱面侧面投影可见性的分界线，圆柱面左半可见，而右半不可见。最前、最后素线的正面投影与圆柱轴线的投影重合，水平投影在竖向中心线和圆周相交的位置。上、下底面的侧面投影是两条积聚的水平线段。

轴线的投影用细单点长划线画出。

2）圆锥的投影

圆锥由圆锥面、底面所围成。圆锥面可以看作是直母线绕与它相交的轴线旋转而成。如图 3.22 所示，当圆锥的轴线是铅垂线时，底面的正面投影、侧面投影分别积聚成直线，水平投影反映它的实形——圆。轴线的正面投影和侧面投影用点划线画出。在水平投影中，点划线画出的对称中心线的交点，既是轴线的水平投影，也是锥顶 S 的水平投影 s。锥面的正面投影

的轮廓线 $s'a'$, $s'b'$ 是锥面上最左、最右素线的投影,是圆锥表面正面投影可见不可见的分界线。它们是正平线,表达了锥面素线的实长。它们的水平投影和圆的横向中心线重合,侧面投影和圆锥轴线的侧面投影重合。侧面投影的轮廓线 $s''c''$, $s''d''$ 是锥面上最前、最后素线的投影,是圆锥表面侧面投影可见不可见的分界线。这两条素线是侧平线,它们的水平投影和圆的竖向中心线重合,正面投影与圆锥轴线的正面投影重合。轴线的投影用细单点长划线画出。

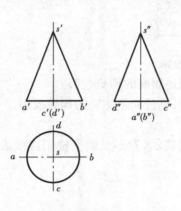

图 3.22　圆锥的投影

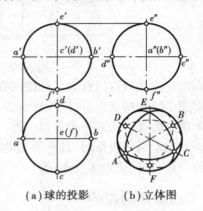

（a）球的投影　　（b）立体图

图 3.23　球的投影

3）圆球的投影

圆球是由圆球面围成的。圆球面可看作是曲母线圆绕其作为轴线的直径旋转 180° 而成。圆球的 3 个投影都是直径相等的圆。如图 3.23 所示,正面投影是平行于 V 面的圆素线（前后半球面的分界线）的投影,该素线的水平投影和圆球的水平投影的横向中心线重合,侧面投影和圆球的侧面投影的竖向中心线重合。圆球的水平投影的轮廓线是平行于 H 面的圆素线（上下半球面的分界线）的投影。圆球的侧面投影轮廓线是平行于 W 面的圆的素线的投影。

小结 3

任何物体不管其复杂程度如何,都可以看成是由空间几何元素点、线、面所组成。本章主要研究点的投影规律,各种位置直线、各种位置平面简单的平面体和曲面体的投影特性和作图方法,为今后正确绘制和识读物体的投影图打下基础。

复习思考题 3

3.1　简述点的三面投影规律。

3.2　为什么一般位置直线的 3 个投影均小于实长?

3.3　试分析投影面平行线和垂直线的投影特点。

3.4　简述投影面平行面和投影面垂直面的投影特性。

3.5　简述平面体、曲面体的概念。

4　轴测投影

4.1　轴测投影的基本知识

正投影能够完整而准确地表达出形体各个方向的形状和大小,而且作图方便,具有度量性好、便于标注尺寸等优点,因此在工程制图中被广泛使用。但由于其投影不直观,立体感差,识图时需具有正投影的知识,将其三面投影相互联系才能想象出空间形体的全貌。为了帮助看图,工程上有时采用轴测投影图(以下简称轴测图)。轴测图是物体在平行投影下形成的一种单面投影图,能同时反映形体长、宽、高3个方向的形状,图形接近人的视觉习惯,直观且易于识读。轴测图富有立体感,但不反映形体实际尺寸,作图过程较繁杂,所以在工程上常用作一种辅助性图样。在给排水、暖通等专业图纸中,常用轴测投影图表达各种管道的空间位置及其相互关系。

·4.1.1　轴测投影的形成·

用平行投影方法将空间形体连同其参考的直角坐标系,沿不平行于任一坐标面的方向 S_1（或 S_2）将其投射在单一投影面上 P（或 R）上所得到的图形,称为轴测投影图,如图 4.1(a)所示。P（或 R）平面称为轴测投影面,S_1（或 S_2）为投影方向。当投影方向 S_1 垂直于轴测投影面 P 时,所得的投影为正轴测投影,如图 4.1(b)所示。当投影方向 S_2 不垂直于轴测投影面 R 时,所得的投影称为斜轴测投影,如图 4.1(c)所示。

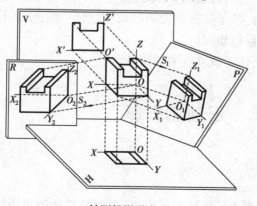

(a)轴测投影形成

(b)正轴测投影图

(c)斜轴测投影图

图 4.1　轴测投影

在轴测投影中,3 条坐标轴 OX,OY,OZ 的轴测投影 O_1X_1,O_1Y_1,O_1Z_1 称为轴测投影轴(简称轴测轴)。轴测轴之间的夹角即 $\angle X_1O_1Z_1$,$\angle X_1O_1Y_1$,$\angle Y_1O_1Z_1$ 称为轴间角。轴测轴上的线段与空间坐标轴上对应线段的长度之比,称为轴向变形系数。沿 X,Y,Z 轴的轴向变形系数分别表示为:$p=O_1X_1/OX,q=O_1Y_1/OY,r=O_1Z_1/OZ$。

· 4.1.2　轴测投影的分类和投影特性 ·

1)轴测投影的分类

轴测投影按投影方向是否垂直投影面分为正轴测投影和斜轴测投影两大类。当物体的三个直角坐标轴与轴测投影面倾斜,投影线垂直于投影面时,所得到的轴测投影图称为正轴测投影图;当物体两个坐标轴与轴测投影面平行,投影线倾斜于投影面时,所得到的轴测投影图称为斜轴测投影图,简称斜轴测图。轴测图按 3 个轴向变形系数是否相等又分为 3 种:3 个轴向变形系数都相等的,称为等测图(简称等测);只有两个轴向变形系数相等的,称为二测图(简称二测);3 个轴向变形系数各不相等的,称为三测图(简称三测)。

按《房屋建筑制图统一标准》(GB/T 5001—2010)规定,房屋建筑的轴测图常采用正等测、正二测、正面斜等测和正面斜二测、水平斜等测和水平斜二测 4 种轴测投影,并用简化的轴向变形系数绘制。同时轴测图的可见轮廓线宜用粗实线绘制,不可见轮廓线一般不绘出,必要时可用虚线画出所需部分。

2)轴测图的投影特性

由于轴测图是用平行投影原理画出的图形,它具有平行投影的一切特点,因此在绘制轴测图时,要特别遵循以下几点:

①空间相互平行的线段,它们的轴测投影仍相互平行。因此,平行于某坐标轴的线段,在轴测图中平行于相应的轴测轴。

②凡物体上与三个坐标轴平行的直线尺寸,在轴测图中均可沿轴的方向量取。

③与坐标轴不平行的直线,其投影可能变长或缩短,不能在图上直接量取尺寸,要先定出直线两端点的位置,再画出该直线的轴测投影。

④空间两平行直线线段之比,等于它们的轴测投影之比。

⑤空间相互平行的两线段长度之比等于其轴测投影的长度之比。因此,平行于某坐标轴的线段的变形系数与该坐标轴的变形系数相同。

⑥位于直线上的点,其轴测投影仍位于该直线的轴测投影上。

4.2　正轴测投影

· 4.2.1　正等轴测投影 ·

空间形体的 3 个坐标轴与轴测投影面的倾角相等时,所得到的正轴测投影图即为正等轴测图,简称正等测。

由于 3 条坐标轴与轴测投影面的倾角均相等,3 个轴向变形系数也必相等,即 $p = q = r = 0.82$(证明略)。为了简便作图,常采用简化系数,即 $p = q = r = 1$。采用简化系数作图时沿各轴向的所有尺寸都用真实长度量取,简捷方便。由于画出的图形沿各轴向的长度都分别放大了约 $1/0.82 = 1.22$ 倍,这样画出的正等轴测图比用变形系数 0.82 画出的图放大了,但形状不变,如图 4.2 所示。

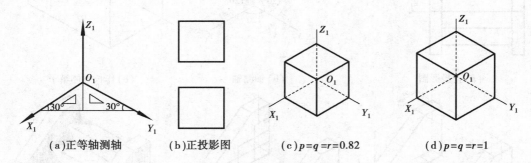

图 4.2　正等轴测投影

根据形体的正投影图画其轴测图时,一般步骤为:

①对给出的正投影图,进行形体分析并建立形体上直角坐标系(对于对称平面立体,可选择其对称轴作为坐标轴,这样画图比较方便)。

②选择合适的轴测图种类与观察方向,确定轴测轴与轴向变形系数。

③根据形体特征选择作图方法。常用的方法有:坐标法、装箱法、切割法、端面法等。

④画底稿线。

⑤检查无误后,加深图线,不可见部分通常省略,即成轴测图。

【例 4.1】　已知台阶的三面投影图,如图 4.3(a)所示求作它的正等轴测图。

分析:台阶由左右两块栏板和中间三级踏步构成。栏板与踏步这些基本形体,好似放在一个长方体的箱子中,作轴测图时先画好长方体,再按各基本体在箱子中的相对位置一件件装(画)好,这种方法称为装箱法。本例采用"装箱法,切割法,端面法"3 种方法完成。用简化系数画正等轴测图。

作图:①作正等轴测轴如图 4.3(b)所示。

②作长方体。先作其底面水平面的轴测图,再竖直向上作长方体的轴测图,如图 4.3(c)所示。

③靠箱子的左右端面画上左右栏板的两个四棱柱体,然后在其上面各切割掉一个三棱块(由 m,n 决定其位置),得左右栏板的轴测图如图 4.3(d)所示。

④三级踏步实为 3 个长方体叠加形成。先在右栏板的左侧面上画出踏面宽及踢面高如图 4.3(e)所示,即在右栏板左侧面上绘踏步的右端面。

⑤过踏面与踢面的可见顶点作 O_1X_1 轴的平行线,直到与左栏板的右侧面的可见轮廓线相交为止,便完成全图,如图 4.3(f)所示。

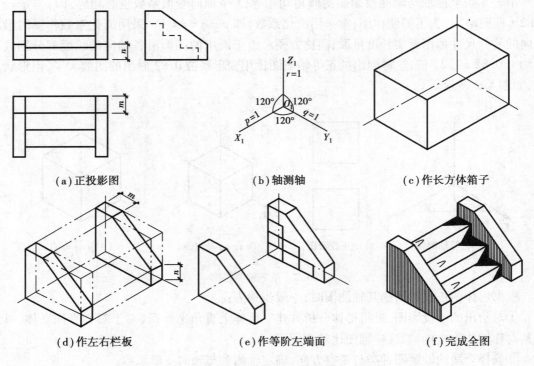

（a）正投影图　　　　　　　（b）轴测轴　　　　　　　（c）作长方体箱子

（d）作左右栏板　　　　　　（e）作等阶左端面　　　　　　（f）完成全图

图 4.3　台阶的正等测画法

· 4.2.2　正二等轴测投影 ·

正二等轴测投影简称正二测，也是正轴测投影的一种，其 3 个坐标轴中只有两个与轴测投影面的倾角相等。因此，其两个轴向变形系数和轴间角相等。根据计算，正二测轴向变形系数分别为 $p = r = 0.94$，$q = 0.47$，OZ 轴处于铅垂状态，OX 轴与水平线的夹角为 $7°10'$，OY 轴与水平线的夹角为 $41°25'$。在绘制正二测轴系时可采用近似法作图，即分别采用 1:8 和 7:8 作直角三角形，再利用其斜边的方法求得，如图 4.4 所示。

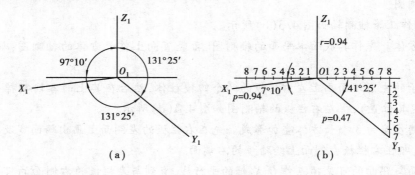

（a）　　　　　　　　　　　　（b）

图 4.4　正二测的轴测轴画法

【例 4.2】　已知形体的正投影图，如图 4.5（a）所示，求作其正二等轴测图。

分析：如图 4.5（a）所示，该形体可看作由上下两个扁平方块叠加而成，每个方块又在四边的中间部位切去一小块。

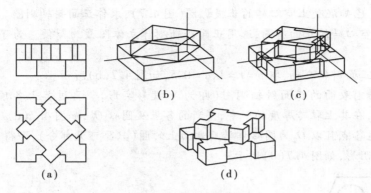

图4.5　正二等轴测图的画法

作图:①画出轴测轴,并根据正二测的简化系数画出上下两个扁平方块的轮廓线,如图4.5(b)所示。

②用切除的方法画出每个方块四边的凹口,如图4.5(c)所示。

③擦去多余的轮廓线和轴测轴,加深图线即得形体的正二等轴测图,如图4.5(d)所示。

4.3　斜轴测投影

当投影方向与轴测投影面倾斜时,所得的轴测投影称为斜轴测投影。常用的斜轴测投影有下面两种:正面斜轴测和水平斜轴测。

· 4.3.1　正面斜轴测投影 ·

当轴测投影面与正立面(V 面)平行或重合时,所得的斜轴测称为正面斜轴测投影(简称正面斜轴测图)。在这种情况下,轴测轴 O_1X_1 和 O_1Z_1 仍为水平方向和铅垂方向,轴向变形系数 $p = r = 1$,形体上平行于坐标面 XOZ 的直线、曲线和平面图形在正面斜轴测图中都反映实长和实形,而轴侧轴 O_1Y_1 的方向和轴向伸缩系数 q,可随着投影方向的变化而变化,通常选择与水平线成45°,$q = 0.5$,如图4.6所示。当 $q \neq 1$ 时,即为正面斜二测。

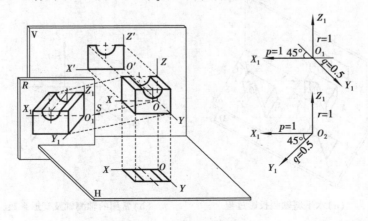

图4.6　正面斜轴测投影

【例4.3】 已知混凝土空心砖的正投影图(图4.7),求作正面斜轴测图。

分析:由于空心砖的正面有圆,选用正面斜轴测作立体图最为简便。为了看清底面,采用仰视图。

作图:①作正面斜轴测轴,取 $p = r = 1$,$q = 0.5$,如图 4.7(b)所示。

②作空心砖前表面的正面斜轴测图(即为 V 投影实形)。再过其上各顶点及圆心 O_1 作 O_1Y_1 轴平行线,在其上取砖厚度的一半,得新的各点及圆心 O_2,如图 4.7(c)所示。

③连接上述各点且以 O_2 为圆心作砖后表面上的圆(只画可见部分),即得空心砖的正面斜轴测图,并加绘阴影,如图 4.7(d)所示。

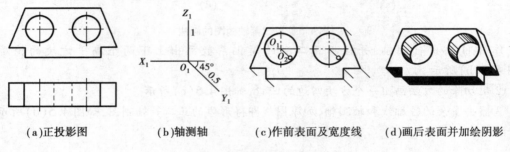

| (a)正投影图 | (b)轴测轴 | (c)作前表面及宽度线 | (d)画后表面并加绘阴影 |

图 4.7 斜轴测图的画法

由上可知,无论投影方向如何变化,任何平行于轴测投影面的平面图形,其斜轴测图反映实形。由于这个特性,对于在 V 面或其平行面上的形状复杂或曲线较多的形体,选用正面斜轴测作图较为简便。

· 4.3.2 水平面斜轴测投影 ·

当轴测投影面与水平面(H 面)平行或重合时,所得的斜轴测称为水平面斜轴测投影(简称水平斜轴测)。在这种情况下,轴测轴 O_1X_1 和 O_1Y_1 间夹角仍为90°,轴向变形系数 $p = q = 1$,形体上平行于坐标面 XOY 的直线、曲线和平面图形在水平斜轴测图中都反映实长和实形,而轴测轴 O_1Z_1 的方向和轴向变形缩系数 r,同样可以单独随意选择。通常把 O_1Z_1 轴画成铅直方向,则 O_1X_1,O_1Y_1 轴与水平线夹角分别为30°和60°,O_1Z_1 轴变形系数取 0.5 或 1 均可,如图4.8所示。

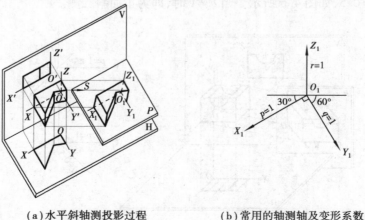

| (a)水平斜轴测投影过程 | (b)常用的轴测轴及变形系数 |

图 4.8 水平斜轴测投影形成

　　水平斜轴测图由于适用于画水平面上有复杂形状的形体,故在工程上常用来绘制一个区域的总平面布置,如图 4.9 所示。或绘制一幢房屋的水平剖面,如图 4.10 所示。作房屋水平剖面时先把平面图旋转 30° 后画出其断面,然后过各个角点往下画高度线,画出屋内外的墙角、门、窗、柱子等主要构件的轴侧图。最后画台阶和水池等,即可完成其水平斜轴测图。

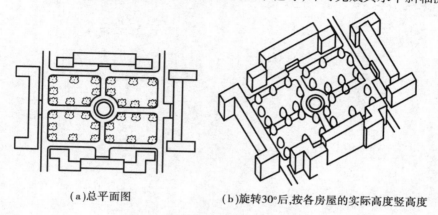

(a)总平面图　　　　　　　　(b)旋转30°后,按各房屋的实际高度竖高度

图 4.9　区域总平面的水平斜轴测图

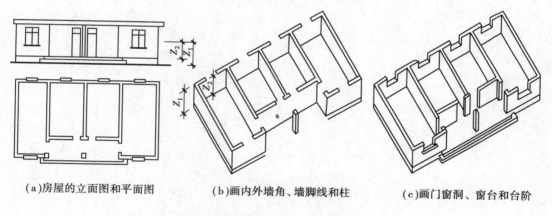

(a)房屋的立面图和平面图　　(b)画内外墙角、墙脚线和柱　　(c)画门窗洞、窗台和台阶

图 4.10　带断面的房屋水平面斜轴测图

小结 4

　　这一章简要介绍了轴测投影的基本知识,要求掌握正轴测投影、斜轴测投影的分类和画法,能够结合实际工程需要正确选择轴测投影并绘制轴测图。

复习思考题 4

4.1　试比较轴测图与正投影图的优缺点。

4.2　轴测图是如何形成的? 常见的轴测图有哪些?

4.3　请绘图表示常见轴测图的轴间角、轴向变形系数。

4.4　简述轴测图的投影特性。

4.5　简述正轴测图的绘图步骤。

5   剖面图与断面图

在三面正投影图中,物体可见的轮廓线用粗实线表示,不可见的轮廓用虚线表示。但当物体的内部构造较复杂时,必然形成图形中的虚实线重叠交错,混淆不清,无法表示清楚物体的内部构造,既不便于标注尺寸,又不便于识图,必须设法减少和消除投影图中的虚线。在工程图中常采用剖视的方法解决这一问题。

为了能清晰地表达物体的内部构造,假想用一个垂直于投影面方向的平面(即剖切平面)将物体剖开,并移去剖切平面和观察者之间的部分,然后对剖切平面后面的部分进行投影,这种方法称为剖视,如图 5.1 所示。

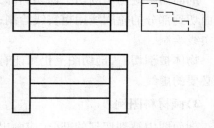

图 5.1   三面投影图

用剖视的方法画出正投影图称为剖视图。剖视图按其表达的内容可分为剖面图和断面图,如图 5.2 所示。

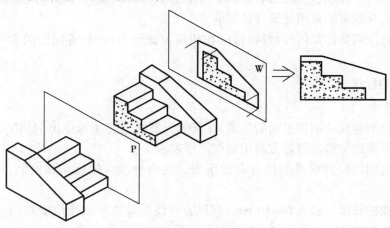

图 5.2   剖面图的形成

5.1   剖面图

· 5.1.1   剖面图的形成 ·

采用剖视的方法作投影图,作出遗留部分的全部投影所得到的投影图,称为剖面图,如图

5.2 所示。画剖面图的步骤如下：

1）确定剖切平面位置

画剖面图时应选择适当的剖切平面位置，使剖切后画出的图形能确切、全面地反映所要表达部分的真实形状。所以，选择的剖切平面应平行于投影面，并且一般应通过物体的对称平面或孔的轴线。

2）画剖面图

剖面图是按剖切位置移去物体在剖切平面和观察者之间的部分，根据留下的部分画出的投影图。但因为剖切是假想的，因此画其他投影图时，仍应按剖切前的物体来画，不受剖切的影响。

剖面图除应画出剖切平面切到部分的图形外，还应画出沿投影方向看到的部分。被剖切平面切到部分的轮廓线用粗实线绘制；剖切平面没有切到，但沿投影方向可以看到的部分，用中实线绘制。

物体被剖切后，剖切图上仍可能有不可见部分的虚线存在，为了使图形清晰易读，应省略不必要的虚线。

3）画材料图例

剖面图中被剖切到的部分，应画出它的组成材料的剖面图例，以区分剖切到和没有剖切到的部分，同时表明建筑物是用什么材料做成的。

材料图例按国家标准《房屋建筑制图统一标准》（GB/T 50001—2010）规定，在房屋建筑工程图中采用表 1.6 规定的常用建筑材料图例。

在图上没有注明物体是何种材料时，应在相应位置画出同向、等间距的 45°倾斜细实线，即剖画线。

4）剖画图的标注

（1）剖切符号

剖画图本身不能反映剖切平面的位置，在其他投影图上必须标注出剖切平面的位置及剖切形式。剖切平面的位置及投影方向用剖切符号表示。

剖切符号由剖切位置线及剖视方向线组成。这两种线均用粗实线绘制，应尽量不穿越图形。

剖切位置线的长度一般为 6 ~ 10 mm；剖视方向线应垂直于剖切位置线，长度一般为 4 ~ 6 mm，并在剖视方向用阿拉伯数字或拉丁字母注写剖切符号的编号。

（2）剖面图的的图名注写

剖面图的图名是以剖面的编号来命名的，它应注写在剖面图的下方。

·5.1.2 剖面图的分类·

画剖面图时，可以根据形体的不同形状特点和要求，采用如下几种处理方式：

1）全剖面图

对于不对称的建筑形体，或虽然对称但外形较简单，或在另一投影中已将其外形表达清楚时，可以假想用一剖切平面将形体全剖切开，然后画出形体的剖面图，这样的剖面图称为全剖面图,如图5.2所示台阶的剖面图。全剖面图一般应进行标注,但当剖切平面通过形体的对称线,且又平行于某一基本投影面时,可不标注。

2)半剖面图

当建筑形体的内、外部形状均较复杂,且在某个方向上的视图为对称图形时,可以在该方向的视图上一半画没剖切的外部形状,另一半画剖切开后的内部形状,此时得到的剖面图称为半剖面图。如图5.3(a)所示沉井,其正视图是对称图形,可假想用一正平面作剖切平面,沿沉井的前后对称线剖开,然后在正视图上,以对称线为界,一半画沉井的外部形状,另一半画剖切开后的内部形状,如图5.3(b)所示。半剖面图的标注方法同全剖面图的标注方法(详见第1章)。

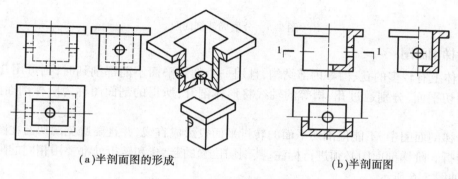

(a)半剖面图的形成   (b)半剖面图

图5.3　沉井的半剖面图

3)局部剖面图

当形体某一局部的内部形状需要表达,但又没必要作全剖或不适合作半剖时,可以保留原投影图的大部分,用剖切平面将形体的局部剖切开而得到的剖面图称为局部剖面图。如图5.4所示的杯形基础,其正立剖面图为全剖面图,在断面上详细表达了钢筋的配置,所以在画俯视图时,保留了该基础的大部分外形,仅将其一角画成剖面图,反映内部的配筋情况。局部剖面图一般不需标注,按照"国标"规定,投影图与局部剖面图之间要用徒手画的波浪线分界,同时波浪线不能与视图中的轮廓线重合,也不能超出图形的轮廓线。

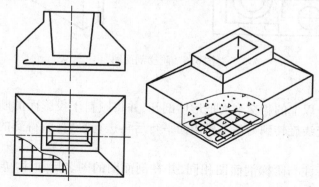

图5.4　杯形基础的局部剖面图

图5.5为分层局部剖面图,反映地面各层所用的材料和构造,这种剖面多用于表达房屋的楼面、地面、墙面和屋面等处的构造。分层局部剖面图应按层次以波浪线将各层分开,波浪线

也不应与任何图线重合。

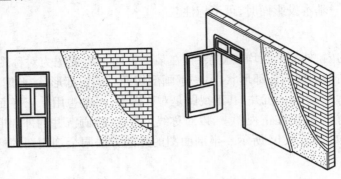

图 5.5   分层局部剖面图

4)阶梯剖面图

当形体上有较多的孔、槽等内部结构,且用一个剖切平面不能都剖到时,则可用几个互相平行的剖切平面,分别通过孔、槽等的轴线将形体剖开,所得的剖面图称为阶梯剖面图,如图 5.6 所示。

在阶梯剖面图中,不能把剖切平面的转折平面投影成直线,并且要避免剖切面在图形的轮廓线上转折。阶梯剖面图必须进行标注,其剖切位置的起、止和转折处都要用相同的阿拉伯数字标注,如图 5.6 所示。

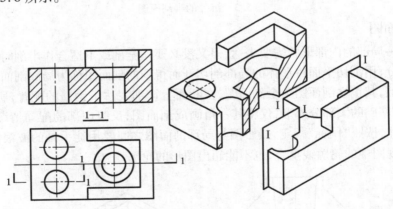

图 5.6   阶梯剖面图

5)旋转剖面图

采用两个或两个以上的相交平面把形体剖开,并将倾斜于投影面的断面及其所关联部分的形体绕剖切面的交线旋转到与基本投影面平行后再进行投射,所得到的剖面图称为旋转剖面图,如图 5.7 所示。

旋转剖面图的标注与阶梯剖面图相同,并在剖面图的图名后加注"展开"字样,如图 5.7(a)的 2—2 剖面图。

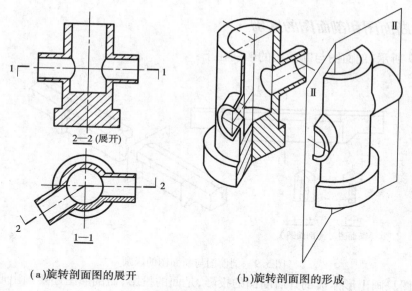

（a）旋转剖面图的展开　　　　　　（b）旋转剖面图的形成

图 5.7　旋转剖面图

5.2　断面图

采用剖视方法作投影图时,若是作出剖切平面切到部分的图形,称为断面图。在断面图中也需画出材料图例。

·5.2.1　断面图的形成·

前面讲过,用一个剖切平面将形体剖开之后,形体上的截口,即截交线所围成的平面图形,称为断面。如果把这个断面投射到与它平行的投影面上所得到的投影反映出断面的实形,称为断面图,如图 5.8 所示。与剖面图一样,断面图也是用来表示形体的内部形状和尺寸的。断面图主要用于表达物体断面的形状,在实际应用中,根据断面图所配置的位置不同,通常采用的断面图有移出断面图、重合断面图和中断断面图。

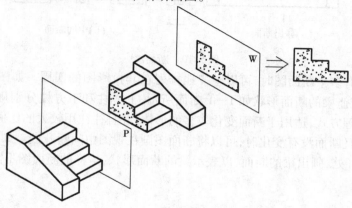

图 5.8　断面图的形成

·5.2.2　断面图和剖面图的区别·

如图 5.9 所示,剖面图与断面图的区别在于:

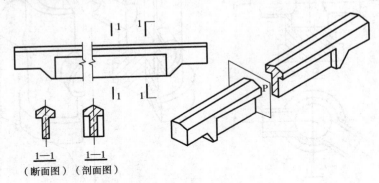

图 5.9　剖面图与断面图的区别

①断面图只画出形体被剖开后断面的投影,是面的投影;而剖面图还要画出形体被剖开后余下部分的投影,是体的投影。被剖开的形体必有一个截口,所以剖面图必然包含断面图在内,而断面图虽属于剖面图中的一部分,但一般单独画出。

②剖切符号的标注不同。断面图的剖切符号只画出剖切位置线,其长度为 6～10 mm 的粗实线,不用剖视方向线,而是用编号的注写位置来表示剖切后的投射方向。编号写在剖切位置线下侧,表示向下投射;注写在左侧,表示向左投射。

③剖面图中的剖切平面可转折,断面图中的剖切平面则不可转折。

·5.2.3　断面图的几种处理方式·

1)移出断面

画在视图外的断面,称为移出断面。移出断面的轮廓线用粗实线绘制,如图 5.9 所示的 1—1 断面和图 5.10(a)所示的"T"形梁的 1—1 断面。

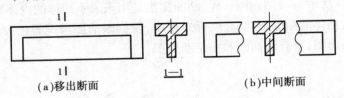

（a)移出断面　　　　　　　　　（b)中间断面

图 5.10　断面图

当一个形体有多个断面图时,可以整齐地排列在其投影图的四周。如图 5.11 所示为梁、柱节点断面图,花篮梁的断面形状如 1—1 断面所示,上方柱和下方柱分别用 2—2、3—3 断面图表示。这种处理方式,适用于断面变化较多的形体,并且往往用较大的比例画出。

当形体较长且断面没有变化时,可以将断面图画在视图中间断开处。如图 5.10(b)所示,在"T"形梁的断开处,画出梁的断面,以表示梁的断面形状,这样的断面图不需标注。

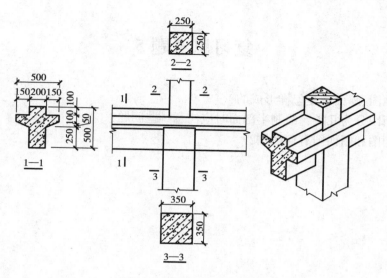

图 5.11　梁、柱节点断面图

2）重合断面

　　画在投影图轮廓线内的断面称为重合断面。重合断面的图线与投影图的图线应有所区别，当重合断面的图线为粗实线时，视图的图线应为细实线，反之则用粗实线。

　　如图 5.12（a）所示，可在墙壁的正视图上加画断面图，比例与正视图一致，表示墙壁立面上装饰花纹的凹凸起伏状况。图中，右边小部分墙面没有画出断面，以供对比。这种断面是假想用一个与墙壁立面相垂直的水平面作为剖切平面，剖开后旋转到与立面重合的位置得出来的，这种断面图也不需标注。如图 5.12（b）所示为屋顶平面图，是假想用一个垂直屋脊的剖切面将屋面剖开，然后将断面向左旋转到与屋顶平面图重合的位置得出来的。

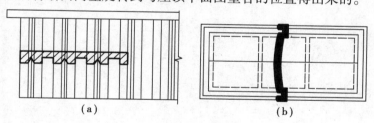

（a）　　　　　　　　　　　（b）

图 5.12　重合断面图

小结 5

　　本章主要介绍剖面图、断面图的形成、分类及应用。通过本章学习学生应了解剖面图、断面图的形成、分类，掌握剖面图、断面图的应用，能正确识读剖面图和断面图。

复习思考题 5

5.1　剖面图、断面图是怎样形成的?

5.2　剖面图分为几类? 绘制半剖面时应注意哪些问题?

5.3　剖面图和断面图有何区别?

6 建筑施工图

建造房屋要经过设计与施工两个阶段。建筑工程施工图是由设计单位根据设计任务书的要求和有关设计资料,综合考虑其他多种因素设计绘制的施工图纸。它是表达设计思想,指导工程施工的重要技术文件,是建造房屋的技术依据。建筑设计一般要经过初步设计阶段、技术设计阶段、施工图设计阶段才能形成完整、详细的成套施工图纸。

6.1　建筑工程施工图概述

· 6.1.1　建筑工程施工图的分类和编排顺序 ·

1)建筑工程施工图的分类

建筑工程施工图按照专业分工的不同,可分为建筑施工图、结构施工图和设备施工图。

(1)建筑施工图

建筑施工图包括建筑总平面图、各层平面图、各个立面图、必要的剖面图和建筑施工详图以及建筑设计说明书等。

(2)结构施工图

结构施工图包括基础平面图、基础详图、结构平面图、楼梯结构图和结构构件详图,以及结构设计说明书等。

(3)设备施工图

设备施工图包括给水排水、采暖通风、电气照明等设备的平面布置图、系统图和施工详图,以及设备设计说明书等。

建筑工程各专业施工图一般包括基本图和详图两部分。基本图表示全局性的内容,详图则表示某些构配件和局部节点构造等的详细情况。

2)建筑工程施工图的编排顺序

建筑工程施工图一般按首页、建筑施工图、结构施工图、给水排水施工图、采暖通风施工图、电气施工图的顺序编排。

各专业施工图按照图纸内容的主次关系排列。基本图在前,详图在后;总体图在前,局部图在后;主要部分在前,次要部分在后;布置图在前,构件图在后;先施工的在前,后施工的在后。

·6.1.2 建筑工程施工图的识读方法·

建筑工程施工图的识读通常按照"总体了解、顺序识读、前后对照、重点细读"的原则进行。

（1）总体了解

一般在拿到图纸后，应先看目录、总平面图和施工总说明，然后再看建筑平面图、立面图和剖面图，以便大致了解工程概况和建筑物的基本造型。

（2）顺序识读

在总体了解的基础上，根据施工的先后顺序，从基础图开始依次识读墙柱等结构平面布置、建筑构造及装修等相关图纸。

（3）前后对照

识读建筑工程施工图时，应做到建筑平面、立面和剖面对照识读，基本图和详图对照识读，建筑施工图和结构施工图对照识读，建筑施工图和设备施工图对照识读。

（4）重点细读

在通读各类图纸的基础上，根据不同的专业施工再对有关专业施工图有重点地仔细识读，遇到不清楚的问题，及时向设计部门反映、核实。

6.2 首页和总平面图

·6.2.1 首页·

首页是整套建筑工程施工图纸的概括和必要说明，包括图纸目录、门窗统计表、标准图统计表及设计总说明等。

（1）图纸目录

为便于查阅，图纸目录一般以表格的形式列出各专业图纸的图号及内容。如"建施1"表示第一张建筑施工图，"首层平面图"表示该建筑的第一层的平面布置。通过目录可以对整套图纸的数量和每张图纸的基本内容有一简单了解，并通过目录的先后顺序，快速查阅图纸。

（2）门窗统计表

门窗统计表一般以表格的形式反映各编号门、窗的规格、数量、材料类型等内容。

（3）标准图统计表

标准图统计表也采用表格的形式将该建筑施工过程中所用的建筑标准图作一统计，以便施工技术人员及管理人员查阅标准做法。如"G"表示国标，"J"表示省标，"YB"表示院标。

（4）设计总说明

设计总说明主要反映本套建筑工程施工图的设计依据、工程地质情况、工程设计的规模与范围、设计的指导思想、技术经济指标等。对图纸中未能详细注写的材料、构造做法等也可写入设计总说明。

·6.2.2 总平面图的构成·

总平面图是在画有等高线或加上坐标方格网的地形图上,画上原有房屋和拟建房屋的外轮廓的水平投影,它反映了房屋的平面形状、位置、朝向、相互关系,以及与周围地形、地物、街道的关系。总平面图一般采用 1:500,1:1 000,1:2 000 的比例绘制,尺寸一律以米为单位。其具体内容有:

①建筑红线(指国家规划部门批准的建设用地范围,一般用红笔画在图纸上)。

②指北针、风玫瑰图。

③地形与地物、测量坐标网的坐标值、施工坐标网的坐标值。

④道路、铁路、各类管线的坐标及尺寸。

⑤新建建筑物和构筑物的名称编号、定位坐标、平面形状、层数。

⑥高程系统、尺寸单位、绿化、比例尺、补充图例等(常用图例见表6.1)。

表6.1 常用建筑总平面图图例

名　称	图　例	说　明
新建的建筑物	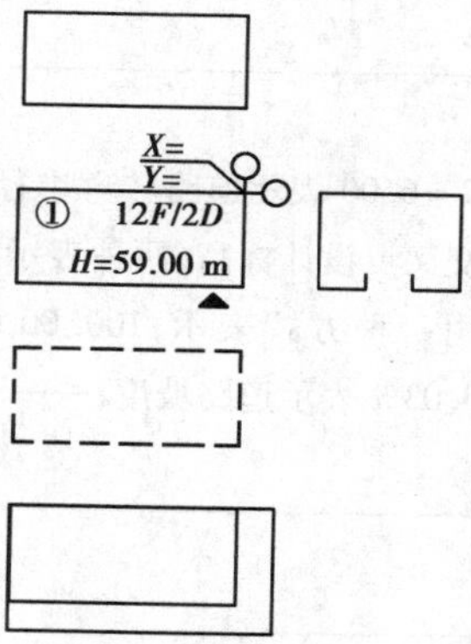 $X=$ $Y=$ ① 12F/2D $H=59.00$ m	①新建建筑物以粗实线表示,与室外地坪相接处 ±0.00外墙定位轮廓线 ②建筑物一般以 ±0.00 高度处的外墙定位轴线 ③交叉点坐标定位,轴线用细实线表示,并标明轴线号 ④根据不同设计阶段标注建筑编号、地上、地下层数、建筑高度、建筑出入口位置 ⑤地下建筑物以粗虚线表示其轮廓 ⑥建筑上部(±0.00 以上)外挑建筑用细实线表示 ⑦建筑物上部连廊用细虚线表示并标注位置
原有的建筑物	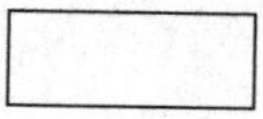	①应注明拟利用者 ②用细实线绘制
计划扩建的预留地或建筑物		用中虚线绘制
拆除的建筑物	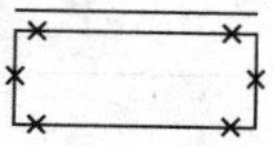	用细实线绘制
新建的地下建筑物或构筑物		用粗虚线绘制
围墙及大门	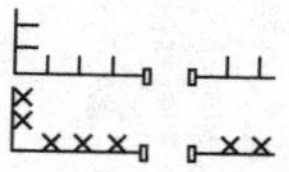	①上图为砖石、混凝土或金属材料的围墙 ②下图为镀锌铁丝网、篱笆等围墙 ③如仅表示围墙时,不画大门

续表

名　称	图　例	说　明
台阶及无障碍通道	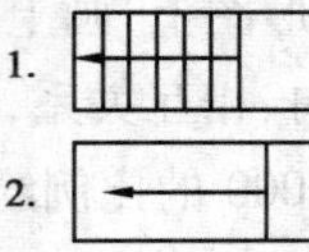1. 2.	1. 表示台阶，级数仅为示意 2. 表示无障碍坡道
坐标	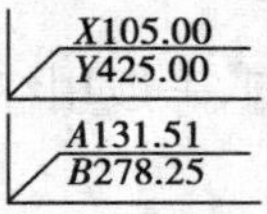X105.00 Y425.00 A131.51 B278.25	上图表示测量坐标，下图表示施工坐标
填挖边坡	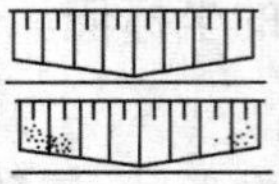	边坡较长时，可在一端或两端局部表示
护坡		
室内标高	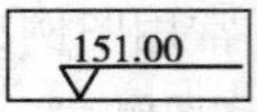151.00	
室外标高	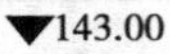143.00	
盲道	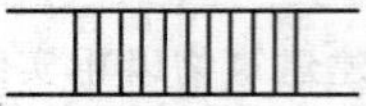	
新建道路	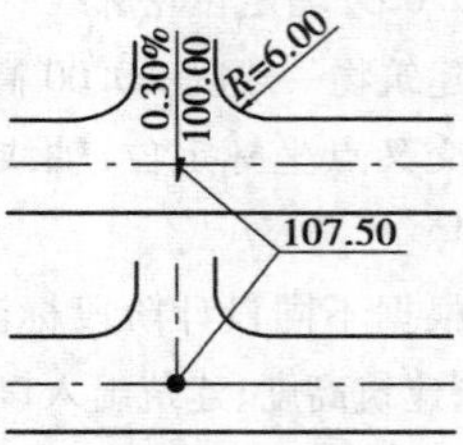0.30% 100.00 R=6.00 107.50	$R=6.00$ 表示道路转弯半径；107.50 为道路中心线交叉点设计标高，两种表示方法均可。统一图纸采用一种方式表示；100.00 为变坡点之间的距离，0.03% 表示道路坡度；──→表示坡向
原有道路	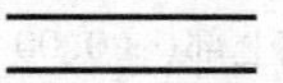	
计划扩建的道路		
人行道	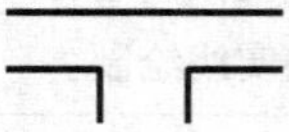	
雨水井与消火栓井	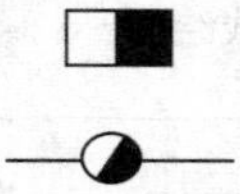	上图表示雨水井，下图表示消火栓井
草地	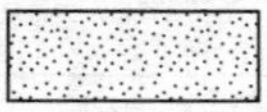	
针叶乔木	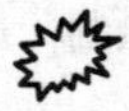	

1）定位坐标

总平面图上的定位坐标网有测量坐标网和施工坐标网两种。测量坐标网采用以南北为纵轴(记为 x 轴,向北为正)、东西为横轴(记为 y 轴,向东为正)的平面直角坐标系,原点 O 一般选在测区的西南角,使测区内各点坐标均为正值。

在设计和施工中,为工作方便,常采用施工坐标网。施工坐标网的横轴(B 轴)和纵轴(A 轴)与测区(或建设区域)内的主要建筑物(或主要管线)方向平行,坐标原点取在总平面图的西南角,使所有建筑物和构筑物的设计和施工坐标均为正值。由于地形的限制或工艺流程的需要,施工坐标经常不与测量坐标一致,两者可通过几何关系相互换算(图 6.1),在进行施工测量时,测量坐标数据由勘测设计单位给出。

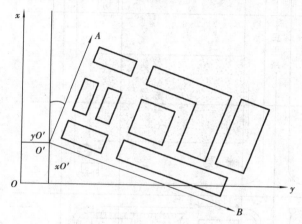

图 6.1 测量坐标与施工坐标关系

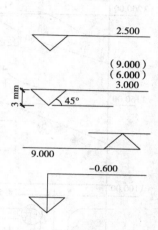

图 6.2 标高标注方法

2)标高标注

总平面图中标高一般为绝对标高(即以我国青岛附近黄海海平面为零点而测定的标高),以米为单位,标注至小数点后两位。由于绝对标高数字复杂、不直观,为方便起见,除总平面图外的其他施工图中均采取相对标高(即把底层室内主要地坪高度作为零点而测定的标高),标注到小数点后 3 位。

标高符号用等腰直角三角形表示,用细实线绘制,标高零点标注为 ±0.000,标高为正时不需写"+",但标高为负时要注写"-"。具体标注方法如图 6.2 所示。

·6.2.3 总平面图的识读示例·

总平面图表明了拟建建筑物所在的位置,以及与周围建筑及环境的相互关系。阅读总平面图要注意以下几点:

①首先看清总平面图所用的比例、图例及有关文字说明。

②了解工程名称、性质、地形、地貌和周围环境等情况。

③明确拟建建筑的朝向。

④了解拟建房屋四周的道路、绿化规划。

以下结合某小区总平面图(比例为 1:500,如图 6.3 所示)来详细说明。

该小区拟在青年路、中心路、民主路交叉区域新建 4 栋住宅(粗实线表示),为此需拆除一处建筑,周围原有建筑包括运动场、综合楼、锅炉房等(细实线表示)。该区域西北角为坡地,且有一处预留地(参看相应图例)。图中画出了定位方格网。

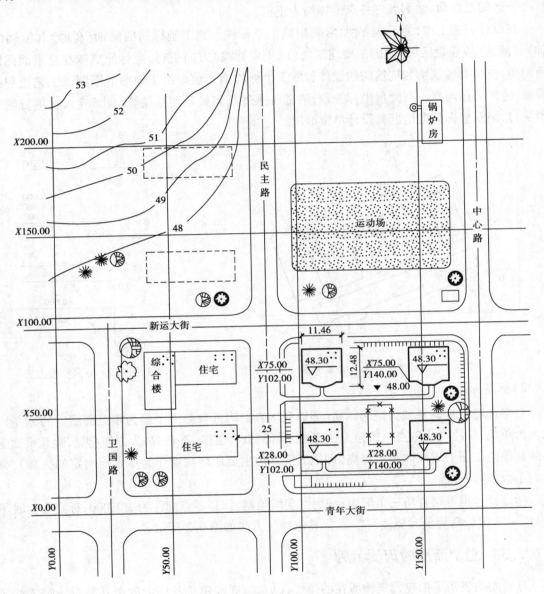

图 6.3　某小区总平面图

新建住宅的层数见其右上角的点数,4 栋楼首层地面绝对标高均为 48.30 m,室外地坪
48.00 m,室内外高差 0.3 m,长均为 11.46 m,宽均为 12.48 m。每栋楼左下角点的定位坐标
(本区域测量坐标网和施工坐标网方向基本一致)已给出。

4 栋楼均南北朝向,交通便利。图中右上角为风玫瑰图,风玫瑰图用来表示该地区常年的
风向频率(虚线表示夏季的风向频率),最大数值为当地常年主导风向,箭头表示北向。由风
玫瑰图可知当地多西北风,其次为西南风。

6.3 建筑平面图

·6.3.1 建筑平面图的构成·

建筑平面图是用一个假想的水平面沿门窗洞的位置剖切房屋后,移去上面部分,向下做出的水平剖面图,简称平面图。一般每层画一个平面图,如底层平面图、2层平面图、3层平面图、屋顶平面图等,如果中间各层完全相同,可只画一个平面图,称为标准层平面图。

从内部看,各层平面图的主要区别是:各层楼梯图示不同,底层只有上,中间各层有上有下,而顶层只有下没有上;其次各层标高不同,从外部看,底层平面图上还应画出室外的台阶、雨水管、散水、指北针等,而楼层平面图只表示下一层的雨篷、遮阳板等。

如建筑平面图左右对称时,也可将两层平面图画在同一个图上,左边画出一层的一半,右边画出另一层的一半,中间用一点划线作分界线。平面图下方应注明相应的图名及采用的比例。平面图反映了房屋的平面形状、房间大小、相互关系、墙的厚度和材料、门窗的类型和位置等,是施工图中最基本的图样之一。

1)比例、线型、图例

平面图的比例一般采用1:100,根据房屋大小和复杂程度不同,也可采用1:50,1:200。平面图中线型应粗细分明,凡是被剖切到的墙、柱等截面轮廓线均用粗实线,门的开启方向线和窗的轮廓线以及其余可见轮廓线和尺寸线均用细实线。《建筑制图标准》(GB/T 50104—2010)中对建筑专业制图采用的各种图线作了详细规定,可见第1篇第1章表1.3。

平面图比例若为1:200~1:100时,可画简化的材料图例(如砖墙涂红、钢筋混凝土涂黑),比例小于1:200时,可不画材料图例。常见的建筑构造及配件图例见表6.2。

表6.2 建筑构造及配件图例

序号	名 称	图 例	说 明
1	墙体	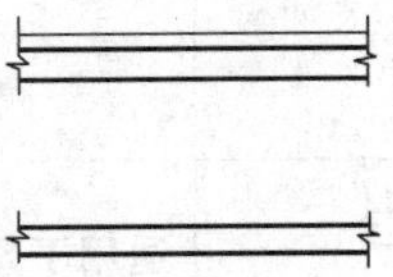	①上图为外墙,下图为内墙 ②外墙细线表示有保温层或有幕墙 ③应加注文字或涂色或图案填充表示各种材料的墙体 ④在各层平面图中防火墙宜着重以特殊图案填充表示
2	隔断		①加注文字或涂色或图案填充表示各种材料的轻质隔断 ②适用于到顶与不到顶隔断
3	栏杆		

续表

序号	名　称	图　例	说　明
4	楼梯	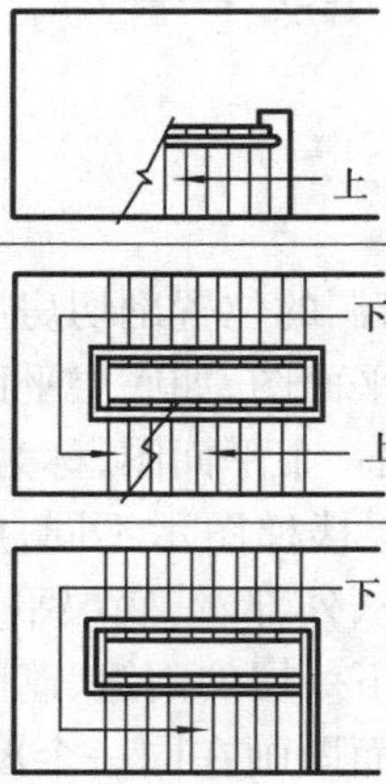	上图为底层楼梯平面,中图为中间层楼梯平面,下图为顶层楼梯平面
5	坡道	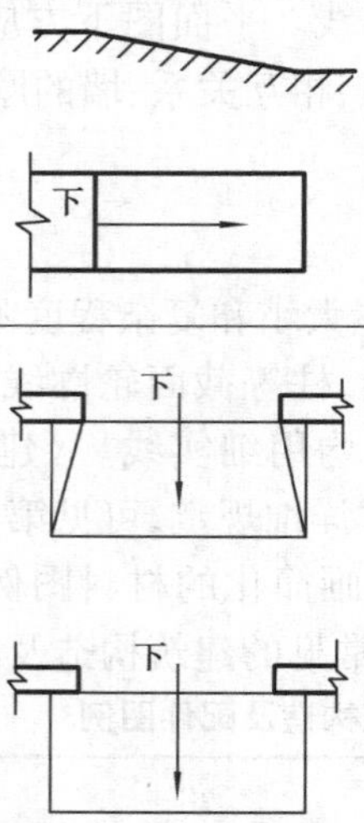	上图为两侧垂直的门口坡道,中图为有挡墙的门口坡道,下图为两侧找坡的门口坡道
6	台阶	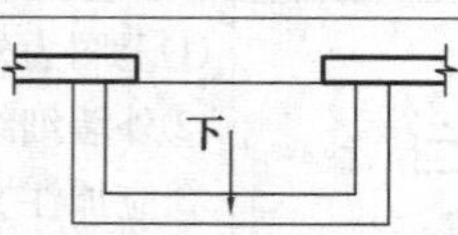	
7	平面高差	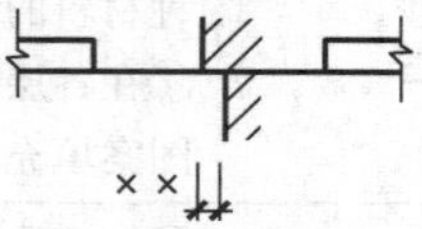	适用于高差<100的两个地面或楼面相接处
8	检查孔		左图为可见检查孔 右图为不可见检查孔
9	孔洞		阴影部分可以涂色代替

序号	名　称	图　例	说　明
10	坑槽		
11	墙预留洞	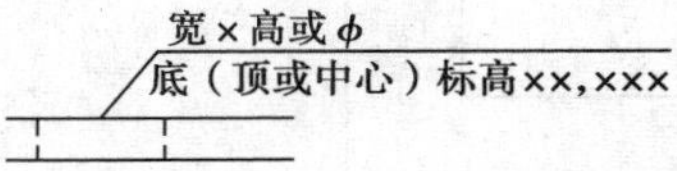 宽×高或φ ／ 底（顶或中心）标高××,×××	①以洞中心或洞边定位 ②宜以涂色区别墙体和留洞位置
12	墙预留槽	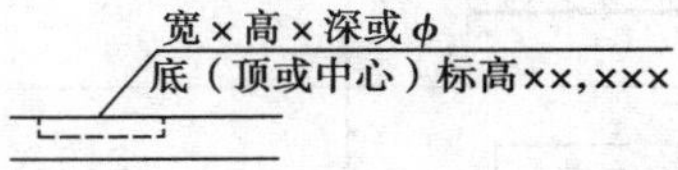 宽×高×深或φ ／ 底（顶或中心）标高××,×××	
13	烟道	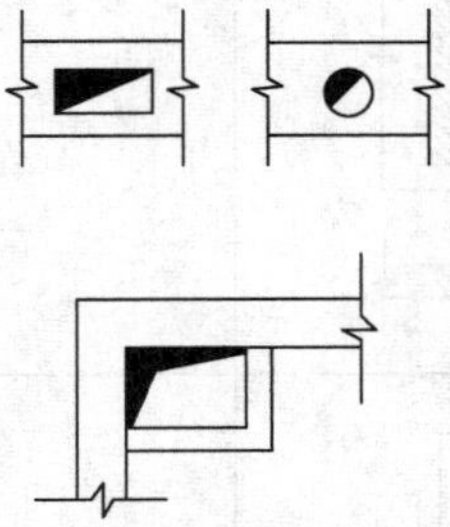	①阴影部分可以涂色代替 ②烟道与墙体为同一材料,其相接处墙身线应断开
14	通风道	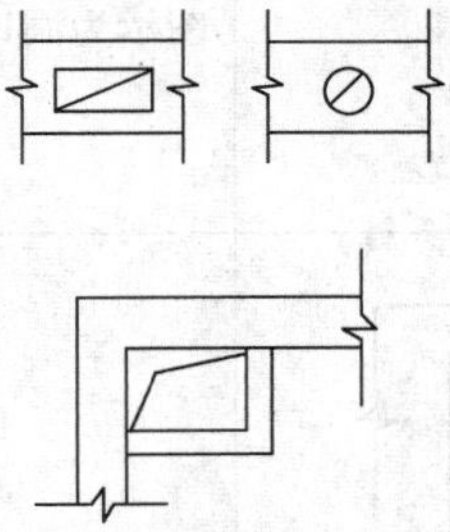	
15	新建的墙和窗	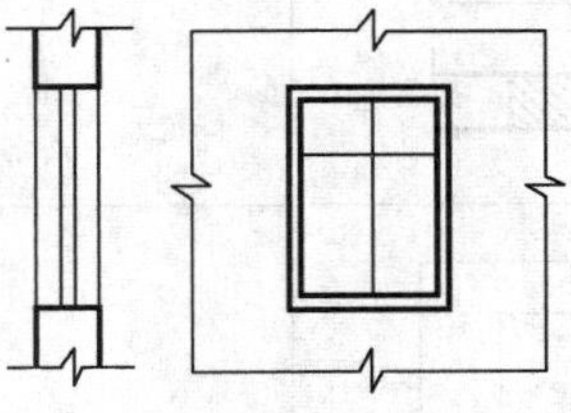	
16	改建时保留的原有墙和窗	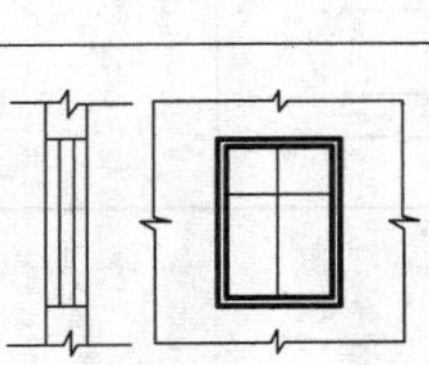	只更换窗,应加粗窗的轮廓线

续表

序号	名　称	图　例	说　明
17	应拆除的墙	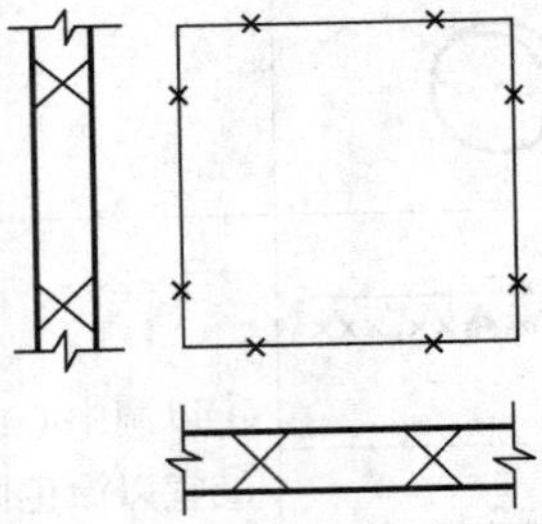	
18	改建时在原有墙或楼板上新开的洞	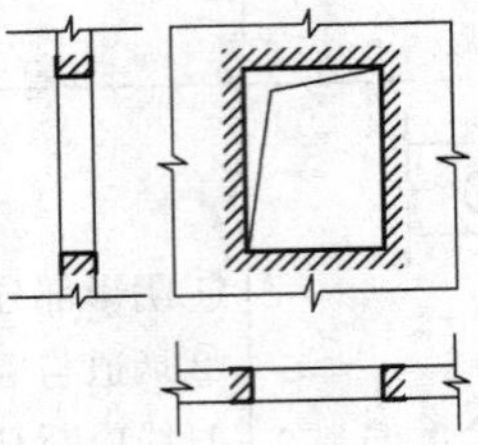	
19	在原有洞旁扩大的洞	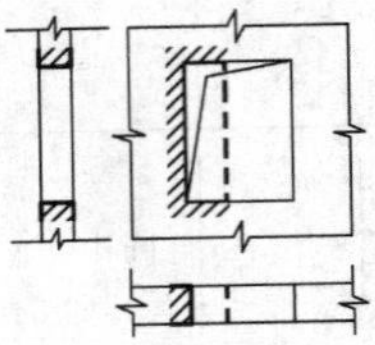	图示为洞口向左方扩大
20	在原有墙或楼板上全部填塞的洞	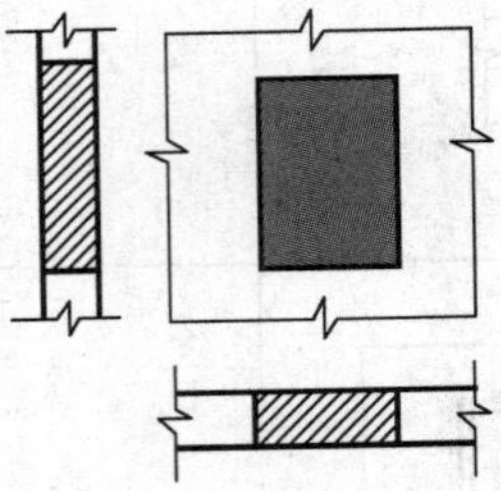	
21	在原有墙或楼板上局部填塞的洞	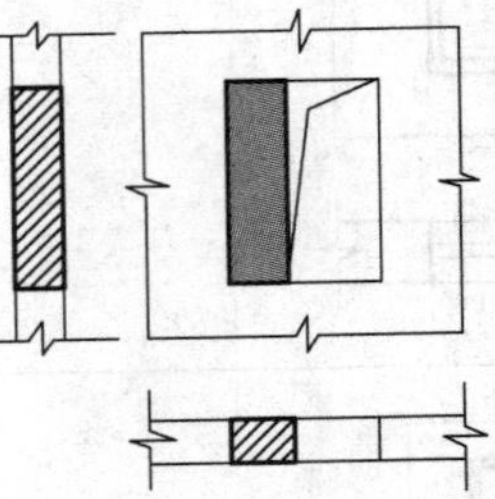	左侧为局部填塞的洞 图中立面图填充灰度或涂色

续表

序号	名　称	图　例	说　明
22	空门洞	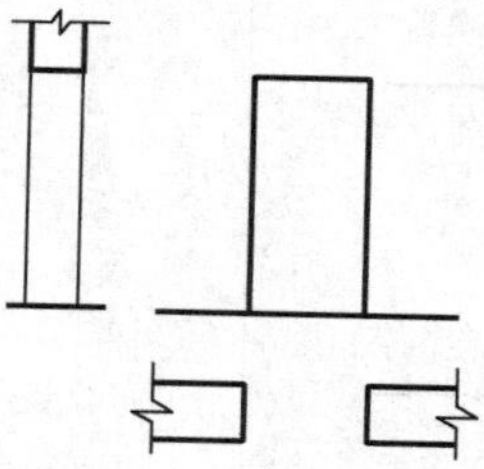 $h=$	h 为门洞高度
23	单扇平开或单向弹簧门	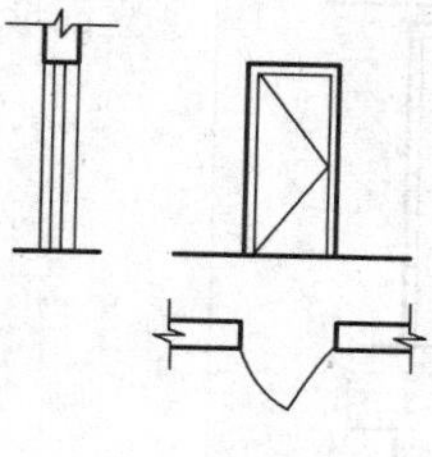	①门的名称代号用 M 表示 ②平面图中,下为外,上为内,门开启线为 90°,60° 或 45° ③立面图中,开启线实线为外开,虚线为内开。开启线交角的一侧为安装合页一侧。开启线在建筑立面图中可不表示,在立面大样图中可根据需要绘出 ④剖面图中,左为外,右为内 ⑤附加纱扇应以文字说明,在平、立、剖面图中均不表示 ⑥立面形式应按实际情况绘制
24	双扇门（包括平开或单面弹簧）	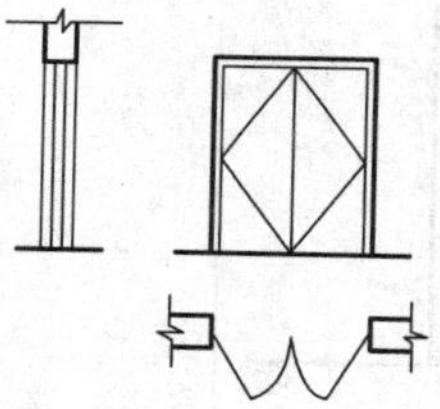	
25	对开折叠门	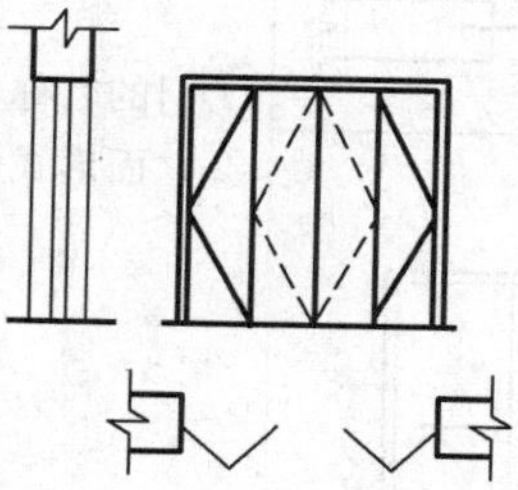	
26	推拉折叠门	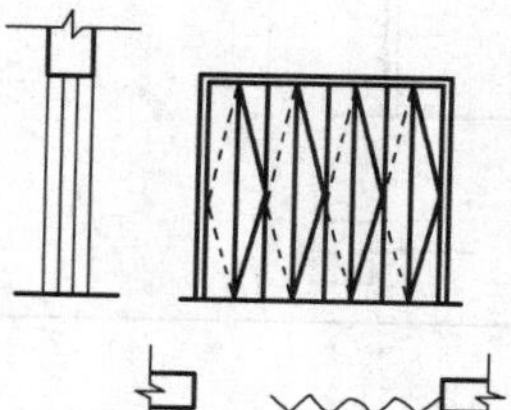	①门的名称代号用 M 表示 ②平面图中,下为外,上为内 ③剖面图中,左为外,右为内 ④立面形式应按实际情况绘制

续表

序号	名 称	图 例	说 明
27	墙洞外单扇推拉门	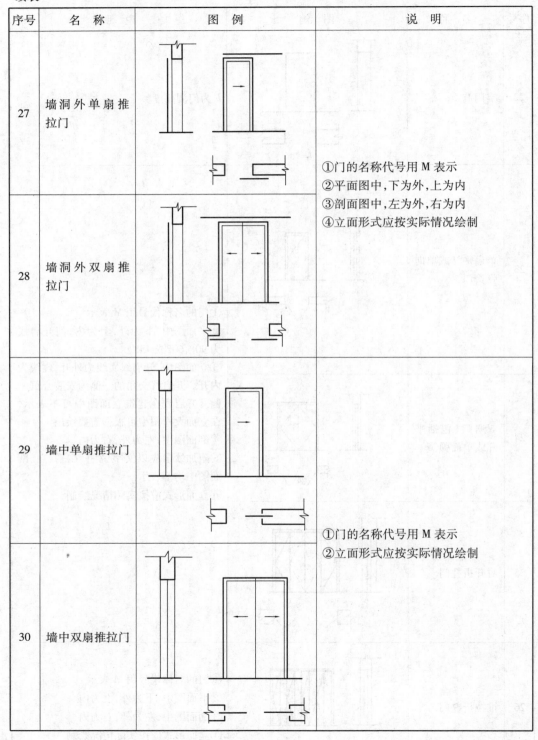	①门的名称代号用 M 表示 ②平面图中,下为外,上为内 ③剖面图中,左为外,右为内 ④立面形式应按实际情况绘制
28	墙洞外双扇推拉门		
29	墙中单扇推拉门		①门的名称代号用 M 表示 ②立面形式应按实际情况绘制
30	墙中双扇推拉门		

序号	名　称	图　例	说　明
31	推拉门	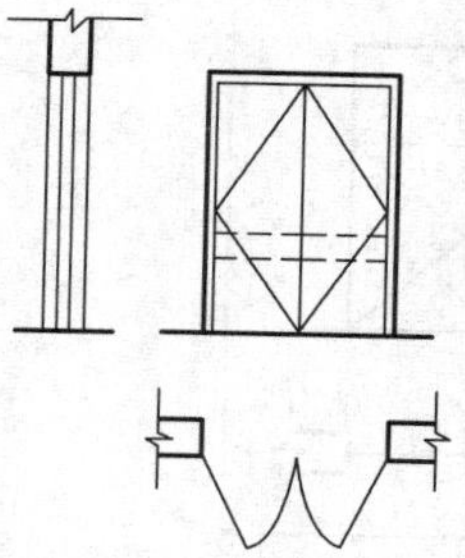	①门的名称代号用 M 表示 ②平面图中，下为外，上为内，门开启线为90°,60°或45° ③立面图中，开启线实线为外开，虚线为内开。开启线交角的一侧为安装合页一侧。开启线在建筑立面图中可不表示，在室内设计立面大样图中可根据需要绘出 ④剖面图中，左为外，左为内 ⑤立面形式应按实际情况绘制
32	门连窗	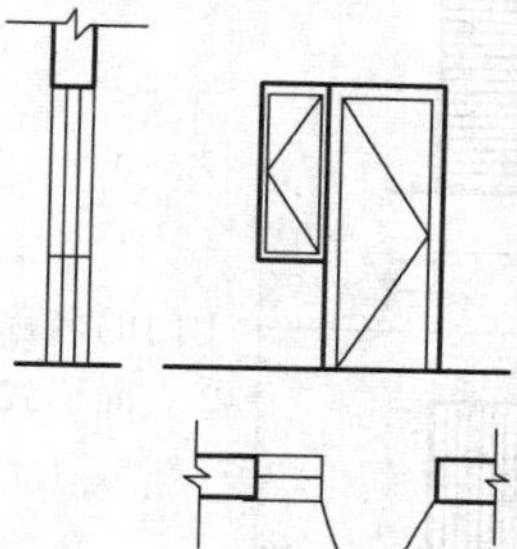	
33	旋转门	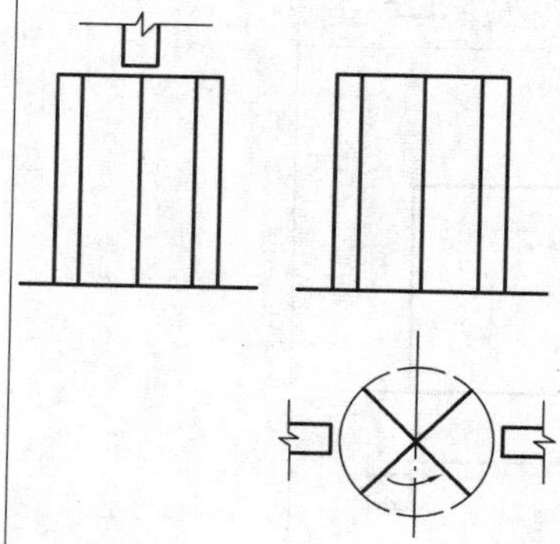	①门的名称代号用 M 表示 ②立面形式应按实际情况绘制
34	自动门	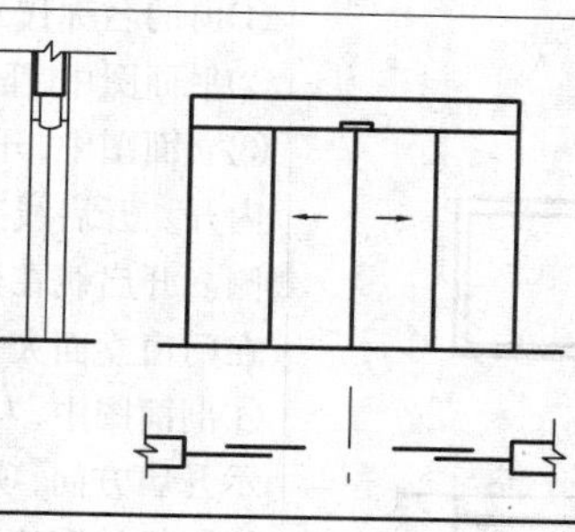	

续表

序号	名　称	图　例	说　明
35	折叠上翻门		
36	竖向卷帘门	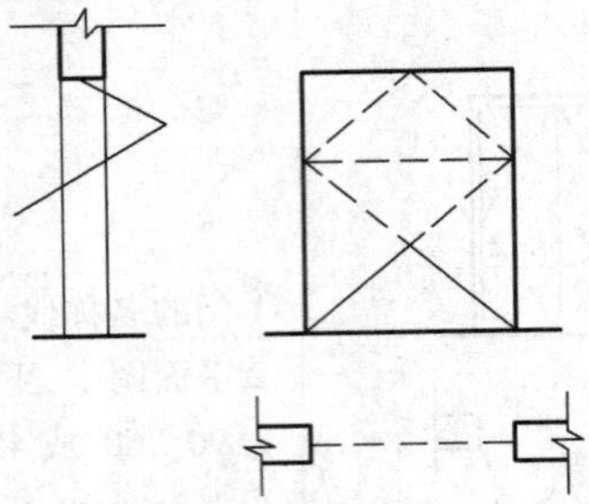	①门的名称代号用 M 表示 ②立面形式应按实际情况绘制
37	横向卷帘门		
38	提升门		
39	固定窗	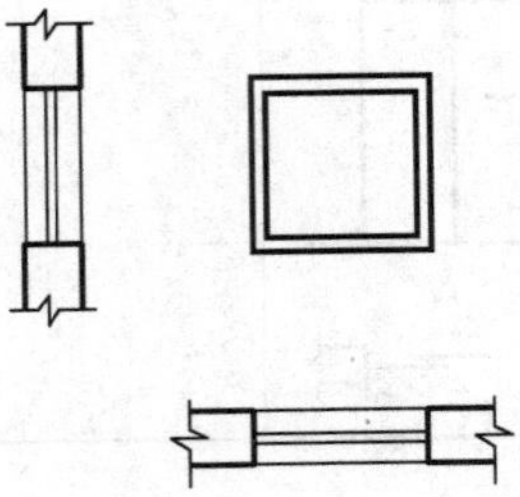	①窗的名称代号用 C 表示 ②平面图中,下为外,上为内 ③立面图中,开启线实线为外开,虚线为内开。开启线交角的一侧为安装合页一侧。开启线在建筑立面图中可不表示,在门窗立面大样图中需绘出 ④剖面图中,左为外,右为内,虚线仅表示开启方向,项目设计不表示 ⑤附加纱窗应以文字说明,在平、立、剖面图中均不表示 ⑥立面形式应按实际情况绘制

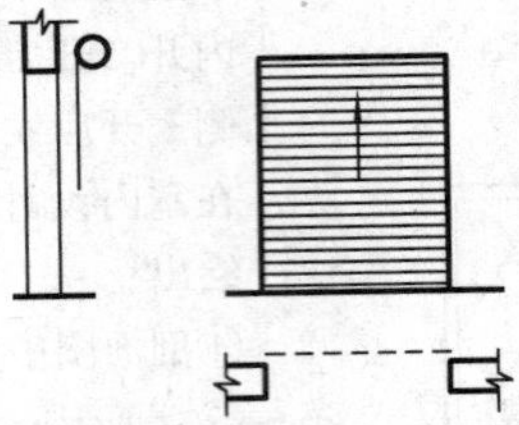

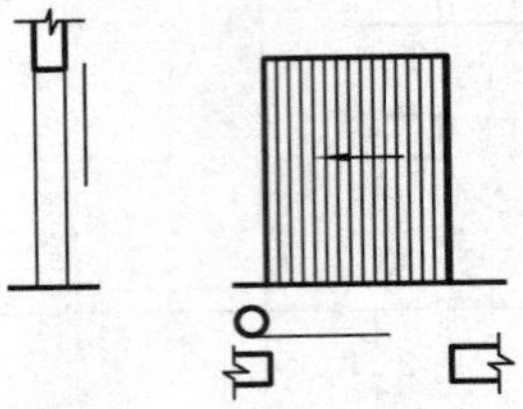

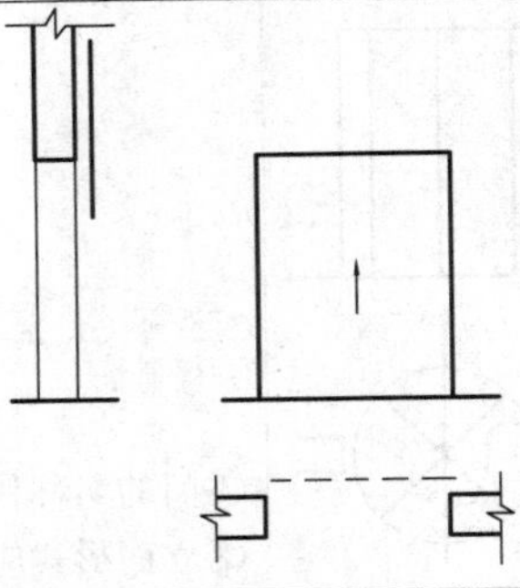

续表

序号	名 称	图 例	说 明
40	上悬窗	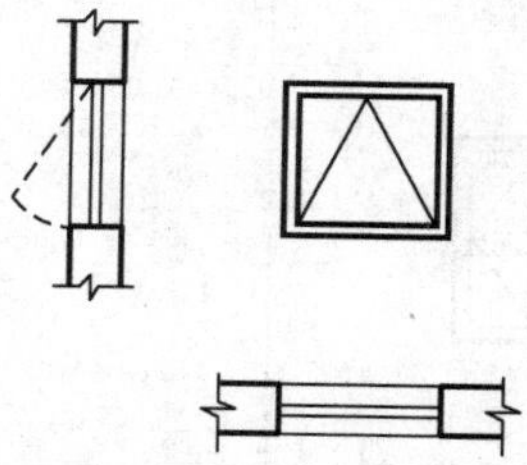	
41	中悬窗	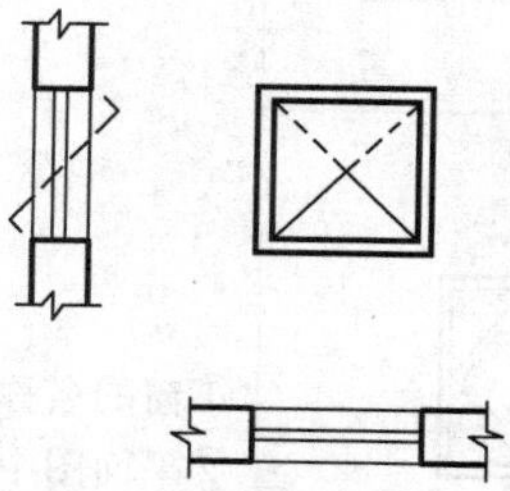	①窗的名称代号用 C 表示 ②平面图中,下为外,上为内 ③立面图中,开启线实线为外开,虚线为内开。开启线交角的一侧为安装合页一侧。开启线在建筑立面图中可不表示,在门窗立面大样图中需绘出 ④剖面图中,左为外,右为内,虚线仅表示开启方向,项目设计不表示 ⑤附加纱窗应以文字说明,在平、立、剖面图中均不表示 ⑥立面形式应按实际情况绘制
42	下悬窗	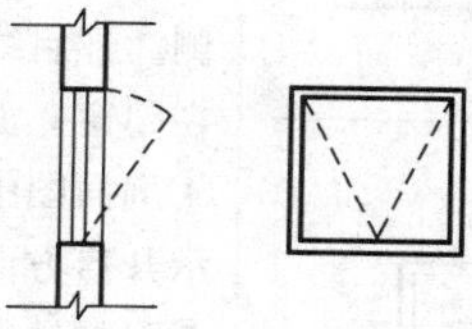	
43	立转窗	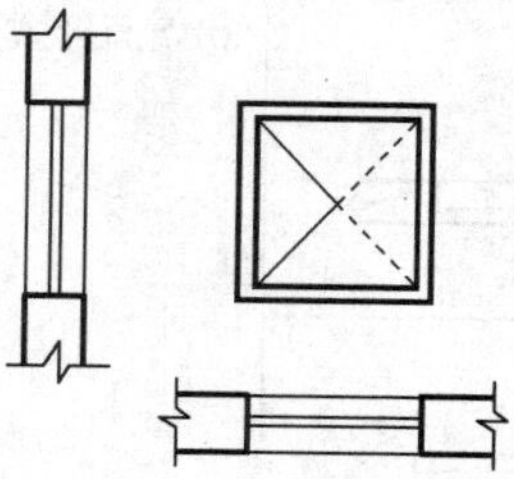	
44	单层外开平开窗	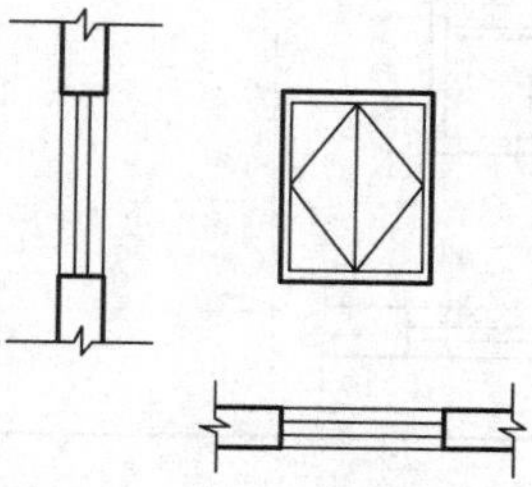	

续表

序号	名 称	图 例	说 明
45	单层内开平开窗	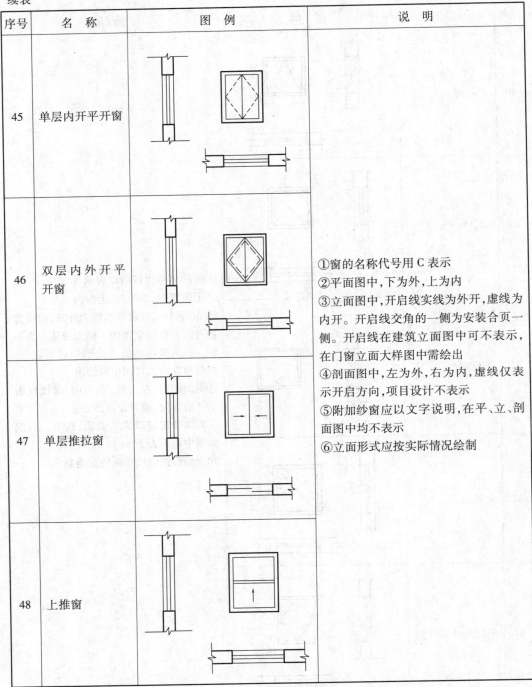	
46	双层内外开平开窗		①窗的名称代号用 C 表示 ②平面图中,下为外,上为内 ③立面图中,开启线实线为外开,虚线为内开。开启线交角的一侧为安装合页一侧。开启线在建筑立面图中可不表示,在门窗立面大样图中需绘出 ④剖面图中,左为外,右为内,虚线仅表示开启方向,项目设计不表示 ⑤附加纱窗应以文字说明,在平、立、剖面图中均不表示 ⑥立面形式应按实际情况绘制
47	单层推拉窗		
48	上推窗		

序号	名　称	图　例	说　明
49	百叶窗	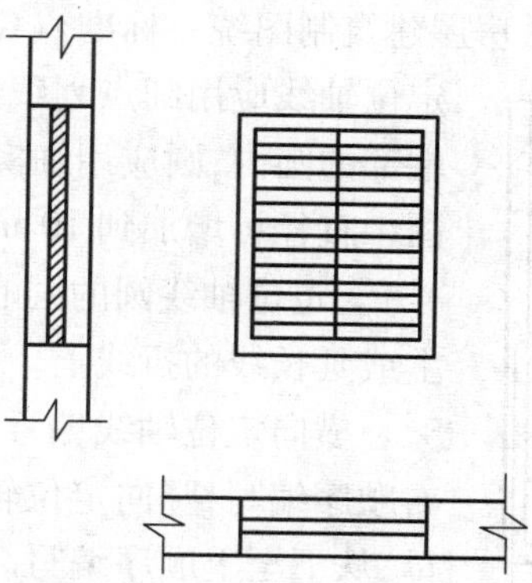	
50	高窗	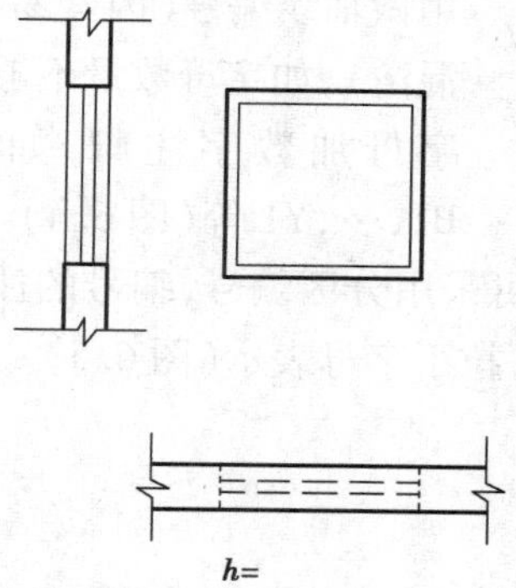	①窗的名称代号用 C 表示 ②立面图中,开启线实线为外开,虚线为内开。开启线交角的一侧为安装合页一侧。开启线在建筑立面图中可不表示,在门窗立面大样图中需绘出 ③剖面图中,左为外,右为内 ④立面形式应按实际情况绘制 ⑤h 表示高窗底距本层地面标高 ⑥高窗开启方式参考其他窗型
51	电梯	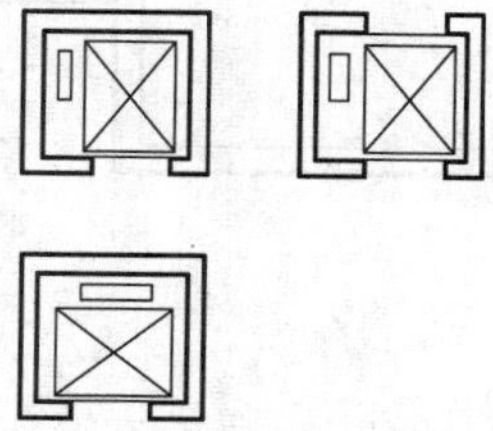	①电梯应注明类型,并按实际绘出门和平衡锤或导轨的位置 ②其他类型电梯应参照本图例按实际情况绘制
52	自动扶梯	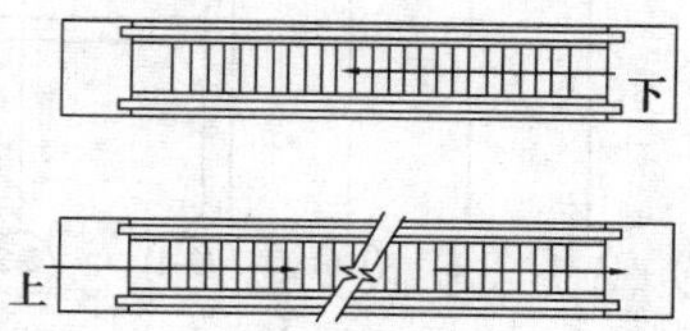	箭头方向为设计运行方向
53	自动人行道	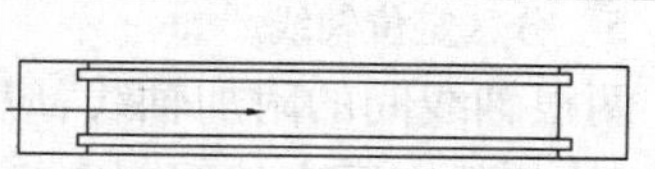	

2)定位轴线

定位轴线是表示房屋的墙、柱、梁等承重构件的相对位置,以便于施工定位放线和确定墙体及各构件之间的相互关系的基准线。《房屋建筑制图统一标准》(GB/T 50001—2010)规定:

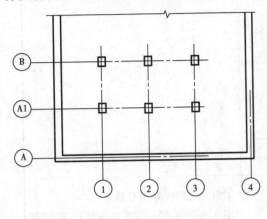

图6.4　定位轴线编号

定位轴线应用细点划线绘制,编号应注写在轴线端部的圆内,圆应用细实线绘制,直径为8 mm(详图中直径可增加到10 mm,且圆内不注写轴线编号)。定位轴线圆的圆心应在定位轴线的延长线上或延长线的折线上。

横向定位轴线编号应用阿拉伯数字,从左至右顺序编写,竖向定位轴线编号应用大写拉丁字母,从下至上顺序编写。拉丁字母的I,O,Z不得用做轴线编号(因其易与阿拉伯数字中的1,0,2混淆),如字母数量不够使用,可增用双字母或单字母加数字注脚,如 AA,BA,…,YA 或 A1,B1,…,Y1 等(图6.4)。

组合较复杂的平面图中,定位轴线也可采用分区编号,编号的注写形式应为"分区号—该分区编号",分区号采用阿拉伯数字或大写拉丁字母表示(图6.5)。

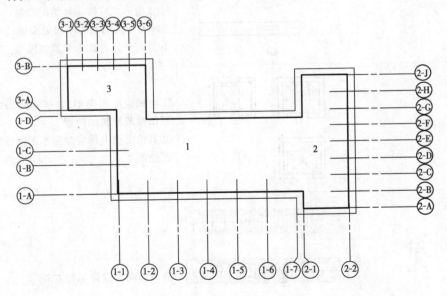

图6.5　分区定位轴线

次要构件和墙体,可采用附加轴线。两根轴线间的附加轴线,应以分母表示前一轴线的编号,分子表示附加轴线的编号,编号宜用阿拉伯数字顺序编写,如:①/②表示 2 号轴线后附加的第一道轴线,③/⑥表示 C 轴线后附加的第 3 道轴线。1 号轴线或 A 号轴线之前的附加轴线的分母应以 01 或 0A 表示。

圆形平面图中定位轴线的编号,其径向轴线宜用阿拉伯数字表示,从左下角开始,按逆时针顺序编写。其圆周轴线宜用大写拉丁字母表示,从外向内顺序编写,如图6.6(a)所示。折线形平面图中定位轴线的标号可按图6.6(b)编写。一个详图适用于几根轴线时,应同时注明各有关轴线的编号,如图6.7所示。

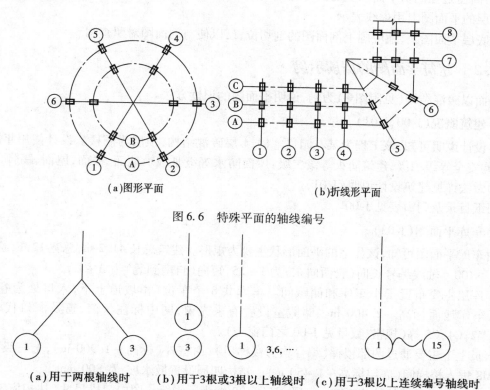

(a)图形平面   (b)折线形平面

图6.6 特殊平面的轴线编号

(a)用于两根轴线时   (b)用于3根或3根以上轴线时   (c)用于3根以上连续编号轴线时

图6.7 详图的轴线编号

3)尺寸标注

尺寸的标注主要是反映各房间的开间、进深、门窗及室内设备的大小和位置。平面图中尺寸分为外部尺寸和内部尺寸两种类型。

(1)外部尺寸

外部尺寸一般标注三道,第一道为细部尺寸(表示门、窗洞口宽度尺寸和门窗间墙体以及各细小部分的构造尺寸);第二道为定位尺寸(也称轴线间尺寸,用以表明房间的开间和进深尺寸);第三道为总尺寸(表示建筑外轮廓的总尺寸,即总长、总宽)。

三道尺寸线间距一般为7~10 mm,第一道尺寸距房屋的外墙边应大些,一般为10 mm以上。如果房屋平面的前后、左右不对称时,则房屋平面的上下左右四边均应标注尺寸,但总尺寸不必重复标注。

(2)内部尺寸

内部尺寸应注明内墙门窗洞的位置及洞口宽度、墙体厚度、设备的大小和位置。

平面图上还应绘制出指北针(一般在 ±0.00 标高的平面图上),并放在明显位置,所指的方向应与总图一致。平面图中各部分的高差用标高表示,一般有水房间地面要比其他地面低。

相邻地面高度不同时,应画一条细实线隔开。

平面图中,门窗应标注代号及编号,如 M-1,M-2,C-1,C-2 等,M 是门的代号,C 是窗的代号,1、2 是不同类型门窗的编号。门窗洞的大小及其构造形式都应按投影关系画出。值得注意的是:高窗是在剖切平面以上的窗,按投影关系是不应画出的,但为了表示其位置,往往在与它同一层的平面图上用虚线表示。

在底层平面图上,还应画上剖面图的剖切位置,以便与剖面图对照查阅。

·6.3.2 建筑平面图的识读示例·

下面以砖混结构(见附图 1)为例,说明平面图的识读方法。

1)建筑概况(J-00,J-01)

由设计说明可知,该工程为某花园住宅楼,4 层砖混结构,顶层为阁楼。设计使用年限 50 年,结构安全等级二级,建筑防火等级二级,屋面防水等级 Ⅲ 级。地面、楼面、屋面、踢脚、防潮层等的做法详见建筑设计说明(J-01)。

图纸目录及门窗表见 J-00。

2)车库平面图(J-03)

由车库平面图可知,该住宅的平面形状主要为矩形。建筑总长 41.2 m,总宽 12 m,绘图比例为 1:100。轴线编号长向(自西向东)为 1~25,短向(自南到北)为 A~E。

车库层主要布置了小车库和储藏间。车库共 8 个车位(由坡道上下,入口处为卷帘门 JLM),车库地面标高 -2.400 m。储藏室设置有采光窗,图中标注了门、窗及洞口代号,如 JLM1,M2,C4,C5 等(规格、数量见 J-00 之门窗表)。

人员上下主要通过两部楼梯(编号均为楼梯甲),由室外(标高 -1.900 m),上三级台阶,经过 M8 进入楼梯间(底层标高 -1.450 m)。结构四周设置散水坡,宽 800 mm。

图中未标明的墙体均为 240 mm 厚,部分 120 墙为后砌墙。图中门垛尺寸(从相应轴线到门垛边)为 240 mm,所有洞口高度均为 2 100 mm(见图中左下角说明)。图中有三道尺寸标注线,最外一道为总尺寸,中间一道为轴线尺寸,最内一道为细部尺寸。

3)一层平面图(J-04)

一层平面图绘图比例为 1:100,图名左侧绘制了指北针,说明整个建筑坐北朝南。

该住宅楼为一梯两户,每户房间有客厅、餐厅、卧室、厨房、卫生间。

客厅(标高 ±0.000)朝南,通过推拉门 M-4 可到南阳台,阳台外设置空调搁板,尺寸为 600 mm×1 200 mm。餐厅在北边,北阳台兼作厨房,中间用推拉门 M-5 隔开。

卧室设有飘窗(PC)。厨房、卫生间、阳台(属于有水房间)比正常地坪低 30 mm,且以 1% 的坡度坡向地漏(见 J-04 左下角说明)。

由餐厅和卧室之间的室内楼梯(楼梯乙)可推知,每户均为跃层结构,即一、二层为一户,三层和阁楼层为一户(可结合其他平面图一起识读)。

楼梯甲(A-B 与 5-9,17-21 轴线间)是人员上下通行的主要通道,楼梯间入口处设置雨篷板,坡度为 1%,排水用直径 50 mm 的水舌外伸 150 mm。

图中墙体未标注者均为 240 mm 厚,为承重的主要部件,说明该结构为砖混结构。

图中隔墙厚 120 mm,洞口高度均为 2 500 mm,见 J-04 左下角说明。

图中 3—5 轴线间有剖切符号 1—1,从南到北依次将南阳台、客厅、卫生间、餐厅、北阳台剖开,并向左投影,1—1 剖面图见 J-11。

4)二、三层平面图(J-05,J-06)

二层与一层同属于一户,布局基本相同,功能划分有所不同,通过室内楼梯乙连通,此时二层也称跃层,标高 2.900 m。与一层平面图最显著的区别是室内楼梯平面图不同。

三层与阁楼层属于同一户,三层布局基本同一、二层,其客厅地面标高为 5.800 m。

5)阁楼层平面图(J-07)

阁楼层主要布置了卧室、书房、卫生间、家庭活动室,地面标高为 8.700 m,有水房间比正常地面低 30 mm(见图左下角说明)。

阁楼层在 A,B 轴线间设置了一道外墙,压缩了室内活动室空间,将外面设置成室外活动空间(轴线距离 2 400 mm×4 800 mm),泄水坡度 2%。

阁楼顶为坡屋面,南面阳台坡屋面的做法详见 J-13 中的详图 3(可结合 J-11 的东立面图及 1-1 剖面图一起识读),北阳台泄水坡度为 2%。

6)屋顶排水平面图(J-08)

屋顶排水为双向泄水,檐沟排水坡度均为 1%,局部为 2%,设有 DN100 的 PVC 落水管共 6 根。

卫生间和厨房采用集中排烟和排气装置,详见 J9901。屋面为不上人屋面,只设置了 600 mm×700 mm 的检修孔,详细做法可参考 J9503。

坡屋面、檐口等处绘有详图索引符号。

6.4 建筑立面图

·*6.4.1 建筑立面图的构成*·

建筑立面图是在与房屋立面平行的投影面上所作的正投影图,它主要反映建筑物的外形轮廓和各部分构件的形状及相互关系,同时还标注外墙各部分的装饰材料、做法以及建筑各部分的标高。此外,两端还画有定位轴线符号及编号。

按投影原理,立面图上应将所有看得见的细部都表示出来,但由于立面图比例较小,所以一些细部如门窗扇、檐口、栏杆等,往往只用图例表示,其详细做法另有详图或文字说明。若房屋左右对称,则正立面图和背立面图可各画一半,单独布置或合并成一图。合并时,应在图中间画一铅直的点画线作为分界线。

为了加强图面效果,使外形清晰、重点突出,在立面图上往往选用各种不同线型:地坪线用特粗实线,屋脊和外墙等最外轮廓线用粗实线,勒脚、窗台、门窗洞、檐口、阳台、雨篷、柱、台阶等的轮廓线用中实线,门窗扇、栏杆、雨水管、墙面分格线等用细实线。

立面图可以根据立面图中首尾轴线编号而命名,如①~⑩立面图、⑩~①立面图、Ⓐ~Ⓓ立面图等,或根据房屋立面的主次命名为正立面图、背立面图、左侧立面图、右侧立面图等,也可以根据房屋朝向命名为南立面图、北立面图、东立面图、西立面图等。

· 6.4.2　建筑立面图的识读示例 ·

下面以砖混结构（见附图1）为例，说明立面图的阅读方法。

1）南立面图（J-09）

南立面图也可称为①～㉕立面图或者正立面图，比例为1∶100。

由图可以看出结构包括车库层、阁楼层（上覆坡屋顶）及中间层。

结构总高12.900 m，各楼层标高如图（标准层层高2.9 m），室外标高−1.900 m。

图中还标注了各层窗台的位置、窗户的高度、车库门的位置及尺寸、楼梯间的位置、出入口的位置等。

结构外装修采用仿石涂料墙面和乳胶漆墙面（可结合建筑设计说明识读）。

2）北立面图（J-10）

北立面图也可称为㉕～①立面图或者背立面图，比例为1∶100。

图中从下往上可以看到储藏室的窗户，各层窗户的布置、标高，卫生间的采光窗等。

坡屋顶做法及外墙面的做法同南立面图。

3）东立面图（J-11）

东立面图也称侧立面图，比例为1∶100。

从下往上可以看到车库及侧面的采光窗、各层侧面卫生间的采光窗以及坡屋顶（上有详图索引符号，表示了坡屋面处的做法，详细可参看J-14）。

沿A轴线左侧可以看到各层南侧的阳台、窗台的标高、窗户的高度等，沿E轴线右侧可以看到各层的北阳台（3层阳台顶部有详图索引，详图绘制在东立面图下方）及卧室的飘窗，以及飘窗的高度、标高等。

图中还标注了各层楼面的位置及标高。

6.5　建筑剖面图

· 6.5.1　建筑剖面图的构成 ·

为了表明房屋的内部构造，假想用一个铅垂剖切面将房屋剖开，所得的剖面图称为建筑剖面图，简称剖面图。剖切面一般为横向（平行于侧面），必要时也可为纵向（平行于立面）。剖面图主要用来表示房屋的内部结构、构造形式、各部位的材料及相互关系等。

剖面图与平、立面图应相一致，若画在同一张图纸上时，应满足长对正、宽相等、高平齐等基本投影规律。不在同一张图纸上时，它们相互对应的尺寸，也应相同。剖面图上的两端定位轴线及编号应与平面图定位轴线一致，图名应与平面图上所标注的剖切符号一致，如1—1剖面图、2—2剖面图等，材料图例、线型选择、表示方法等也与平面图相同。

剖面图的剖切位置（标注在底层平面图中）应选择有利于表现房屋内部复杂构造与典型做法的部位，且一般要经过门窗洞、楼梯间，其数量可根据房屋的复杂程度和施工实际需要而决定。剖面图中一般不反映基础，用折断线省略。

当用较大比例绘制剖面图时,被剖切到的构件或配件截面一般要画上材料图例。对楼地面、屋面,要对其构造层次加以说明,方法是用引出线指着所说明的部位,并按其构造的层次顺序,逐层加以文字说明。若另有详图,可用索引符号引出。房屋倾斜的地方(如屋面、散水、排水沟、出入口的坡道等),需用坡度表明倾斜的程度。平屋面的坡度用箭头表示,箭头指向流水方向,上面标上坡度如 3% ▶ 或者 1:50 ▶。

坡屋面的坡度可用一个倒直角三角形形式标注,并在两直角边上写上数字,如 ⟋ ,读作坡度 1∶2。

·6.5.2　建筑剖面图的识读示例·

下面以砖混结构(见附图 1)为例,说明剖面图的阅读方法。

1—1 剖面图(J-11)

剖面图需要结合相应平面图(参看 J-04)来识读。

1—1 剖面图绘图比例为 1∶100,两端轴线为Ⓐ～Ⓔ,其剖切位置和投影方向见 J-04。

在 A 轴线左边,可以看到楼房的出入路径,从室外(−1.900 m)通过坡道进入车库(−2.400 m),车库门洞高 2 100 mm,设置卷帘门。为防水,卷帘门外设置排水明沟(详见J9508)。车库顶板高于室外地面,属半地下室。

沿 A 轴线往上,可以看到各层悬挑出的窗户,图中标注了各层洞口的高度以及阁楼层屋面的做法(详见 J-13)。

沿 A～C 轴线从下往上,可以看到相应洞口的高度,最上为阁楼层,可以看到阁楼层室外活动空间的位置,扶手栏杆的位置、高度,以及檐口的做法(详见 J-14)。

沿 C～E 轴线从下往上,依次绘制了剖切到的墙、投影到的门 M-3(高 2.2 m)。

沿 E 轴线可看到储藏室窗户高 1.2 m,以及外围的散水坡,往上为各层通往阳台的门(高2.5 m)及悬挑的阳台。阳台窗户洞口高 1.45 m,窗上过梁截面高 0.4 m,窗台高 1.05 m,窗台做法见 J-14。右侧标出了各层楼面的标高(分别为 ±0.000 m,2.9000 m,5.800 m,8.700 m)、层高(标准层为 2.9 m)。

剖切面上有详图索引符号,如屋脊做法详见 00J202-1,檐沟及阳台处做法详见 J-14。

6.6　建筑详图

·6.6.1　建筑详图的构成·

从建筑的平、立、剖面图上虽然可以看到房屋的外形、平面布置、内部构造和主要尺寸,但由于比例较小,很多细部构造都无法表达清楚。为了满足施工要求,把房屋的细部构造或构配件,用较大的比例按正投影的方法画出,称为建筑详图,简称详图。详图比例一般采用 1∶20,1∶10,1∶5,1∶2,1∶1 等。详图的表示方法,视细部的构造复杂程度而定,有时只需要一个详图就能表达清楚(如墙身节点详图),有时则需要若干个详图才能完整表达。

一般房屋的详图主要有檐口及墙身节点构造详图、楼梯详图、厨房、厕所、阳台、门窗、建筑装饰、花格、栏杆、雨篷、台阶等详图。详图要求构造表达清楚,尺寸标注齐全,文字说明准确,轴线、标高与相应的平、立、剖面图一致。

由于一套施工图中详图数量较多,有的还可能引自标准图集,为避免混淆,《房屋建筑制图统一标准》(GB/T 50001—2010)对此作了详细规定。

1)索引符号

图样中的某一局部或构件,如需另见详图,应以索引符号索引,即用细实线画一直径为10 mm的圆,圆圈内过圆心画一水平线,圆及水平直径均应以细实线绘制。

①索引出的详图,如与被索引的详图同在一张图纸内,应在索引符号的上半圆中用阿拉伯数字注明该详图的编号,并在下半圆中画一段水平细实线。

②索引出的详图,如与被索引的详图不在同一张图纸内,应在索引符号的上半圆中用阿拉伯数字注明该详图的编号,在索引符号的下半圆中用阿拉伯数字注明该详图所在图纸的编号。数字较多时,可加文字标注。

③索引出的详图,如采用标准图,应在索引符号水平直径的延长线上加注该标准图册的编号(图 6.8)。

图 6.8　详图索引符号

④索引符号如用于索引剖视详图,即表示图样的某一局部另有剖面(或断面)详图时,应在引出线的一侧加画一剖切位置线,表示作剖面图时的投影方向(图 6.9)。

图 6.9　局部剖面索引符号

2)详图符号

详图的位置和编号应以详图符号表示。详图符号的圆应以直径为 14 mm 粗实线绘制。

①详图与被索引的图样同在一张图纸内时,应在圆内用阿拉伯数字注明详图的编号。

②详图与被索引的图样不在同一张图纸内,应用细实线在详图符号内画一水平直径,在上半圆中注明详图编号,在下半圆中注明被索引的图纸的编号,如图 6.10 所示。

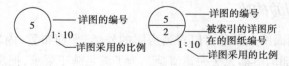

图 6.10　详图符号

· 6.6.2 建筑详图的识读示例 ·

下面以砖混结构(见附图1)为例,说明建筑详图的阅读方法。

1)楼梯详图(J-12,J-13)

楼梯是楼层之间上下交通的主要设施,由于楼梯构造复杂,有楼梯的房屋,一般要绘制楼梯详图,楼梯详图需要结合楼梯平面图一起识读。

本住宅为跃层结构,所以有两种楼梯:楼梯甲为公用楼梯,楼梯乙为户内楼梯。

(1)楼梯甲(J-12)

楼梯甲大样图包括楼梯平面图和楼梯间剖面图(A—A 剖面图),比例均为 1∶50。

与平面图相对应,楼梯平面图包括车库层、一、二、三、四层楼梯平面图。

楼梯平面图是用一个假想水平面(高度在该层窗户位置)将结构剖开,上部移走,然后往下投影,所看到的楼梯间部分,因此不同的楼层被切到、移走的梯段是不同的。最底层的楼梯剖切后将只剩下几个踏步。标准层的楼梯被切走一部分,往下投影时,由于下层的梯级被投影到楼梯平面图上,所以标准层的梯级是由折断线分开的完整梯段,折断线两边,一边是被剖切到的梯级,一边是往下投影看到的下一层梯级。顶层的梯段则是没有折断线的完整梯段,因为顶层窗户位置的剖切面是切不到该层的梯段的。梯段中间围成楼梯井。顶层楼面平台处往往都有一道安全栏杆。

车库层楼梯平面图:楼梯间位于⑤~⑨、Ⓐ~Ⓒ轴线,面积 2.6 m×6 m,内有设备管道井。底层标高 -1.450 m,通过双扇门进入。四周主要由墙承重,墙厚 240 mm,休息平台宽 1 520 mm。拐角设置了构造柱,截面 240 mm×240 mm。为详细说明楼梯间的上下、内外交通关系,在车库层楼梯间平面图中做了剖切(即 A—A 剖面图)。

标准层楼梯平面图:即一、二、三层楼梯平面图,其布局大致与车库层楼梯平面图相同(各层标高除外),不同之处是梯段部分是有折断线的完整梯级(原因前面已解释,图中"上"表示从该楼层往上可到上一楼层,"下"表示往下可到下一楼层)。对应车库层的出入口位置,设置了窗户,一层和三层则设置入户门(二层是一层住户的跃层,通过室内楼梯进入)。

阁楼层楼梯平面图:即顶层楼梯平面图,具有不带折断线的完整梯段,楼层平台处设置了安全栏杆,阁楼层是三楼住户的跃层,通过室内楼梯进入,故楼梯间没有入户门。

A—A 剖面图:比例为 1∶50。由室外上 3 个台阶,进入楼梯间平面(-1.450 mm),往上经 9 级台阶(踏步每级宽 290 mm,高 161 mm)可到一层楼面。由于该住宅属于跃层建筑,所以楼梯间不是每层都有入户门。各楼层休息平台标高分别为 1.45,4.35,7.25 m,楼层平台标高同平面图。栏杆扶手高 1.05 m。楼梯间设有管道井,洞口高 1 800 mm。图中被剖切到的梯段画出了材料符号,投影到的梯段只画出了外轮廓线。

(2)楼梯乙(J-13)

J-13 所绘为户内楼梯乙,楼层平面图识读方法同楼梯甲。

一、三层楼梯平面图上做了剖切 B—B,即 B—B 剖面图。识读方法同 A—A 剖面图,区别在于没有从二层到三层的楼梯段(因为一、二层属于一户,三层与阁楼属于另一户)。B—B 剖面图投影到的门线为 M-3,是客厅卫生间的门。

南面阳台顶部做法见 J-13 之索引详图3,装饰檐做法见 00J202-1,上人屋面做法见 J9501,不锈钢防护栏杆做法见 J9505 第 21 页。

2)细部构造详图(J-14)

J-14 详细说明了飘窗(PC)、腰线、窗套、檐沟、屋面等的详细做法。

6.7 某教学楼建筑施工图纸识读

附图 2 包括某职业技术学院教学楼的建筑施工图和结构施工图两部分,设备施工图(水施、电施)略。表 6.3 是教学楼施工图纸目录。从该目录可以了解到该套建筑施工图共计 12 张,结构施工图共计 15 张。结合本课程的要求,只对其建筑施工图部分进行讲解,本套图纸的结构施工图部分,可结合结构相关课程一起识读。

表 6.3 某教学楼建筑工程施工图目录(部分)

序号	图纸名称	图号	张数	图幅
建筑施工图				
1	总平面	建总施-00	1	A2
2	建筑设计说明,门窗表	建施-01	1	A2
3	底层平面图	建施-02	1	A1
4	二~四层平面图	建施-03	1	A1
5	五~六层平面图	建施-04	1	A1
6	屋顶平面图	建施-05	1	A1
7	①~⑬立面图	建施-06	1	A1
8	⑬~①立面图	建施-07	1	A1
9	Ⓐ~Ⓖ立面图、Ⓖ~Ⓐ立面图	建施-08	1	A1
10	1—1 剖面图、2—2 剖面图	建施-09	1	A1
11	楼梯放大平面	建施-10	1	A2
12	卫生间放大平面	建施-11	1	A2

1)建筑概况(见建施-01)

该工程为湖北某职业技术学院框架结构教学楼,工程位于武汉市洪山区,结构形式为框架结构,占地面积 1 028 m²,总建筑面积 6 325 m²,共有 6 层,建筑高度 22.2 m。抗震设防烈度 6 度,安全等级二级,耐火等级二级。

本工程墙体材料采用 200 mm 和 250 mm 厚的加气混凝土块。屋面防水采用高聚物改性沥青卷材防水屋面。建施-01 还交代了室内外装修、油漆涂料和门窗表等内容。

2)建筑总平面图(见总建施-00)

(1)了解图名、比例

该施工图为总平面图,比例为 1:500。

（2）了解工程性质、用地范围、地形地貌和周围环境

教学楼位于总平面西北角，东面是已建好的八层实训大楼，南面是 4 个篮球场和综合教学楼，西面是绿化地和田径场，北面有道路和排水沟。

（3）了解建筑的朝向

图纸右上方是指北针，由指北针可知，新建教学楼的朝向是坐北朝南。

（4）了解新建建筑的平面形状和准确位置

教学楼平面形状为 L 形，总长 54 m（43.8 m + 10.2 m），总宽 26.4 m（7.8 m + 18.6 m）。±0.000 相当于绝对标高 22.4 m（以青岛的黄海平均海平面为基准面），房屋 3 个入口处室外标高均为 21.8 m，室内外高差为 600 mm。房屋共有 5 个施工定位坐标，例如左上角的定位坐标为 $X = 1\ 822\ 303$，$Y = 735\ 492$，该点距建筑红线 4 m。

（5）了解新建建筑四周的道路、绿化

在教学楼东、南、西、北四面都有道路和绿化。从图纸右边的技术经济指标可知绿地率为 40%。

（6）了解建筑物周围的给水、排水、供暖和供电的位置，管线布置走向

场地以 1% 排水坡度由北向南排至排水沟。

3）建筑平面图

（1）底层平面图（见建施-02）

①看图名、比例。

该图为教学楼底层平面图，绘图比例为 1∶100。

②看底层平面图上画的指北针。

从图中指北针可知房屋是坐北朝南。

③了解建筑的结构形式。

从图中涂黑的矩形柱可以知道该建筑在本层为框架结构。

④了解建筑的平面布置。

该教学楼为内廊式建筑，底层横向定位轴线①～⑬，纵向定位轴线Ⓐ～Ⓖ。该层布置有教室、门厅、办公室、男女卫生间等。

该楼有三个出入口：主要入口在南面，次要入口在东西两侧。在正门外有四级台阶，每个踏步宽均为 300 mm。东西两侧入口也各设置有四步弧形台阶。本工程采用无障碍设计，正门入口右侧设置有供残疾人使用的坡道，便于轮椅通行，坡道宽 1 800 mm，坡度 12%。房屋四周设有 900 mm 宽散水坡（做法参见标准图集 98ZJ901），沿外墙周边还设置有雨水管。

⑤了解建筑平面图上的尺寸。

建筑平面图上标注的尺寸均为未经装修的结构表面尺寸。读图时应了解平面图中所注的各种尺寸，并通过这些尺寸了解房屋的占地面积、建筑面积、使用面积等。平面图中有外部尺寸和内部尺寸。

在建施-02 中外部尺寸有三道。

第 1 道尺寸表示出建筑的总长 54 250 mm，总宽 26 650 mm。

第 2 道尺寸表示出建筑的定位轴线之间的尺寸，如②、③、④、⑤轴线的距离均为 4 500 mm，Ⓐ、Ⓑ轴线间的距离为 7 800 mm，由此可知，该教室的开间为 13 500 mm，进深为 7 800 mm。

第 3 道尺寸表示外墙上门窗洞口的尺寸和窗间墙的尺寸。如②~⑤轴线间的第 3 道尺寸表明该教室的外墙窗户有三扇,均为 C-1,窗户宽 2 400 mm,窗间墙宽 2 100 mm。

在建施-02 中内部尺寸比较简单,如两个楼梯间处均标注有:上 24 步/@300×150,表明从一层上到二层经过 24 级踏步,每级踏步尺寸宽 300 mm,高 150 mm。乙梯入口处的尺寸表明入口防火门居中设置,门宽 1 800 mm。

⑥了解建筑中各组成部分的标高情况。

如在入口处有 3 个标高:室外标高 −0.600 m,台阶平台标高 −0.020 m,门厅地面标高 ±0.000,反映了室内外的高差情况。其他标高如走廊、教室、楼梯间均为 ±0.000;卫生间地面 −0.030 m,蹲位面 0.170 m。

⑦了解门窗的位置及编号。

如门厅设有四扇双面钢化玻璃弹簧门 M-1,东西两入口各设有外开镶板双扇门 M-2,两楼梯间设有防火门 FM-1,教室靠内走廊一侧(虚线表示)为高窗 C-2,教室外墙窗户为 C-1,全楼所有窗户均为推拉塑钢窗。

⑧了解建筑剖面图的剖切位置、索引标志。

在底层平面图中应标有建筑剖面图的剖切位置和编号,表明了剖面图的剖切位置、剖切方法和剖视方向。在建施-02 中有两个剖切符号:①、②轴线间的 1—1 剖切符号和⑪、⑫轴线间的 2—2 剖切符号,说明有两个剖面图(见建施-09),都是全剖面,向左剖视。

在 3 个入口处的台阶、散水处注有索引符号,表明它们的做法参见标准图集 98ZJ901。

(2)其他楼层平面图(见建施-03、建施-04)

建施-03 是 2~4 层平面图,比例为 1:100。图名下方注有 3 个楼层的地面标高分别为 3.600、7.200、10.800 m,说明 1~3 层的层高均为 3.6 m。该平面图与底层平面变化不大,主要区别是:底层南面及东西两侧入口处室外台阶在二层相同位置分别变成雨篷和阳台;不再有散水和残疾人坡道;底层的门厅在 2~4 层是过厅;楼梯间的表示方法不同,反映出两个梯段;卫生间的布局与底层相比也有所变化。

建施-04 是 5~6 层平面图,比例为 1:100。图名下方注有两个楼层的地面标高:$H = (14.400, 18\,000)$ 说明四、五层的层高也是 3.6 m。与建施-03 不同的是:没有雨篷;轴线⑪~⑬与ⓒ~ⓖ间的普通教室变成了阶梯教室,梯级宽度有 1 700、1 900 mm 两种。

(3)屋顶平面图

建施-05 是屋顶平面图,比例为 1:100。屋顶标高 21.600 m(局部有 21.720、21.960 m)说明六层层高 3.6 m。屋面采用有组织排水,从分水线可以看出①~⑪轴线采用双向排水,⑪~⑫间是单向排水,屋顶排水坡度均为 2%,雨水排向南北两侧的檐沟。檐沟通过 1% 的坡度汇集雨水至雨水口,流进 ϕ100PVC 落水管,通过设置在房屋周边的落水管排至底层散水,最后流进排水沟。

屋面防水、屋面分格缝、屋面斜板天沟等的做法均参照标准图集。

从屋顶平面图示意出楼梯间的情况,还可以看出该屋面是上人屋面,从第六层上 24 级踏步最后通过防火门 FM-1 到达屋面。

建施-05 还反映了甲、乙两楼梯屋顶平面图,从平面图可知楼梯间所处的平面位置、开间和进深、该屋顶的排水方式、两个雨篷的尺寸等。

4）建筑立面图

（1）正立面图（见建施-06）

①了解图名、比例。

该立面图名称为⑪～⑬立面图,也即正立面图或南立面图,比例为1：100,与平面图一致。

②了解建筑的外貌。

①～⑬立面图反映了底层的入口台阶,门厅前的大门、雨篷,各层的窗户、休息平台,女儿墙,以及两个突出屋面的上人楼梯间。

③了解建筑的高度。

从该图左右两侧的尺寸和标高可以了解到建筑顶部标高,各楼层、建筑门窗洞口、阳台、雨篷、女儿墙等的高度。例如室内外高差为600 mm,1～6层层高均为3.6 m,窗高1 800 mm,阳台高1 500 mm,女儿墙高1 460 mm,建筑顶部标高为25.100 m。

④了解建筑物的外装修。

从图中的文字标注可知正立面主要是墨绿色水刷石饰面,局部如底层窗台以下、女儿墙、上人楼梯间是棕红色水刷石外墙面,墙面分格线用白水泥黑色水刷石勾线。外装修做法均参见标准图集98ZJ001。

（2）背立面图（见建施-07）

该立面图名称为⑬～①立面图,也即背立面图或北立面图,比例为1：100。与正立面图的区别仅仅在于没有正立面的入口台阶、大门和雨篷。装修做法等与正立面图完全一致,以墨绿色水刷石饰面为主。

（3）侧立面图（见建施-08）

本张图纸上反映了Ⓐ～Ⓖ立面和Ⓖ～Ⓐ立面,也即东西两个立面,比例都是1：100。

在Ⓐ～Ⓖ立面中可以看见入口处的M-2、各层走廊端部的弧形休息平台、屋顶弧形雨篷、上人楼梯间。

在Ⓖ～Ⓐ立面和Ⓐ～Ⓖ立面内容基本一致。

5）建筑剖面图（见建施-09）

（1）了解图名、比例

本张图纸有两个剖面图:1—1剖面图和2—2剖面图,比例均为1：100。从底层平面图上可查阅相应的剖位置、投影方向。

（2）了解被剖切到的墙体、楼板、楼梯和屋顶

1—1剖面图剖切到了甲楼梯间、走廊和普通教室。1—1剖面图中反映了甲楼梯间休息平台处的C-1,由于休息平台处的6个C-1位于平台中间,因此为保证安全,平台靠窗处设有高950 mm的安全护栏;该剖面图也剖切到了甲楼梯间处的FM-1、教室的C-1、屋顶两侧斜板檐沟。

2—2剖面剖切到了卫生间、走廊和教室(1～4层是普通教室,5、6层是阶梯教室)。

剖切到的梯段、楼板、梁等结构构件涂黑显示。比较两个剖面可发现对于1—1剖面中教室部分楼板下方的细线是投影看到的框架梁立面,而在2—2剖面中教室部分楼板下方除可以看见投影得到的边框架梁的立面线条外,还可以看见剖切到的框架梁的断面。进一步观察还可发现阶梯教室下方的梁底标高的不同,从而形成楼板面的阶梯。

（3）了解剖面图上的标注尺寸

从剖面图可知,各层层高均为3.6 m,阶梯教室各阶面标高相差120 mm。

（4）了解详图索引符号的位置和编号

两个剖面只有阶梯教室的阶梯做法有索引:砖砌踏步,做法参见标准图集98ZJ901 第9 页的1 号详图。

6）楼梯详图（见建施-10）

本张图纸反映了楼梯的平面图和剖面图。

（1）楼梯平面图

建施-10 有3 个楼梯平面图:甲、乙梯底层楼梯放大平面,比例1∶150;甲、乙梯2~6 层楼梯放大平面,比例1∶50;甲、乙梯屋顶楼梯放大平面,比例1∶50。

从底层楼梯平面图中可以知道,两个楼梯间的位置:甲梯位于定位轴线①、②和Ⓐ、Ⓑ之间;乙梯位于定位轴线⑩、⑪和Ⓒ、Ⓔ之间。甲梯开间3 900 mm,进深7 800 mm;乙梯开间4 200 mm,进深7 800 mm,楼梯间墙体厚度为250 mm。两个楼梯的第一跑都位于梯间入口的左手边,入口处地面标高为±0.000,梯段净宽1 775 mm,第一梯段标有11×300=3 300,表明该跑有12 级,每级踏步宽300 mm。在底层楼梯平面图中只能看见第一跑的部分踏步。

从2~6 层楼梯平面图中我们可以知道楼层间的两个梯段均为等跑,都是12 级,踏步宽300 mm,梯段净宽1 775 mm(乙梯梯段净宽1 925 mm),楼梯井宽100 mm(含扶手)。楼层平台宽2 075 mm,标高同楼层标高;中间休息平台宽2 175 mm,标高低于楼层1 800 mm。

从屋顶楼梯平面图中可以知道从6 层经过12 级踏步上到标高为19.800 m 的中间休息平台,再通过最后一个12 级的梯段到达标高为21.600 m 的屋顶楼梯平台,在屋顶楼梯平台与屋面之间还有两级台阶。

另外在各层楼梯口左侧还设有室内消火栓。

（2）楼梯剖面图

在甲、乙梯底层楼梯放大平面图中有剖切符号A—A,可以知道A—A 剖面剖切到了每层的第一个梯段,因此在剖面图中可以清楚看见每层双跑楼梯的第一梯段的断面,并由材料符号可看出该楼梯为钢筋混凝土结构,第二梯段只显示出梯段板轮廓。从剖面图中可以看见每个梯段的12 级踏步的高度尺寸为150 mm。剖面图还反映了中间休息平台处靠C-1 一侧的防护栏杆,栏杆高950 mm。

楼梯踏步、栏杆、扶手做法均参见标准图集98ZJ401,休息平台防护栏杆做法参见标准图集98ZJ411。

7）卫生间详图（见建施-11）

由于建筑平面图的比例较小,卫生间平面图只能反映卫生器具的形状和数量,并不能具体反映这些卫生器具的具体位置、地面排水情况、地漏位置等。因此,通常需要给出卫生间详图。

建施-11 是卫生间放大平面图,有底层卫生间放大平面和2~6 层卫生间放大平面,比例都是1∶50。从图中可知男女卫生间的开间和进深都一样,分别为5 100 mm 和7 800 mm 。卫生间地面标高比楼层标高低30 mm,蹲位面标高比楼层标高高170 mm,卫生间设有洗脸盆、小便器、大便器、污水池以及地漏等卫生设施。因为采用了无障碍设计,因此在底层卫生间内还设有残疾人专用卫生间。

小结 6

一套完整的图纸包括房屋建筑施工图、结构施工图、设备施工图,本章重点介绍建筑施工图的内容及识读与绘制方法。

建筑施工图包括首页、总平面图、平面图(底层平面图、标准层平面图、顶层平面图)、立面图、剖面图、详图。这些图纸相互对应,完整准确地表达了设计师的意图。

首页主要包括图纸目录、门窗统计表、标准图统计表、设计总说明等。

建筑总平面图主要标示新建建筑与原有建筑、道路、地形地物的关系,以及其定位依据、定位坐标、平面形状、层数等。

建筑平面图说明了建筑物的总体布局、平面形状、内部空间的分割和联系、各部分的尺寸、主要构配件的位置和尺寸等,是施工放线、墙体砌筑、门窗安装以及编制施工图预算的重要依据。

建筑立面图用来表示建筑物的立面造型、各主要部件的空间位置及其相互联系,以及外部装饰做法。

建筑剖面图是为了清楚地表示出建筑内部垂直方向的构造形式、构件的相互联系等,建筑剖面图需要结合平面图、立面图一起识读。

建筑详图是用大比例将结构的细部做法清楚地表达出来,有的详图是取自于有关标准图集,如外墙、檐口、雨篷、勒脚、厨房、卫生间等。

在识读建筑施工图的基础上,学习建筑施工图的绘制有助于加深对整套图纸的理解。目前用于辅助建筑设计的软件有很多,具体操作可参阅相关书籍。

复习思考题 6

6.1 施工图分为哪几类?分别包括哪些内容?

6.2 建筑工程施工图的识读原则是什么?

6.3 什么是定位轴线?定位轴线如何表示?

6.4 三道尺寸标注分别表示哪些尺寸?

6.5 建筑立面图主要包括哪些内容?

6.6 说明索引符号和详图符号的关系。

第 2 篇　房屋构造

第2篇　房屋构造

7 建筑构造概述

7.1 建筑的构成要素与分类分级

·7.1.1 建筑的构成要素·

　　人类从最早的洞穴、巢居,直至后来用土石草木等天然材料建造的简易房屋和当今的时代建筑,从建筑起源而成为文化,经历了千万年的变迁,建筑的形式、结构、施工技术、艺术形象等各方面也随着历史、政治、社会、自然条件以及科学技术的发展而发展。总结人类的建筑活动经验,得出构成建筑的主要因素有 3 个方面:建筑功能、建筑技术和建筑形象。

1)建筑功能

　　建筑功能是指建筑物在物质和精神方面必需满足的使用要求。

　　不同类别的建筑具有不同的使用要求。例如,交通类建筑要求人流线路流畅,观演类建筑要求有良好的视听环境,工业建筑必须符合生产工艺流程的要求,等等。同时,建筑必须具有满足人体活动所需的空间尺度,并满足人的生理要求,如具有良好的朝向、保温隔热、隔声、防潮、防水、采光、通风等。

2)建筑技术

　　建筑技术是建造房屋的手段,包括建筑材料与制品技术、结构技术、施工技术、设备技术等。其中材料是物质基础,结构是构成建筑空间的骨架,施工技术是实现建筑生产的手段和方法,设备是改善建筑环境的技术条件。

3)建筑形象

　　构成建筑形象的因素有建筑的体型、内外部空间的组合、立面构图、细部与重点装饰处理、材料的质感与色彩、光影变化等。建筑形象是功能和技术的综合反映,建筑形象处理得当,就能产生良好的艺术效果与空间氛围,给人以美的享受。

　　建筑的三要素是辩证的统一体,是不可分割的,但又有主次之分。第一是建筑功能,起主导作用;第二是建筑技术,是达到目的的手段,技术对功能有约束和促进作用;第三是建筑形象,是功能和技术的反映,如果充分发挥设计者的主观作用,在一定的功能和技术条件下,可以把建筑设计得更加美观。

· 7.1.2 建筑的分类 ·

1)按建筑的使用性质分类

（1）工业建筑

工业建筑指为工业生产服务的建筑,如生产车间、辅助车间、动力用房、仓库等。

（2）农业建筑

供农业、牧业生产和加工用的建筑,如温室、畜禽饲养场、水产品养殖场、农畜产品加工厂、农产品仓库、农机修理厂(站)等。

（3）民用建筑

民用建筑分为居住建筑和公共建筑。居住建筑主要是指提供家庭和集体生活起居用的建筑,如住宅、宿舍、公寓等。公共建筑主要是指提供人们进行各种社会活动的建筑,如行政办公建筑、文教建筑、托幼建筑、医疗建筑、商业建筑、观演建筑、体育建筑、展览建筑、旅馆建筑、交通建筑、通信建筑、园林建筑、纪念建筑、娱乐建筑等。

2)按建筑规模和数量分类

（1）大量性建筑

大量性建筑是指建筑规模不大,但修建数量较多,与人们生活密切相关的分布面广的建筑,如一般居住建筑、中小学校、小型商店、诊所、食堂等。本课程以此类建筑为主要内容。

（2）大型性建筑

大型性建筑是指多层和高层公共建筑和大厅型公共建筑。这类建筑一般是单独设计的。它们的功能要求高,结构和构造复杂,设备考究,外观突出个性,单方造价高,用料以钢材、料石、混凝土及高档装饰材料为主。如大城市的火车站、机场候机厅、大型体育馆场、大型影剧场、大型展览馆等。

3)按建筑的层数或总高度分类

· 低层建筑:1~3层的建筑。

· 多层建筑:一般指4~6层的建筑。

· 高层建筑:指超过一定高度和层数的建筑。对高层建筑的界定,各国规定不相同。《民用建筑设计通则》(GB 50352—2005)、《高层民用建筑设计防火规范》(GB 50045—95)将10层及10层以上的住宅建筑和高度超过24 m(不包含单层主体建筑超过24 m的体育馆、会堂、剧院等)的公共建筑和综合性建筑划称为高层建筑。

· 7.1.3 建筑的等级划分 ·

建筑等级一般按耐久性和耐火性进行划分。

1)建筑物的耐久等级

建筑物的耐久性等级主要根据建筑物的重要性和规模大小划分,并以此作为基建投资和建筑设计的重要依据。耐久等级的指标是使用年限,使用年限的长短是依据建筑物的性质决定的。影响建筑寿命长短的主要因素是结构构件的选材和结构体系。耐久等级一般分为4级:

· 1级:耐久年限为100年以上,适用于重要的建筑和高层建筑。

- 2 级:耐久年限为 50 ~ 100 年,适用于一般性建筑。
- 3 级:耐久年限为 25 ~ 50 年,适用于次要建筑。
- 4 级:耐久年限为 15 年以下,适用于临时性建筑。

2)建筑物的耐火等级

建筑物的耐火等级是衡量建筑物耐火程度的标准,现行《建筑设计防火规范》按照建筑组成构件的燃烧性能和耐火极限,将普通建筑的耐火等级划分为 4 级:一、二、三、四级,见表7.1、表7.2。

表 7.1　高层民用建筑构件的燃烧性能和耐火极限

构件名称	燃烧性能和耐火极限/h	耐火等级	
		一级	二级
墙	防火墙	不燃烧体 3.00	不燃烧体 3.00
	承重墙、楼梯间、电梯井和住宅单元之间的墙	不燃烧体 2.00	不燃烧体 2.00
	非承重墙、疏散走道两侧的隔墙	不燃烧体 1.00	不燃烧体 1.00
	房间隔墙	不燃烧体 0.75	不燃烧体 0.50
柱		不燃烧体 3.00	不燃烧体 2.50
梁		不燃烧体 2.00	不燃烧体 1.50
楼板、疏散楼梯、屋顶承重构件		不燃烧体 1.50	不燃烧体 1.00
吊顶		不燃烧体 0.25	不燃烧体 0.25

表 7.2　多层建筑构件的燃烧性能和耐火极限

构件名称	燃烧性能和耐火极限/h	耐火等级			
		一级	二级	三级	四级
墙	防火墙	非 4.00	非 4.00	非 4.00	非 4.00
	承重墙、楼梯间、电梯井的墙	非 3.00	非 2.50	非 2.50	难 0.50
	非承重墙、疏散走道两侧的隔墙	非 1.00	非 1.00	非 0.50	难 0.25
	房间隔墙	非 0.75	非 0.50	难 0.50	难 0.25
柱	支承多层的柱	非 3.00	非 2.50	非 2.50	难 0.50
	支承单层的柱	非 2.50	非 2.00	非 2.00	燃烧体
梁		非 2.00	非 1.50	非 1.00	难 0.50
楼板		非 1.50	非 1.00	非 0.50	难 0.25
屋顶承重构件		非 1.50	非 0.50	燃烧体	燃烧体
疏散楼梯		非 1.50	非 1.00	非 1.00	燃烧体
吊顶		非 0.25	难 0.25	难 0.15	燃烧体

（1）构件的耐火极限

构件的耐火极限是指构件在标准耐火实验中,从受到火的作用时起,到失去稳定性或完整性或绝热性止,这段抵抗火作用的时间,一般以小时计。

（2）构件的燃烧性能

构件的燃烧性能分为3类,即非燃烧体、难燃烧体和燃烧体。

非燃烧体是指用非燃烧材料做成的构件,如天然石材、人工石材、金属材料等。

难燃烧体是指用不易燃烧的材料做成的构件,或者用燃烧材料做成,但用非燃烧材料作为保护层的构件,例如沥青混凝土构件、木板条抹灰的构件均属于难燃烧体。

燃烧体是指用容易燃烧的材料做成的构件,如木材制成的构件等。

7.2 建筑的构造

就常见的民用建筑而言,其功能不尽相同,形体也多种多样,但在一般基本组成上是有共同之处的,大致都有基础、墙或柱、楼地层、楼梯、屋顶、门窗6个基本组成部分。除此之外,还有通风道、垃圾道、烟道、壁厨等建筑配件及设施,可根据建筑物的功能要求设置,如图7.1所示。

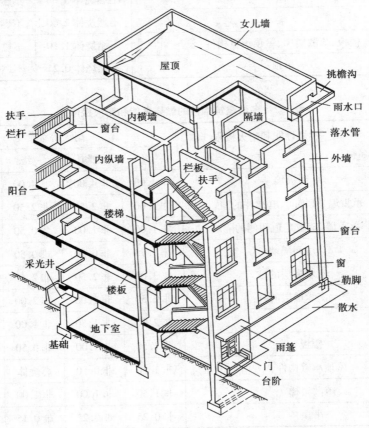

图 7.1　民用房屋的构造

现就民用建筑的各基本部分的作用和构造要求分述如下：

• 基础 位于建筑物的最下部，埋于自然地坪以下，承受上部传来的所有荷载，并把这些荷载传给下面的土层（该土层称为地基）。基础是房屋的主要受力构件，其构造要求是坚固、稳定、耐久，能经受冰冻、地下水及所含化学物质的侵蚀，保持足够的使用年限。

• 墙或柱 是房屋的竖向承重构件，它承受着由屋盖和各楼层传来的各种荷载，并把这些荷载可靠地传给基础。这些构件设计必须满足强度和刚度要求。作为墙体，外墙还有围护的功能，抵御风霜雪雨及气温对室内的影响；内墙则有分隔房间的作用，所以对内墙常提出保温、隔热、隔声等要求。

• 楼地层 指楼板层与地坪层。楼板层直接承受着各楼层上的家具、设备、人的重量和楼板层自重，并把荷载传递给墙或柱。楼板层常有面层、结构层和顶棚3部分组成，对房屋有竖向分隔空间的作用。对楼板层的要求是要有足够的强度和刚度，以及良好的隔声、防渗漏性能。地坪层是首层房间人们使用接触的部分。无论楼板层还是地坪层对其表面还有美观、耐磨损等其他要求，这些可根据具体使用情况提出。

• 屋顶 既是承重构件又是围护构件。作为承重构件，同楼板层相似，承受着直接作用于屋顶的各种荷载，并把本身承受的各种荷载直接传给墙或柱。屋顶也分为屋面层、结构层和顶棚。屋面层用以抵御自然界风霜雪雨、太阳辐射等作用。

• 楼梯 是建筑的竖向通行设施。对楼梯的基本要求是有足够的通行能力，以满足人们在平时和紧急状态时通行和疏散。同时还应有足够的承载能力，并且应满足坚固、耐磨、防滑等要求。

• 门窗 属于围护构件，有采光通风的作用。门的基本功能还有保持建筑物内部与外部或各内部空间的联系与分隔。对门窗的要求有保温、隔热、隔声等。

7.3 建筑物的定位

一幢建筑由诸多构件及配件组成，这些构件彼此间的水平位置关系，由定位轴线确定，而它们的竖向位置关系，则由标高确定。关于定位轴线和标高的概念前篇已有介绍，这里仅说明定位轴线和标高的具体应用。

· 7.3.1 定位轴线的应用 ·

1）混合结构建筑

混合结构建筑外墙定位轴线一般距顶层墙身内缘120 mm处。内墙定位轴线一般与顶层墙身中心线相重合，如图7.2所示。

2）框架结构建筑

框架结构建筑中柱定位轴线一般与顶层柱截面中心线相重合，如图7.3（a）所示。边柱定位轴线一般与顶层柱截面中心线重合或距柱外缘250 mm处，如图7.3（b）所示。

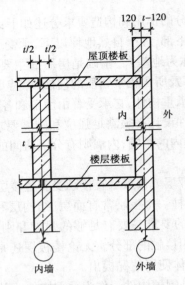

图 7.2　混合结构墙体定位轴线

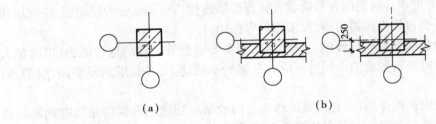

（a）　　　　　　　　　　　　（b）

图 7.3　框架结构柱定位轴线

· 7.3.2　标高的应用 ·

标高用来确定建筑构件的竖向位置，各构件的标高标注规定如下：

● 楼地层　楼地层的标高应标在楼地面的上表面，如图 7.4 所示。

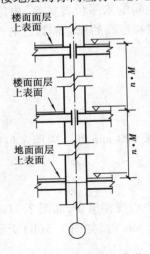

图 7.4　砖墙的竖向定位

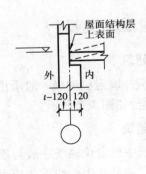

图 7.5　屋面竖向定位

● 屋顶 平屋顶的标高应标在屋顶结构层的上表面,坡屋顶的标高常标在屋顶结构层上表面与外墙定位轴线的相交处,如图 7.5 所示。

● 门窗洞口 门窗洞口的标高应标在结构层表面。

● 檐口 檐口的标高应标在面层的上表面。

小结 7

①建筑功能、建筑技术和建筑形象构成建筑物的 3 个基本要素,三者之间是辩证统一的关系。

②建筑物按照它的使用性质分为工业建筑、农业建筑和民用建筑;按照民用建筑的使用功能分为居住建筑和公共建筑;按规模和数量大小分为大量性建筑和大型性建筑;按层数分为低层、多层和高层建筑。建筑的耐火等级依据组成房屋构件的燃烧性能和耐火极限分为 4 级。建筑的耐久等级依据主体结构的耐久年限分为 4 级。

③一幢建筑物主要由基础、墙或柱、楼地层、楼梯、屋顶和门窗 6 大部分组成,它们各处在不同的部位,发挥着各自的作用。

④定位轴线是确定各构件相互水平位置的基准线,标高则用来确定建筑构件的竖向位置。

复习思考题 7

7.1 构成建筑的基本要素有哪些?

7.2 民用建筑的基本组成部分有哪些? 各部分有何作用?

7.3 定位轴线的编号原则有哪些?

7.4 图示说明砖混结构内、外墙与定位轴线的关系。

7.5 图示说明框架结构的定位轴线与柱的关系。

7.6 建筑楼层和屋面层的标高是如何标注的?

7.7 已知某二层建筑层高为 3.6 m,在下面左图中标出层高、净高及各层标高。

7.8 在下面右图中表示承重外墙和承重内墙的定位轴线,并标注相关尺寸。

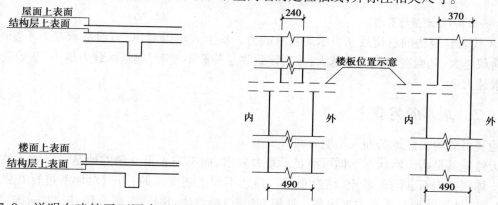

7.9 说明在建筑平面图中开间进深与定位轴线的关系。

8 基础与地下室构造

8.1 地基与基础的基本概念

· 8.1.1 地基、基础及其与荷载的关系 ·

基础是建筑物的墙或柱埋在地下的扩大部分。基础的作用是承受上部结构的全部荷载，并通过自身的调整，把它传给地基，如图 8.1 所示。地基是指基础底面以下，受到荷载作用影响范围内的部分岩、土体。基础是建筑物的重要组成部分，而地基则不是，它只是承受建筑物荷载的土壤层。

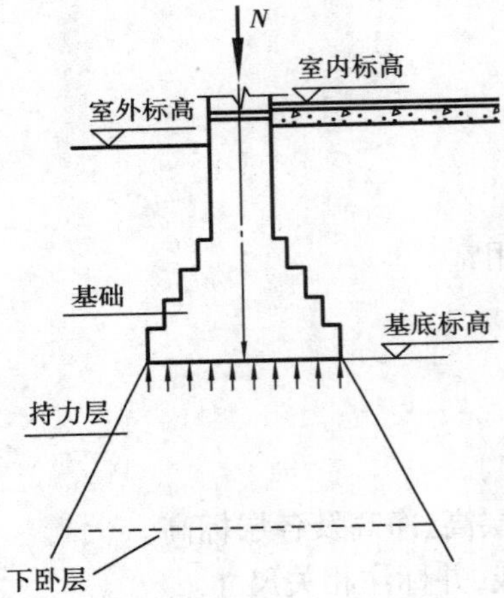

图 8.1 地基与基础

建筑物的全部荷载都是通过基础传给地基的。作为地基的岩、土体以其强度（地基承载力）和抗变形能力保证建筑物的正常使用和整体稳定性，并使地基在防止整体破坏方面有足够的安全储备。地基的承载力与土的特性、建筑物的结构构造和使用要求等因素有关。为了保证建筑物的稳定和安全，必须满足建筑物基础底面的平均压力不超过地基承载力。地基上所承受的全部荷载是通过基础传递的，因此当荷载一定时，可通过加大基础底面积来减小单位面积的地基上所受到的压力。基础底面积 A 可通过下式确定：

$$A \geqslant N/f$$

其中，N 代表建筑物的总荷载，f 表示地基承载力。从上式可以看出，当地基承载力不变时，建筑总荷载越大，基础底面积要求越大；或当建筑物总荷载不变时，地基承载力越小，基础底面积也要求越大。

· 8.1.2 地基的类型 ·

地基可分为天然地基和人工地基两种类型。

天然地基是指天然状态下即可满足承载力要求，而不需人工处理的地基。可做天然地基的岩土体包括岩石、碎石、砂土、粘性土等。当达不到上述要求时，可以对地基进行补强和加固，经人工处理的地基称为人工地基。处理方法有：换填法、预压法、强夯法、振冲法、深层搅拌法等。

换填法是指用砂石、素土、灰土、工业废渣等强度较高的材料,置换地基浅层软弱土,并在回填时,采用机械逐层压实。

预压法指在基础施工前,对地基土进行加载施压,使地基土被预先压实,从而提高地基土强度和抵抗沉降的能力。

强夯法是利用强大的夯击功,迫使深层土液化和动力固结而密实。该方法用 80~300 kN 的重锤和 8~20 m 的落距,对地基施加强力冲击能。强夯对地基土有加密作用、固结作用和预加变形作用,从而提高了地基承载力,降低了压缩性。目前强夯法又发展为强夯置换法,在加密同时对部分软弱土用粗骨料取代,然后夯实,或是利用砂石以及其他颗粒材料填入夯坑内,而形成夯扩短桩。

· 8.1.3　地基与基础的设计要求 ·

（1）地基应具有足够的承载力和均匀程度

建筑物的建造应尽量选择地基承载力较高而且均匀的地段,如岩石、碎石等处。地基土质应均匀,否则基础处理不当,会使建筑物发生不均匀沉降,引起墙体开裂,甚至影响建筑物的正常使用。

（2）基础应具有足够的强度和耐久性

基础是建筑物的重要承重构件,它承受着上部结构的全部荷载,是建筑物安全的重要保证。因此基础必须有足够的强度,才能保证其将建筑物的荷载可靠地传给地基。

基础埋于地下,建成后检查和维修困难,所以在选择基础的材料与构造形式时,应考虑其耐久性与上部结构相适应。

（3）经济要求

基础工程占建筑总造价的 10%~40%,降低基础工程的造价是减少建筑总投资有效方法,这就要求选择土质好的地段,以减少对地基处理的费用。在需要特殊处理的地基,也要尽量选用地方材料及合理的构造形式。

8.2　基础的类型及构造

· 8.2.1　基础埋深 ·

1）基础埋深的概念

基础埋深是指从设计室外地面至基础底面的深度,如图 8.2 所示。基础按其埋置深度大小分为浅基础和深基础。基础埋深不超过 5 m 时称为浅基础。若浅层土质不良,需将基础加大埋深,此时需采取一些特殊的施工手段和相应的基础形式,如桩基、沉箱、沉井和地下连续墙等,这样的基础称为深基础。

2）基础埋深的影响因素

基础埋深关系到地基是否可靠、施工难易、造价的高低。影响基础埋深的因素很多,其主要影响因素如下:

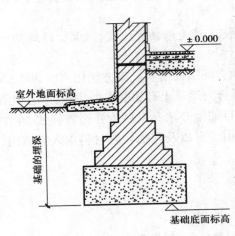

± 0.000

室外地面标高

基础的埋深

基础底面标高

图 8.2　基础的埋置深度

（1）建筑物的使用性质及上部荷载大小

当建筑物设置地下室、设备基础或地下设施时，基础埋深应满足其使用要求。高层建筑基础埋深随建筑高度增加适当增大，才能满足稳定性要求，一般高层建筑的基础埋深为地面以上建筑物总高度的 1/10。荷载大小和性质也影响基础埋深，一般荷载较大时应加大埋深。

（2）工程地质条件

基础应建造在常年未经扰动而且坚实平坦的土层或岩石上，不能设置在承载力低、压缩性高的软弱土层上。地基土通常由多层土组成，直接支承基础的土层称为持力层，下部各层土为下卧层。在满足地基稳定和变形的前提下，基础应尽量浅埋，但通常不浅于 0.5 m。

（3）水文地质条件

存在地下水时，在确定基础埋深时一般应尽量将基础埋于最高地下水位以上，这样可不需要进行特殊防水处理，降低造价。当地下水位较高，基础不能埋置在地下水位以上时，宜将基础埋置在最低地下水位以下，但施工时要考虑基坑的排水和坑壁的支护等。

（4）土的冻结深度

在寒冷地区，粉砂、粉土和粘性土等细粒土具有冻胀现象，冻胀会将基础向上拱起。土层解冻，基础又下沉，使基础处于不稳定状态。冻融的不均匀使建筑物产生变形，严重时产生开裂等破坏情况，因此，建筑物基础应埋置在冰冻层以下且不小于 200 mm。

（5）相邻建筑物的埋深

新建建筑物基础埋深不宜大于相邻原基础埋深，当埋深大于原有建筑物基础时，基础间的净距应根据荷载大小和性质等确定，一般为相邻基础底面高差的 1~2 倍，以保证原有基础的安全和正常使用。

（6）其他

为保护基础，一般要求基础顶面低于设计地面不少于 0.1 m，地下室或半地下室基础的埋深则要结合建筑设计的要求确定。

·8.2.2　基础的分类与构造·

1）按材料及受力特点分类

（1）刚性基础

刚性基础是指由砖石、毛石、素混凝土、灰土等刚性材料制作的基础，这种基础抗压强度高而抗拉、抗剪强度低。为满足地基允许承载力的要求，需要加大基础底面积，但基础尺寸放大超过一定范围，基础的内力超过其抗拉和抗剪强度，基础会发生折裂破坏，图 8.3 折裂的方向与垂直面的夹角为 α，说明上部结构在基础中传递压力，是沿 α 角分布的，则 α 角称压力分布角，或称刚性角。刚性基础放大角度不应超过刚性角。为设计施工方便，可将刚性角换算成 α 正切值 b/h 即宽高比。如砖基础的大放脚宽高比应 $\leq 1:1.5$。大放脚的做法，一般采用每两皮砖挑出 1/4 砖，或每两皮砖挑出 1/4 砖与一皮砖挑出 1/4 砖相间砌筑。

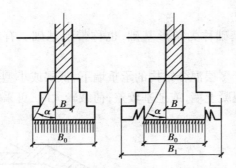

图 8.3 刚性基础的受力、传力特点

（2）柔性基础

钢筋混凝土基础称为柔性基础。钢筋混凝土的抗弯和抗剪性能良好,可在上部结构荷载较大、地基承载力不高以及水平力和力矩等荷载的情况下使用,这类基础的高度不受台阶宽高比 b/h 的限制,故适宜在宽基浅埋的场合下采用。在同样情况下,采用钢筋混凝土与混凝土基础比较,可节省大量的材料和挖土的工作量。钢筋混凝土基础的构造,如图 8.4 所示。

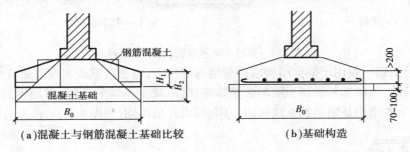

（a）混凝土与钢筋混凝土基础比较　　　（b）基础构造

图 8.4 钢筋混凝土基础

基础形式的选择与上部结构形式直接相关,另外与土层分布情况、地基承载力、荷载大小、受力方向等条件密切相关。

2）按构造形式分类

（1）单独基础

采用独立的块状形式的基础称为单独基础,常用断面形式有踏步形、锥形、杯形。单独基础适用于多层框架结构或厂房排架柱下基础,地基承载力不低于 80 kPa 时,其材料通常采用钢筋混凝土、素混凝土等。当柱为预制时,则将基础做成杯口形,然后将柱子插入,并嵌固在杯口内,故称杯口基础,如图 8.5 所示。

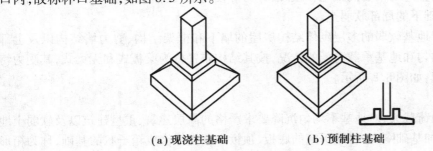

（a）现浇柱基础　　　　　　（b）预制柱基础

图 8.5 单独基础

（2）条形基础

采用连续带状形式的基础称为条形基础,也称带形基础。有墙下条形基础和柱下条形基础。

墙下条形基础一般用于多层混合结构的承重墙下,低层或小型建筑常用砖、混凝土等刚性条形基础。如上部为钢筋混凝土墙,或地基较差,荷载较大时,可采用钢筋混凝土条形基础,如图8.6所示。

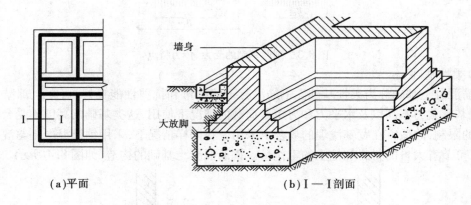

（a）平面　　　　　　　　　　　　　（b）Ⅰ—Ⅰ剖面

图8.6　条形基础示意图（墙下条基）

柱下条形基础一般用于框架结构或排架结构的柱下,由于荷载较大或荷载分布不均匀,或地基承载力偏低,为增加基底面积或增强整体刚度,以减少不均匀沉降,常用钢筋混凝土条形基础,将各柱下基础用基础梁相互连接成一体,形成井格基础,如图8.7所示。

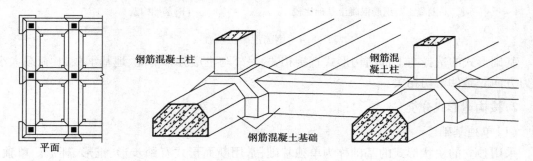

平面

图8.7　井格基础（柱下条基）

（3）片筏基础

建筑物的基础由整片的钢筋混凝土板组成,称为片筏基础,也称满堂基础。片筏基础的整体性好,可以跨越基础下的局部软弱土。

片筏基础常用于地基软弱的多层砌体结构房屋的墙下和框架结构、剪力墙结构以及上部结构荷载较大且不均匀和地基承载力低的情况,按其结构布置分为梁板式和无梁式,其受力特点与倒置的楼板相似,如图8.8所示。

（4）箱形基础

当上部建筑物为荷载大,对地基不均匀沉降要求严格的高层建筑、重型建筑以及软弱土地基上多层建筑,为增加基础刚度,将地下室的底板、顶板和墙整体浇成箱子状的基础,称为箱形基础。

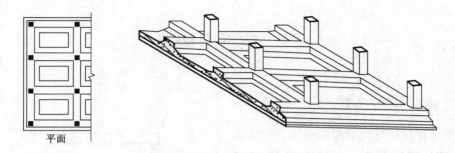

图 8.8　片筏基础

箱形基础的刚度较大,且抗震性能好,有较好的地下空间可以利用,能承受很大的弯矩,可用于特大荷载且需设地下室的建筑,如图 8.9 所示。

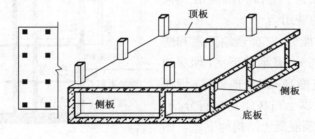

图 8.9　箱形基础

（5）桩基础

当浅层地基不能满足建筑物对地基承载力和变形的要求,又不适宜采取地基处理措施时,就要考虑以下部坚实土层或岩层作为持力层的深基础,其中桩基应用最为广泛。

桩基础一般由设置于土中的桩身和承接上部结构的承台组成,如图 8.10 所示。桩基是按设计的点位将桩身置于土中的桩的上端灌注钢筋混凝土承台或承台梁,承台梁上一般接墙体,以便使建筑荷载均匀地传递给桩基。在寒冷地区,承台梁下一般铺设100～200 mm 厚的粗砂或焦渣,以防土壤冻胀引起承台梁的反拱破坏。

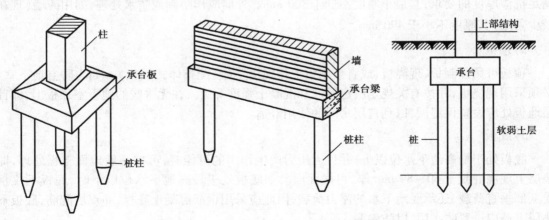

图 8.10　桩基础组成示意图

8.3 地下室构造

· 8.3.1 地下室的分类 ·

地下室是建筑物首层下面的房间。利用地下空间,可节约建设用地。地下室可用作设备间、储藏间、旅馆、餐厅、商场、车库以及用作战备人防工程。高层建筑常利用深基础,如箱形基础,建造一层或多层地下室,既增加了使用面积,又省掉室内填土的费用。

地下室按使用功能分,有普通地下室和防空地下室;按顶板标高分,有半地下室(埋深为 1/3～1/2 倍的地下室净高)和全地下室(埋深为地下室净高的 1/2 以上);按结构材料分,有砖混结构地下室和钢筋混凝土结构地下室。图 8.11 为地下室示意图。

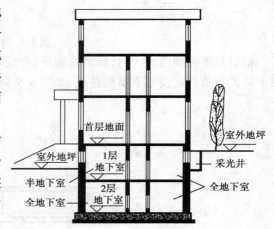

图 8.11 地下室示意图

· 8.3.2 地下室的组成 ·

地下室一般由墙体、底板、顶板、门窗、楼梯 5 大部分组成。

1)墙体

地下室的外墙不仅承受垂直荷载,还承受土、地下水和土壤冻胀的侧压力。因此地下室的外墙应按挡土墙设计,如用钢筋混凝土或素混凝土墙,其最小厚度除应满足结构要求外,还应满足抗渗厚度的要求,其最小厚度不低于 300 mm。外墙应作防潮或防水处理,如用砖墙(现在较少采用)其厚度不小于 490 mm。

2)顶板

顶板可用预制板、现浇板、或者预制板上作现浇层(装配整体式楼板)。如为防空地下室,必须采用现浇板,并按有关规定决定厚度和混凝土强度等级。在无采暖的地下室顶板上,即首层地板处应设置保温层,以利首层房间的使用舒适。

3)底板

底板处于最高地下水位以上,并且无压力产生作用的可能时,可按一般地面工程处理,即垫层上现浇混凝土 60～80 mm 厚,再做面层。如底板处于最高地下水位以下时,底板不仅承受上部垂直荷载,还承受地下水的浮力荷载,因此应采用钢筋混凝土底板,并双层配筋,底板下垫层上还应设置防水层,以防渗漏。

4)门窗

普通地下室的门窗与地上房间门窗相同,地下室外窗如在室外地坪以下时,应设置采光井和防护蓖,以利室内采光、通风和室外行走安全。防空地下室一般不允许设窗,如需开窗,应设置战时堵严措施。防空地下室的外门应按防空等级要求,设置相应的防护装置。

5)楼梯

楼梯可与地面上房间结合设置,层高小或用作辅助房间的地下室,可设置单跑楼梯,防空地下室至少要设置两部楼梯通向地面的安全出口,并且必须有一个是独立的安全出口。这个安全出口周围不得有较高建筑物,以防空袭倒塌堵塞出口影响疏散。

· 8.3.3　地下室的防潮、防水构造 ·

地下室外墙和底板都埋于地下,如地下水通过地下室围护结构渗入室内,不仅影响使用,且当水中含有酸、碱等腐蚀性物质时,还会对结构产生腐蚀,影响其耐久性。因此防潮、防水往往是地下室构造处理的重要问题。

当设计最高地下水位高于地下室底板,或地下室周围土层属弱透水性土存在滞水可能,应采取防水措施。当地下室周围土层为强透水性的土,设计最高地下水位低于地下室底板且无滞水可能时应采取防潮措施。

1)地下室防潮

当设计最高地下水位低于地下室底板,且无形成上层滞水可能时,地下水不能浸入地下室内部,地下室底板和外墙可以作防潮处理。地下室防潮只适用于防无压水。

地下室防潮的构造要求是:砖墙体必须采用水泥砂浆砌筑,灰缝必须饱满。在外墙外侧设垂直防潮层,垂直防潮层做法一般为:在墙体外表面抹20 mm厚1:2防水砂浆找平,刷冷底子油一道、热沥青两道,防潮层做至室外散水处,然后在防潮层外侧回填低渗透性土壤如粘土、灰土等,并逐层夯实,底宽500 mm左右。此外,地下室所有墙体,必须设两道水平防潮层,一道设在地下室地坪附近,一般设置在结构层之间;另一道设在首层地坪室外地面散水以上150～200 mm的位置,如图8.12所示。

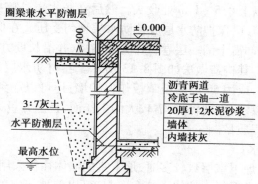

图8.12　地下室防潮构造

2)地下室防水构造

当设计最高地下水位高于地下室底板时,地下室的部分外墙和底板都浸泡在水中,这时地下室外墙受到地下水侧压力的影响,底板受到地下水浮力的影响。因此必须作防水处理。地下工程的防水等级分为4级,各级的标准应符合表8.1的规定。目前采用的防水措施常见的是隔水法,有卷材防水和混凝土自防水两类。

表 8.1　地下工程防水等级标准

防水等级	标　准
一级	不允许渗水,结构表面无湿渍
二级	不允许渗水,结构表面可有少量湿渍 工业与民用建筑:总湿渍面积不大于总防水面积(包括顶板、墙面、地面)的 1/1 000;任意 100 m² 防水面积上的湿渍不超过 1 处,单个湿渍的最大面积不超过 0.1 m² 其他地下工程:总湿渍面积不大于总防水面积的 6/1 000;任意 100 m² 防水面积上的湿渍不超过 4 处,单个湿渍的最大面积不超过 0.2 m²
三级	有少量漏水点,不得有线流和漏泥砂 任意 100 m² 防水面积上的漏水点不超过 7 处,单个漏水点的最大漏水量不大于 2.5 L/d 单个湿渍的最大面积不超过 0.3 m²
四级	有漏水点,不得有线流和漏泥砂 整个工程的平均漏水量不大于 2 L/(m²·d);任意 100 m² 防水面积上的平均漏水量不大于 4 L/(m²·d)

(1)卷材防水

卷材防水的施工方法有两种:外防水和内防水。卷材防水层设在地下工程围护结构外侧(即迎水面)时称为外防水,这种方法防水效果较好,应用普遍。卷材粘贴于结构内表面时称为内防水,这种做法防水效果较差,但施工简单,便于修补,常用于修缮工程。

外防水施工一般采用外防外贴法。先在混凝土垫层上将油毡卷材满铺整个地下室,在其上浇筑细石混凝土或水泥砂浆保护层,以便浇筑钢筋混凝土底板。底层防水卷材须留出足够的长度,以便与墙面垂直防水卷材搭接。墙体防水是先在外侧抹 20 mm 厚 1:2.5 水泥砂浆找平层,涂刷冷底子油一道,再铺贴卷材防水层。防水卷材从底板下包上来,沿墙身由下而上连续密封粘贴,在设计水位以上 0.5~1 m 处收头。然后在防水层外侧砌永久性半砖保护墙,或用 50 厚的聚苯板做保护墙,以保护防水层并使防水层均匀受压。在保护墙与防水层之间缝隙中灌水泥砂浆。保护墙下部需干铺一层卷材作为隔离层,并沿长度方向每隔 3~5 m 设以通高竖缝,以保证紧压防水层。其构造做法如图 8.13 所示。卷材防水层直接粘贴在主体外表面,外侧砌永久性半砖保护墙,或用 50 厚的聚苯板作保护墙,还可以起到保温层的作用。缺点是防水层要几次施工,工序较多,工期较长,需较大的工作面,且土方量大,模板用量多,卷材接头不易保护,易影响防水工程质量。

(2)钢筋混凝土自防水

当建筑的高度较大或地下室层数较多时,地下室的墙体往往采用钢筋混凝土结构,如果把地下室的墙体和底板用防水混凝土整体浇筑在一起,可以使地下室的墙体和底板在具有承重和围护功能的同时,具备防水的能力。使承重、围护、防水功能三者合一。这种防水措施施工较为简便。

防水混凝土的配置在满足强度的同时,重点考虑了抗渗的要求。石子骨料的用量相对减少,适当增加砂率和水泥用量。水泥砂浆除了满足填充粘接作用外,还能在骨料周围形成一定数量的质量好的包裹层,把骨料充分隔离开,提高了混凝土的密实度和抗渗性。为保证防水效果,防水混凝土墙体的底板应具有一定的厚度,具体规定见表 8.2。防水混凝土的设计抗渗等级应符合表8.3的规定。

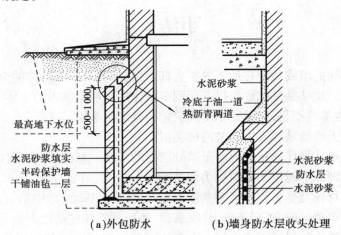

（a)外包防水　　　（b)墙身防水层收头处理

图8.13　地下室卷材防水构造图

表8.2　结构最小厚度

结构类别		最下厚度/mm
钢筋混凝土墙	结构单排配筋	大于200
	结构双排配筋	大于250
钢筋混凝土底板或无钢筋混凝土底板结构		大于150

表8.3　防水混凝土的设计抗渗等级

工程埋至深度/m	设计抗渗等级
<10	P6
10～20	P8
20～30	P10
30～40	P12

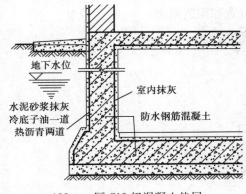

100 mm 厚 C10 级混凝土垫层

图8.14　钢筋混凝土自防水构造

在构件自防水中还可以采用外加剂防水混凝土和膨胀防水混凝土。外加剂防水混凝土通过在混凝土中掺入微量有机或无机外加剂来改善混凝土内部组织结构,使其有较好的和易性,提高混凝土的密实性和抗渗性。常用的外加剂有引气剂、减水剂、三乙醇胺、氯化铁等。膨胀混凝土通过使用膨胀水泥或在水泥中掺入适量的膨胀剂,使混凝土在硬化过程中产生膨胀,弥补混凝土冷干收缩形成的裂缝,提高混凝土的密实性而达到防水目的。常用的膨胀剂有"U"形 UEA,硫铝酸钙等。防水混凝土自防水构造如图8.14所示。

小结 8

①基础是建筑物的墙或柱埋在地下的扩大部分,它承受着上部结构的全部荷载,并通过自身的调整传给地基。地基是基础底面以下受到荷载作用影响范围内的土体。基础是建筑物的重要组成部分,而地基则不是,它只是承受建筑物荷载的土壤层。

②地基可分为天然地基和人工地基两种类型。

③基础埋深是指从设计的室外地面至基础底面的深度。基础按其埋置深度大小分为浅基础和深基础。基础埋深不超过 5 m 时称为浅基础。

④基础按所用材料及受力特点可分为刚性基础和柔性基础(即钢筋混凝土基础)。基础常见的构造形式有单独基础、条形基础、片筏基础、箱形基础和桩基础。

⑤地下室是建筑物首层下面的房间。由于地下室外墙和底板都埋于地下,要重视地下室的防潮、防水。当设计最高地下水位低于地下室底板且无滞水可能时可采取防潮措施;当设计最高地下水位高于地下室底板,或地下室周围存在滞水可能,应采取防水措施。目前采用的防水措施有卷材防水和混凝土自防水两类。卷材防水的施工方法有外防水和内防水。一般工程采取外防水,内防水常用于修缮工程。

复习思考题 8

8.1　什么是地基和基础?地基和基础有何区别?

8.2　什么是基础的埋深?其影响因素有哪些?

8.3　什么是刚性基础、柔性基础?

8.4　砖基础大放脚的构造如何?

8.5　基础按构造形式分为哪几类?一般适用于什么情况?

8.6　地下室由哪些部分组成?

8.7　试比较地下室防潮和防水构造有何相同点和不同点。

8.8　在图中表示基础的埋深,并表示防潮层的位置和构造做法。

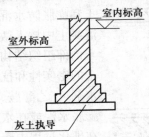

8.9　分析附图 1 中可能的基础样式,并说明原因。

9　墙体构造

9.1　墙体的作用、类型及设计要求

9.1.1　墙体的作用和类型

1）墙体的作用

墙体是房屋的重要组成部分。民用建筑中的墙体一般有 3 个作用：

①承重作用。墙体承受着自重以及屋顶、楼板传给它的荷载和风荷载。

②围护作用。墙体遮挡了风、雨、雪的侵袭，防止太阳辐射、噪声干扰及室内热量的散失，起保温、隔热、隔声、防水等作用。

③分隔作用。通过墙体将房屋内部划分为若干个房间和使用空间。

2）墙体的类型

根据墙体在建筑物中的位置、受力情况、材料选用、构造施工方法的不同，可将墙体分为不同类型。

（1）按位置分类

墙体按所处的位置不同分为外墙和内墙，外墙又称外围护墙。墙体按布置方向又可以分为纵墙和横墙。沿建筑物长轴方向布置的墙称为纵墙，沿建筑物短轴方向布置的墙称为横墙，外横墙又称山墙。另外，窗与窗、窗与门之间的墙称为窗间墙，窗洞下部的墙称为窗下墙，屋顶上部的墙称为女儿墙等，如图 9.1、图 9.2 所示。

（2）按受力性质分类

根据墙体的受力情况不同可分为承重墙和非承重墙。

凡直接承受楼板、屋顶等传来荷载的墙称为承重墙；不承受这些外来荷载的墙称为非承重墙。

在非承重墙中，不承受外来荷载，仅承受自身重量并将其传至基础的墙称为自承重墙；仅起分隔空间作用，自身重量由楼板或梁来承担的墙称为隔墙。在框架结构中，填充在柱子之间的墙称为填充墙，内填充墙是隔墙的一种，悬挂在建筑物外部的轻质墙称为幕墙，有金属幕、玻璃幕等。幕墙和外填充墙，虽不能承受楼板和层顶的荷载，但承受着风荷载并把风荷载传给骨架结构。

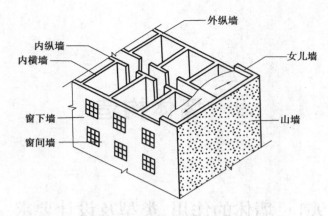

图 9.1 墙体轴测图

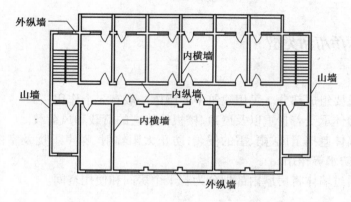

（a）墙体平面图

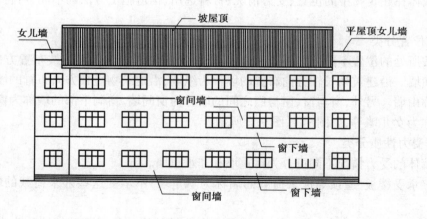

（b）墙体立面图

图 9.2 墙体正投影图

（3）按材料分类

按墙体所用材料的不同,墙体有砖和砂浆砌筑的砖墙,利用工业废料制作的各种砌块砌筑的砌块墙,现浇或预制的钢筋混凝土墙,石块和砂浆砌筑的石墙等。

（4）按构造形式分类

按构造形式不同,墙体可分为实体墙、空体墙和复合墙3种。实体墙是由普通粘土砖及其他实体砌块砌筑而成的墙;空体墙内部的空腔可以靠组砌形成,如空斗墙,也可用本身带孔的材料组合而成,如空心砌块墙等;复合墙由两种以上材料组合而成,如加气混凝土复合板材墙,其中混凝土起承重作用,加气混凝土起保温隔热作用,如图9.3所示。

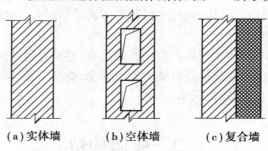

（a）实体墙　　**（b）空体墙**　　**（c）复合墙**

图9.3　不同构造形式的墙体

（5）按施工方法分类

根据施工方法不同墙体可分为块材墙、板筑墙和板材墙3种。块材墙是用砂浆等胶结材料将砖、石、砌块等组砌而成的,如实砌砖墙;板筑墙是在施工现场立模板现浇而成的墙体,如现浇混凝土墙;板材墙是预先制成墙板,在施工现场安装、拼接而成的墙体,如预制混凝土大板墙。板筑墙是钢筋混凝土结构具体构造知识在钢筋混凝土结构课中讲述,本章主要介绍块材墙和板材墙。

· 9.1.2　墙体的设计要求 ·

（1）具有足够的强度和稳定性

墙的强度是指墙体承受荷载的能力,它与所采用的材料、材料强度等级、墙体的截面积、构造和施工方式有关。作为承重墙的墙体,必须具有足够的强度以保证结构的安全。

稳定性与墙的高度、长度和厚度及纵横向墙体间的距离有关。墙的稳定性可通过验算确定,墙体稳定性可通过限制墙体高厚比例、增加墙厚、提高砌筑砂浆强度等级、增加墙垛、构造柱、圈梁、墙内加筋等办法来达到。

（2）满足保温、隔热等热工方面的要求

我国北方地区,气候寒冷,要求外墙具有较好的保温性能,以减少室内热损失。墙厚应根据热工计算确定,同时应防止外墙内表面与保温材料内部出现凝结水现象,构造上要防止冷桥的产生。可通过增加墙体厚度,选择导热系数小的墙体材料、在保温层高温侧设置隔气层等方法提高墙体保温性能。

我国南方地区气候炎热,除设计中考虑朝阳、通风外,外墙应具有一定的隔热性能。可通过选择浅色而平滑的外饰面、设置遮阳设施、利用植被降温等措施提高墙体的隔热能力。

（3）满足隔音要求

为保证建筑的室内有一个良好的声学环境,墙体必须具有一定的隔音能力。设计中可通过选用容重大的材料、加大墙厚、在墙中设空气间层等措施提高墙体的隔音能力。

（4）满足防火要求

在防火方面,应符合防火规范中相应的燃烧性能和耐火极限的规定。当建筑的占地面积或长度较大时,还应按防火规范要求设置防火墙,防止火灾蔓延。

（5）满足防水防潮要求

卫生间、厨房、实验室等用水房间的墙体,以及地下室的墙体应满足防水防潮要求。可通过选用良好的防水材料及恰当的构造做法,保证墙体的坚固耐久,使室内有良好的卫生环境。

（6）满足建筑工业化要求

在大量性民用建筑中,墙体工程量占着相当的比重,劳动力消耗大,施工工期长。因此,建筑工业化的关键是墙体改革,通过提高机械化施工程度,提高工效,降低劳动强度,并采用轻质高强的墙体材料,以减轻自重、降低成本。

9.2　砖墙构造

· 9.2.1　砌筑用砖的类型（小型块材）·

1）烧结普通粘土砖

粘土砖以粘土（包括页岩、煤矸石等粉料）为主要原料,经泥料处理、成型、干燥和焙烧而成,有实心和空心的分别。以实心砖常见,标准砖的规格为 240 mm×115 mm×53 mm。这个尺寸的砖也称标砖。

因为制作粘土砖烧砖毁田,污染环境。2012 年 9 月 26 日,国家发展和改革委员会宣布,我国将在"十二五"期间在上海等数百个城市和相关县城逐步限制使用粘土制品或禁用实心粘土砖。所以现在我们在建筑工程中见到的大都是代替粘土砖的新型墙体材料,如页岩砖、灰砂砖、水泥砖、砌块等。

2）烧结页岩砖

利用页岩和煤矸石为原料进行高温烧制的砖块。外观颜色和传统烧结粘土砖基本一致,也可以填入颜料做成其他多种颜色,外观尺寸同粘土砖。代替粘土砖,不乱挖田土。页岩主要是由粘土沉积经压力和温度形成的岩石。由黏土物质硬化形成的微小颗粒易裂碎,很容易分裂成为明显的岩层。具页状或薄片状层理。用硬物击打易裂成碎片。可以粉碎烧制做砖。煤矸石是采煤过程和洗煤过程中排放的固体废物,是一种在成煤过程中与煤层伴生的一种含碳量较低、比煤坚硬的黑灰色岩石。包括巷道掘进过程中的掘进矸石、采掘过程中从顶板、底板及夹层里采出的矸石以及洗煤过程中挑出的洗矸石。粘土砖已经绝大多数禁用了,一般的标砖,都是页岩砖,又称为小红砖。

页岩砖具有强度高、保温、隔热、隔音等特点,在以页岩砖作为主要建材的砖混建筑施工中,页岩砖最大的优势就是与传统的粘土砖施工方法完全一样,无须附加任何特殊施工设施、专用工具,是传统粘土实心砖的最佳替代品。

但是页岩砖毕竟还是要高温烧制,环保型不如下例的水泥砖和灰砂砖。

3）蒸压灰砂砖

蒸压灰砂砖（以下简称灰砂砖）是以砂和石灰为主要原料,允许掺入颜料和外加剂,经坯料制备、压制成型、经高压蒸气养护而成的普通灰砂砖。属于免烧砖。常见的颜色为灰白色。实心规格尺寸与普通实心粘土砖一致,为240 mm×115 mm×53 mm。它适用于多层混合结构建筑的承重墙体,是一种技术成熟、性能优良又节能的新型建筑材料,可以直接代替实心粘土砖,是国家大力发展、应用的新型墙体材料。

灰砂砖的强度较高,蓄热和隔声能力较强,耐久性好。但因为是蒸养免烧的,外形光滑平整,与砂浆的粘结力不如上面两种砖好。另外还要注意的是,因为是蒸养的,所以刚出釜的灰砂砖含水量比较大,需要存放一段时间后再用,以减少相对伸缩值。

4)水泥砖

水泥砖是指利用粉煤灰、煤渣、煤矸石、尾矿渣、化工渣或者天然砂、海涂泥等(以上原料的一种或数种)作为主要原料,用水泥做凝固剂,不经高温煅烧而制造的一种新型墙体材料称之为水泥砖,也是免烧砖。砌筑用水泥砖常见颜色是水泥的青灰色,外观尺寸同粘土砖。

水泥砖强度高、耐久性好、尺寸标准、外形完整、色泽均一,具有古朴自然的外观,可做清水墙也可以做任何外装饰。无须烧制,用电厂的污染物粉煤灰做材料,绿色环保,国家已经在大力推广,是一种取代粘土砖的极有发展前景的更新换代产品。符合我国"保护农田、节约能源、因地制宜、就地取材"的发展建材总方针,是属于全免增值税的建材制品。

唯一缺点就是外形光滑平整,与抹面砂浆结合不如红砖,容易在墙面产生裂缝,影响美观。施工时应充分喷水,要求较高的别墅类可考虑满墙挂钢丝网,可以有效防止裂缝。

总结:以上4种所有砖,除第一种传统粘土砖基本不再使用外,其余3种新型砌筑砖都在使用。砖的强度为MU30、MU25、MU20、MU15、MU10,其中灰砂砖没有MU30。除了可以做实心砖外,还可以做成空心砖和多孔砖。其中实心砖和多孔砖可以用作承重墙体,空心砖只能用于非承重的隔墙。它们的尺寸基本一致,其中实心砖尺寸都是240 mm×115 mm×53 mm,简称标砖。多孔砖的常见尺寸为240 mm×115 mm×90 mm,简称P形砖;190 mm×190 mm×90 mm,简称M形砖,如图9.4所示。空心砖如图9.5所示,砌筑时,承重的多孔砖孔洞向上,垂直放置;不承重的空心砖孔洞向前,水平放置,大面受压,孔洞与承压面平行,如图9.6所示其中(b)图多孔砖的孔洞中填充了苯板保温材料。就环保性来说,水泥砖和灰砂砖都是免烧的,比较好。就结构形式来说,实心砖和多孔砖,用于常见的砖混结构承重墙和非承重墙;多孔砖用于砖混结构和框架结构的非承重墙。

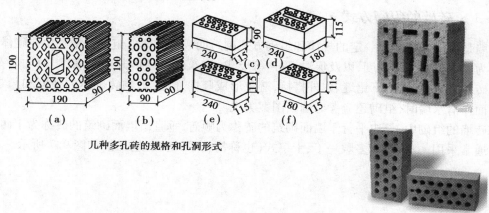

几种多孔砖的规格和孔洞形式

(a)　　　　(b)　　　　(c)　　　　(d)　　　　(e)　　　　(f)

图9.4 多孔砖(竖孔)
(a)KM1型;(b)KM1型配砖;(c)KP1型;(d)KP2型;(e)(f)KP2型配砖

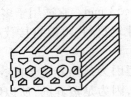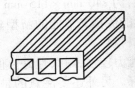

图 9.5 空心砖（水平孔）

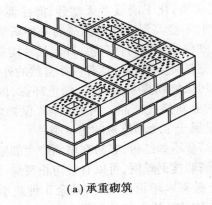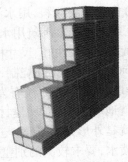

（a）承重砌筑   （b）不承重砌筑

图 9.6 多孔砖砌筑

·9.2.2 砌筑用砂浆·

砂浆按其成分有水泥砂浆、石灰砂浆和混合砂浆等。水泥砂浆属于水硬性材料,强度高,适合砌筑处于潮湿环境下的砌体,如基础部分。石灰砂浆属于气硬性材料,强度不高,多用于砌筑次要的建筑地面以上的物体。混合砂浆强度较高,和易性和保水性较好,适于砌筑一般建筑地面以上的物体。

砂浆强度分为 5 级,即 M15,M10,M7.5,M5 和 M2.5。M5 级以上属于高强度砂浆。

·9.2.3 砖墙的组砌方式·

砖墙是由砖和砂浆按一定的规律和组砌方式砌筑而成的砌体。组砌是指砌块在砌体中的排列。为了保证墙体的强度,以及保温、隔声等要求,砌筑时砖缝砂浆应饱满,厚薄均匀;并且应保证砖缝横平竖直、上下错缝、内外搭接,避免形成竖向通缝,影响砖砌体的强度和稳定性。当外墙面作清水墙时,组砌还应考虑墙面图案美观。

在砖墙的组砌中,长边平行于墙面砌筑的砖称为顺砖,垂直于墙面砌筑的砖称为丁砖。实体砖墙通常采用一顺一丁、多顺一丁、十字式（也称梅花丁）等砌筑方式,如图 9.7 所示。

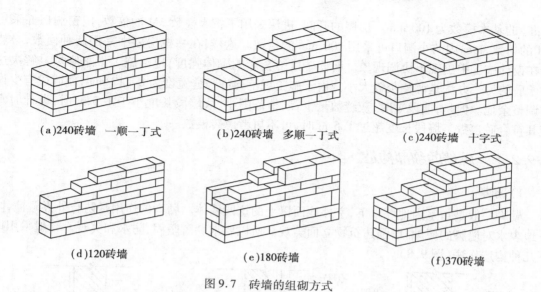

（a）240砖墙　一顺一丁式　　　（b）240砖墙　多顺一丁式　　　（c）240砖墙　十字式

（d）120砖墙　　　　　　　　　（e）180砖墙　　　　　　　　　（f）370砖墙

图 9.7　砖墙的组砌方式

·9.2.4　实心砖墙的尺度·

标准砖的规格为 240 mm×115 mm×53 mm，包括 10 mm 厚灰缝，其长宽厚之比为 4∶2∶1。标准砖砌筑墙体时以砖宽度（115 mm + 10 mm = 125 mm）的倍数为模数，这与我国现行《建筑模数协调统一标准》中的基本模数 M = 100 mm 不协调，因此，在使用中须注意标准砖的这一特征。

砖墙的尺度包括墙体厚度、墙段长度和墙体高度。

1）砖墙的厚度

砖墙的厚度习惯上以砖长为基数来称呼，如半砖墙、一砖墙、一砖半墙等。工程上以它们的标志尺寸来称呼，如 12 墙、24 墙、37 墙等。常用墙厚的尺寸见表 9.1。

表 9.1　砖墙厚度/mm

砖墙断面				
尺寸组成/mm	115×1	115×1＋53＋10	115×2＋10	115×3＋20	115×4＋30
构造尺寸/mm	115	178	240	365	490
标志尺寸/mm	120	180	240	370	490
工程称谓	一二墙	一八墙	二四墙	三七墙	四九墙
习惯称谓	半砖墙	3/4 砖墙	一砖墙	一砖半墙	两砖墙

2）墙段长度和洞口尺寸

由于普通粘土砖墙的砖模数为 125 mm，所以墙段长度和洞口宽度都应以此为递增基数。即墙段长度为（125n − 10）mm，洞口宽度为（125n + 10）mm。这样，符合砖模数的墙段长度系列为 115，240，365，490，615，740，865，990，1 115，1 240，1 365，1 490 mm 等，符合砖模数的洞口宽度系列为 135，260，385，510，635，760，885，1 010 mm 等。而我国现行的《建筑模数协调统一标准》的基本模数为 100 mm。房屋的开间、进深采用了扩大模数 3M 的倍数,门窗洞口亦采用 3M 的倍数,1 m 内的小洞口可采用 100 mm 的倍数。这样,在一栋房屋中采用两种模数,必然会在设计施工中出现不协调现象。而砍砖过多会影响砌体强度,也给施工带来麻烦。解决这一矛盾的另一办法是调整灰缝大小。由于施工规范允许竖缝宽度为 8 ~ 12 mm,使墙段有少许的调整余地。但是,墙段短时,灰缝数量少,调整范围小,故墙段长度小于 1.5 m 时,设计时宜使其符合砖模数。墙段长度超过 1.5 m 时,可不再考虑砖模数。

· 9.2.5 砖墙的细部构造 ·

1)勒脚

勒脚一般是指室内地坪以下,室外地面以上的这段墙体。勒脚的作用是防止外界碰撞,防止地表水对墙脚的侵蚀,增强建筑物立面美观。所以要求勒脚坚固、防水和美观。一般采用以下几种构造作法(图9.8)。

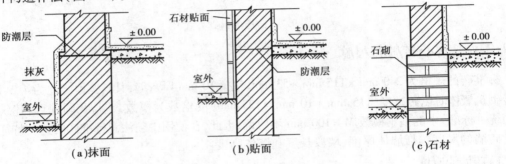

图 9.8 勒脚构造做法

①对一般建筑,可采用 20 mm 厚 1∶3 水泥砂浆抹面,或 1∶2 水泥白石子水刷石或斩假石抹面;

②标准较高的建筑,可用天然石材或人工石材贴面,如花岗石、水磨石贴面等;

③整个墙脚采用强度高,耐久性和防水性好的材料砌筑,如条石、混凝土等。

2)墙身防潮层

在墙身中设置防潮层的目的是防止土壤中的水分沿基础墙上升,防止位于勒脚处的地面水渗入墙内,使墙身受潮。因此,必须在内外墙脚部位连续设置防潮层。构造形式上有水平防潮层和垂直防潮层。

水平防潮层一般应在室内地面不透水垫层(如混凝土)范围以内,通常在 -0.060 m 标高处设置,而且至少要高于室外地坪 150 mm,以防雨水溅湿墙身。当地面垫层为透水材料时(如碎石、炉渣等),水平防潮层的位置应平齐或高于室内地面 60 mm,即在 +0.060 m 处。当两相邻房间之间室内地面有高差时,应在墙身内设置高低两道水平防潮层,并在靠土壤一侧设置垂直防潮层,以避免回填土中的潮气侵入墙身。墙身水平防潮层位置如图 9.9 所示。

按防潮层所用材料不同,一般有油毡防潮层、防水砂浆防潮层、细石混凝土防潮层等做法。

●油毡防潮层 在防潮层部位先抹 20 mm 厚的水泥砂浆找平层,然后干铺油毡一层或用沥青粘贴一毡二油。油毡防潮层具有一定的韧性、延伸性和良好的防潮性能,但日久易老化失效,同时由于油毡使墙体隔离,削弱了砖墙的整体性和抗震能力。

●防水砂浆防潮层 在防潮层位置抹一层 20 mm 或 30 mm 厚 1∶2 水泥砂浆掺 5% 的防水剂配制成的防水砂浆,也可以用防水砂浆砌筑 4 ~ 6 皮砖。用防水砂浆作防潮层适用于抗震地

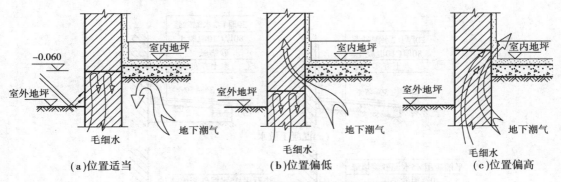

（a）位置适当　　　　　　（b）位置偏低　　　　　　（c）位置偏高

图 9.9　水平防潮层的位置

区、独立砖柱和振动较大的砖砌体中,但砂浆开裂或不饱满时影响防潮效果。

• 细石混凝土防潮层　在防潮层位置铺设 60 mm 厚 C15 或 C20 细石混凝土,内配 3ϕ6 或 3ϕ8 钢筋以抗裂。由于混凝土密实性好,有一定的防水性能,并与砌体结合紧密,故适用于整体刚度要求较高的建筑中。

• 垂直防潮层　在需设垂直防潮层的墙面(靠回填土一侧)先用水泥砂浆抹面,刷上冷底子油一道,再刷热沥青两道,也可以采用掺有防水剂的砂浆抹面的做法。

3)明沟与散水

为了防止屋顶落水或地表水侵入勒脚危害基础,必须沿外墙四周设置明沟或散水,将积水及时排离。

明沟是设置在外墙四周的排水沟,将水有组织地导向集水井,然后流入排水系统。明沟一般用素混凝土现浇,或用砖石铺砌成 180 mm 宽,150 mm 深的沟槽,然后用水泥砂浆抹面。沟底应有不小于1%的坡度,以保证排水通畅。明沟适合于降雨量较大的南方地区,其构造如图 9.10 所示。

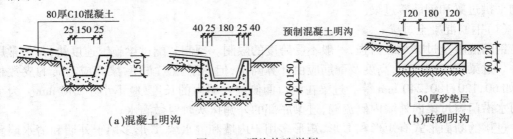

（a）混凝土明沟　　　　　　　　　（b）砖砌明沟

图 9.10　明沟构造举例

散水是沿建筑物外墙设置的倾斜坡面,坡度一般为 3% ~ 5%。散水又称排水坡或护坡。散水可用水泥砂浆、混凝土、砖、块石等材料做面层,其宽度一般为 600 ~ 1 000 mm,当屋面为自由落水时,其宽度应比屋檐挑出宽度大 150 ~ 200 mm。由于建筑物的沉降,在勒脚与散水交接处应留有缝隙,缝内填粗砂或米石子,上嵌沥青胶盖缝,以防渗水。散水整体面层纵向距离每隔 6 ~ 12 m 做一道伸缩缝,缝内处理同勒脚与散水相交处,如图 9.11 所示。

散水适用于降雨量较小的北方地区。季节性冰冻地区的散水,还需在垫层下加设防冻胀层。防冻胀层应选用砂石、炉渣石灰土等非冻胀材料,其厚度可根据当地经验确定。

4)门窗过梁

过梁是用来支承门窗洞口上部的砌体和楼板传来的荷载的承重构件,并把这些荷载传给

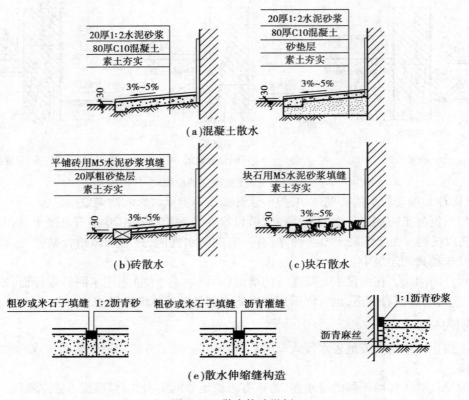

图9.11 散水构造举例

洞口两侧的墙体。过梁一般采用钢筋混凝土材料,个别也有采用砖砌平拱过梁和钢筋砖过梁的形式。但在较大振动荷载,或可能产生不均匀沉降,或有抗震设防要求的建筑中,不宜采用砖砌平拱过梁和钢筋砖过梁。

(1)钢筋混凝土过梁

钢筋混凝土过梁承载力强,一般不受跨度的限制。预制装配过梁施工速度快,是最常用的一种。过梁宽度同墙厚,高度及配筋应由计算确定,但为了施工方便,梁高应与砖的皮数相适应,如60,120,180,240 mm等。过梁在洞口两侧伸入墙内的长度,应不小于240 mm。为了防止雨水沿门窗过梁向外墙内侧流淌,过梁底部的外侧抹灰时要做滴水。

过梁的断面形式有矩形和L形,矩形多用于内墙和混水墙,L形多用于外墙和清水墙。在寒冷地区,为防止钢筋混凝土过梁产生冷桥问题,也可将外墙洞口的过梁断面做成L形。钢筋混凝土过梁形式如图9.12所示。

(2)砖砌平拱过梁

砖砌平拱过梁是由竖砖砌筑而成的,它利用灰缝上大下小,使砖向两边倾斜,相互挤压形成拱来承担荷载,如图9.13所示。砖砌平拱的高度多为一砖长,灰缝上部宽度不宜大于15 mm,下部宽度不应小于5 mm,中部起拱高度为洞口跨度的1/50。砖不低于MU7.5,砂浆不低于M2.5,净跨宜≤1.2 m,不应超过1.8 m。

5)窗台

按窗在外墙的位置分类,有与墙内平、外平或居中等几种形式,外平形式窗构造处理不当容易造成渗漏水,应尽量少用。

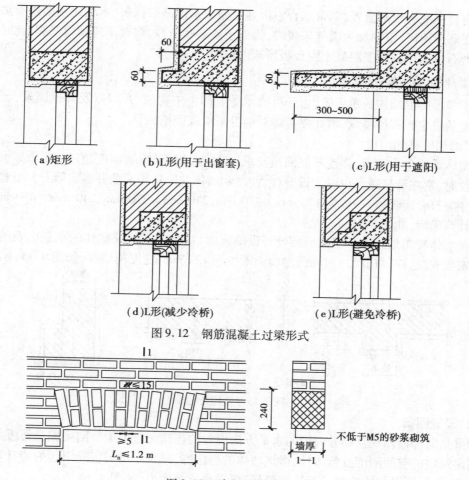

<table>
<tr><td>（a）矩形</td><td>（b）L形(用于出窗套)</td><td>（c）L形(用于遮阳)</td></tr>
</table>

（d）L形(减少冷桥)　　　　　（e）L形(避免冷桥)

图 9.12　钢筋混凝土过梁形式

图 9.13　砖砌平拱过梁

窗台构造做法分为外窗台和内窗台两个部分,如图 9.14 所示。

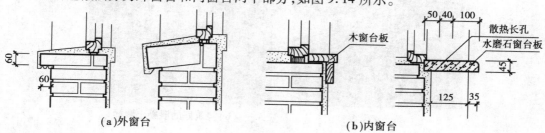

（a）外窗台　　　　　　　　　　（b）内窗台

图 9.14　窗台构造举例

外窗台应做排水构造。其目的是防止雨水积聚在窗下,侵入墙身和向室内渗透。因此,外窗台应有不透水的面层,并向外形成不小于 20% 的坡度,以利于排水。外窗台有悬挑窗台和不悬挑窗台两种。处于阳台等处的窗不受雨水冲刷,可不必设挑窗台,外墙面材料为贴面砖时,也可不设挑窗台。悬挑窗台常采用顶砌一皮砖出挑 60 mm 或将一砖侧砌并出挑 60 mm,也可采用钢筋混凝土挑窗台。挑窗台底部边缘处抹灰时,应做宽度和深度均不小于 10 mm 的滴水线或滴水槽。

内窗台一般为水平放置,通常结合室内装修做成水泥砂浆抹灰、木板或贴面砖等多种饰面形式。在寒冷地区,室内如为暖气采暖时,为便于安装暖气片,窗台下应预留凹龛,此时应采用预制水磨石板或预制钢筋混凝土窗台板形成内窗台。

6)墙身加固措施

对于多层砖混结构的承重墙,由于可能承受上部集中荷载、开洞以及其他因素,会造成墙体的强度及稳定性有所降低,因此要考虑对墙身采取加固措施。

(1)增加壁柱和门垛

当墙体承受集中荷载,强度不能满足要求,或由于墙体长度和高度超过一定限度而影响墙体稳定性时,常在墙身适当位置增设壁柱,使之和墙体共同承担荷载并稳定墙身。壁柱突出墙面的尺寸应符合砖规格,一般为 120 mm × 370 mm,240 mm × 370 mm,240 mm × 490 mm,或根据结构计算确定,如图 9.15(a)所示。

当在墙体转角处或在丁字墙交接处开设门窗洞口时,为了保证墙体的承载力及稳定性并便于门窗板安装,应设门垛。门垛凸出墙面不少于 120 mm,宽度同墙厚,如图 9.15(b)所示。

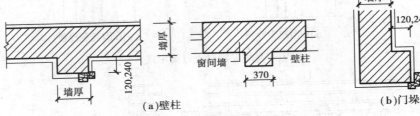

图 9.15　壁柱与门垛

(2)设置圈梁

圈梁是沿外墙四周及部分内墙的水平方向设置的连续闭合的梁。圈梁配合楼板共同作用可提高建筑物的空间刚度及整体性,增加墙体的稳定性,减少不均匀沉降引起的墙身开裂。在抗震设防地区,圈梁与构造柱一起形成骨架,可提高抗震能力,如图 9.16 所示。

(a)支模板　　　　　　　(b)浇筑好的混凝土圈梁

图 9.16　圈梁闭合

钢筋混凝土圈梁的宽度同墙厚且不小于 180 mm,高度一般不小于 120 mm。钢筋混凝土圈梁一般与楼板持平,如图 9.17 所示。圈梁最好与门窗过梁合一,在特殊情况下,当遇有门窗洞口致使圈梁局部截断时,应在洞口上部增设相应截面的附加圈梁。附加圈梁与圈梁搭接长度不应小于其垂直间距的 2 倍,且不得小于 1 m(图 9.18),但有抗震要求的建筑物,圈梁不宜被洞口截断。

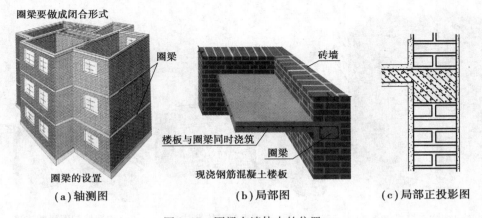

（a）轴测图 （b）局部图 （c）局部正投影图

图 9.17 圈梁在墙体中的位置

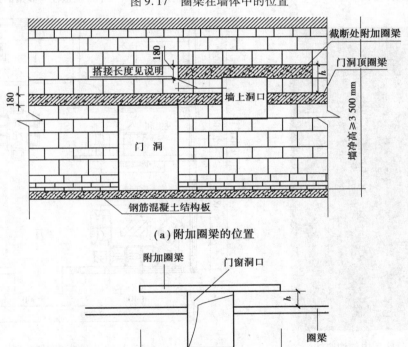

（a）附加圈梁的位置

$l \geqslant 3h$；$l \geqslant 1\ m$

（b）搭接长度的规定

图 9.18 附加圈梁

（3）设置构造柱

钢筋混凝土构造柱是从抗震角度考虑设置的，一般设在外墙转角、内外墙交接处、较大洞口两侧及楼梯、电梯四角。由于房屋的层数和地震烈度不同，构造柱的设置要求也有所不同。构造柱必须与圈梁紧密连接形成空间骨架，以增强房屋的整体刚度，提高墙体抵抗变形的能力，并使砖墙在受震开裂后，也能裂而不倒，如图 9.19 所示。

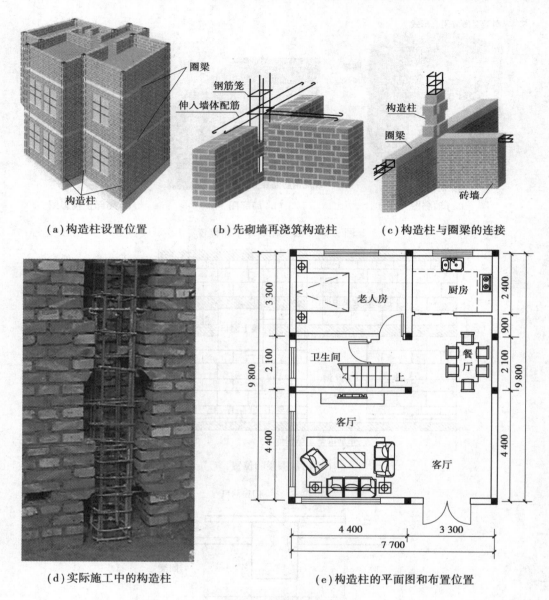

（a）构造柱设置位置　　　　（b）先砌墙再浇筑构造柱　　　　（c）构造柱与圈梁的连接

（d）实际施工中的构造柱　　　　（e）构造柱的平面图和布置位置

图 9.19　设置构造柱

　　构造柱的最小截面尺寸为 240 mm × 180 mm。构造柱的最小配筋量是：纵向钢筋 4ϕ12，箍筋 ϕ6，间距不大于 250 mm。构造柱下端应伸入地梁内，无地梁时应伸入底层地坪下 500 mm 处。为加强构造柱与墙体的连接，该处墙体宜砌成马牙槎，并应沿墙高每隔 500 mm 设 2ϕ6 拉结钢筋，每边伸入墙内不少于 1 m。施工时应先放置构造柱钢筋骨架，后砌墙，随着墙体的升高而逐段现浇混凝土构造柱身（图 9.20）。

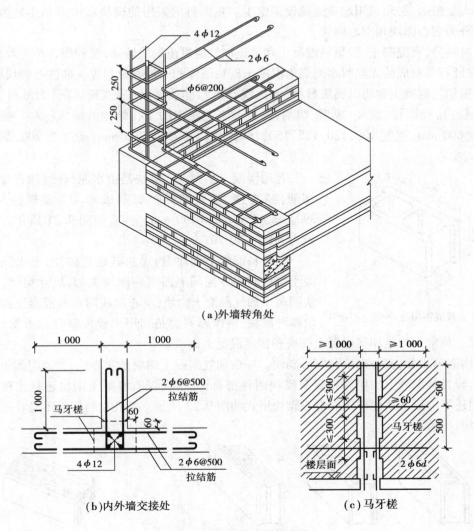

(a)外墙转角处

(b)内外墙交接处

(c)马牙槎

图9.20 砖砌体中的构造柱

9.3 砌块墙构造

砌块墙是采用预制块材按一定技术要求砌筑而成的墙体。预制砌块利用工业废料和地方材料制成,既不占用耕地又解决了环境污染,具有生产投资少、见效快、生产工艺简单、节约能源等优点。采用砌块墙是我国目前墙体改革的主要途径之一。

·*9.3.1 砌块的类型(中大型块材)*·

按单块质量和幅面大小砌块分为小型砌块、中型砌块和大型砌块。小型砌块高度为115～380 mm,单块质量不超过 20 kg,便于人工砌筑;中型砌块高度为 380～980 mm,单块质量 20～350 kg;大型砌块高度大于 980 mm,单块质量大于 350 kg。大中型砌块由于体积和质量较大,不便于人工搬运,必须采用起重运输设备施工。我国目前采用的砌块以中型和小型为主。砌块形式分为实心砌块和空心砌块。

按材料分,有混凝土、轻集料混凝土和蒸压加气混凝土砌块墙体,及利用各种工业废渣、粉煤灰、煤矸石等制成的无熟料水泥煤渣混凝土砌块墙体和蒸汽养护粉煤灰硅酸盐砌块墙体等。

蒸压加气混凝土砌块以钙质材料(水泥或石灰)、硅质材料(砂或粉煤灰)为基料,加入发气剂(铝粉),经搅拌、发气、成型、切割、蒸养等工艺制成的多孔结构的墙体材料。规格尺寸为:长度 600 mm,宽度 100,120,125,150,180,200,240,250,300 mm,高度为 200,240,250,300 mm,实心。

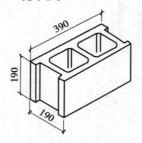

图 9.21 普通混凝土小型空心砌块

普通混凝土小型空心砌块是由水泥、普通砂石骨料和外加剂,经搅拌、成型和养护而制成的。主要规格尺寸为:390 mm×190 mm×190 mm,空心,如图 9.21 所示。强度等级为 MU5~MU20。

轻骨料混凝土砌块,粉煤灰硅酸盐砌块,无水泥煤渣混凝土砌块制作方法同上面两种砌块类似,尺寸类似,实心砌块同蒸压加气混凝土砌块,空心砌块同普通混凝土砌块。无论哪种砌块,制作原则都是利用工业废料和地方材料,免烧制,环保。最常用的是加气混凝土砌块和普通混凝土砌块。

按构造形式分,实心砌块和空心砌块。一般加气混凝土砌块是实心的,普通混凝土砌块是空心的,轻骨料混凝土砌块和粉煤灰砌块两种都有,无水泥煤渣混凝土砌块还是比较新的建材,应用还不广泛。其他样式的空心砌块形式如图 9.22 所示。圆孔材料一般不是普通混凝土空心砌块,不承重。

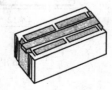

图 9.22 其他空心砌块

图 9.23 保温砌块

按功能分,承重砌块和保温砌块等。普通混凝土小型空心砌块是可以承重的。其他砌块无论空心还是实心都是不承重的,但孔隙率大,保温效果好,所以也称为保温砌块;如果是空心砌块,还可以在砌块的空腔填入矿渣棉、膨胀珍珠岩板、聚苯板等保温材料,做成复合墙体,保温隔热效果更好,如图 9.23 和图 9.6(b)所示。

·9.3.2 砌块墙的排列与组合·

砌块的尺寸比较大,砌筑不够灵活。因此,在设计时,应做出砌块的排列,并给出砌块排列组合图,施工时按图进料和砌筑。砌块排列组合图一般有各层平面、内外墙立面分块图(图 9.24)。在进行砌块的排列组合时,应按墙面尺寸和门窗布置,对墙面进行合理的分块,正确选择砌块的规格尺寸,尽量减少砌块的规格类型,优先采用大规格的砌块做主要砌块,并且尽量提高主要砌块的使用率,减少局部补填砖的数量。

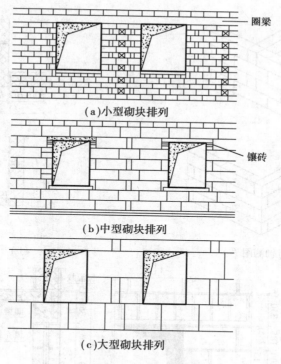

（a）小型砌块排列

（b）中型砌块排列

（c）大型砌块排列

图9.24 砌块的排列组合图

•9.3.3 *砌块墙的图形表达和接缝处理* •

1）砌块墙的图形表达

砌块墙的图形表达基本和砖墙类似，只是砌块尺寸比较大，在厚度方向上不用考虑搭接问题，砌筑起来更加方便快捷，如图9.25（a）所示。在正投影的图纸中，因为多数砌块具有保温功能，所以材料图例不是砖墙的斜45°线表达，而是换成了多孔材料的网格表达，如图9.25（b）、（c）所示。

2）接缝处理

砌块在厚度方向大多没有搭接，因此砌块的长向错缝搭接要求比较高。中型砌块上下皮搭接长度不少于砌块高度的1/3，且不小于150 mm。小型空心砌块上下皮搭接长度不小于90 mm。当搭接长度不足时，应在水平灰缝内设置不小于2ϕ4的钢筋网片，网片每端均超过该垂直缝不小于300 mm，如图9.26所示。

砌筑砌块一般采用强度不少于M5的水泥砂浆。灰缝的宽度主要根据砌块材料和规格大小确定，一般情况下，小型砌块为10～15 mm，中型砌块为15～20 mm。当竖缝宽大于30 mm时，须用C20细石混凝土灌实。灰缝形式如图9.27所示。

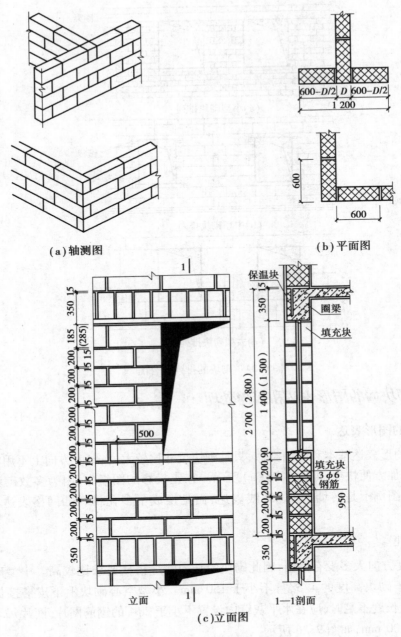

(a)轴测图　　　　　　(b)平面图

(c)立面图

图 9.25　砌块墙的图形表达

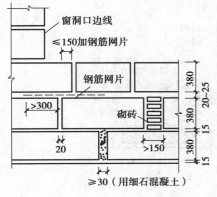

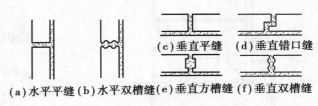

图 9.26 砌块接缝搭接图

图 9.27 砌块灰缝

（a）水平平缝（b）水平双槽缝（e）垂直方槽缝（f）垂直双槽缝
（c）垂直平缝 （d）垂直错口缝

·9.3.4 砌块墙的构造·

砌块墙的细部构造同前一节砖墙构造大部分类似，也涉及勒脚、防潮层、散水明沟、过梁、墙身加固措施。设置的思路原则上也相同，具体因为砌块和砖的不同造成的个别细节差异有以下几点：

1）过梁

因为砌块的高度尺寸比较大，过梁的高度相对较小，它们之间的高度差用砖来补砌，常用转为上一节内容的页岩砖、灰砂砖、水泥砖，如图 9.28 所示。

2）与框架柱或剪力墙的连接（以常见的加气混凝土砌块为例）

砌块墙与框架柱或剪力墙应该有可靠的连接。在柱子表面用膨胀螺栓固定钢板，然后把拉结筋焊接在钢板上，完成拉结筋与柱子（或墙）的连接。拉结筋为 $2\phi6$ 钢筋，抗震烈度 6 度时伸入砌块墙内不小于 700 mm，且应大于墙长的 1/5，抗震烈度 8、9 度时沿墙全长贯通；作外墙的砌块墙时，拉结钢筋可换成 $\phi6$ 钢筋网片。拉结筋或钢筋网片沿高度

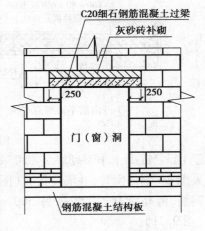

图 9.28 砌块墙门窗过梁

每 500～600 mm 设置一层，每层压入本层的砌块墙的灰缝中，最终完成砌块墙与混凝土柱（或墙）的连接。墙高超过 4 m 或者墙上有门窗洞口时，加水平混凝土带，也称为通常水平系梁，内置纵向 $2\phi6$ 钢筋，横向 $\phi6$ 中距 250 mm，如图 9.29 所示。

3）设置圈梁和构造柱

为加强砌块墙的整体性，砌块建筑应在适当的位置设置圈梁。对于混凝土小型空心砌块作为承重墙，主要应用于砖混结构，圈梁的设置原则和前一节砖墙的相同；对于其他砌块作为非承重墙，主要应用在框架结构或剪力墙结构，已经有框架梁起到加强整体性的作用，所以不用再单独做圈梁。砌块墙的竖向加强措施是在外墙转角以及内外墙交接处增设构造柱，将砌块在垂直方向连成整体。空心砌块构造柱多利用上下孔洞对齐，并在孔中用的钢筋分层插入，再用 C20 细石混凝土分层灌实。构造柱与砌块墙连接处的拉结钢筋网片，每边伸入墙内不少

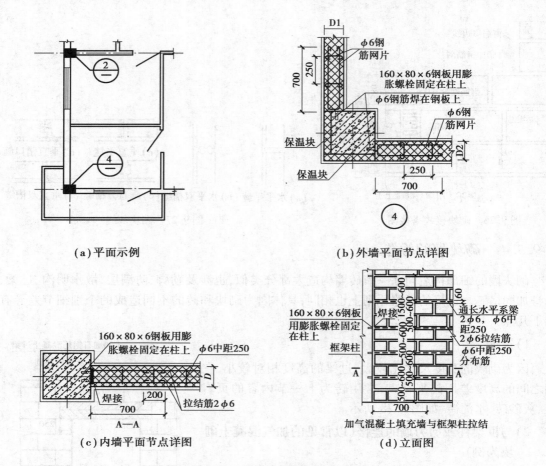

（a）平面示例　　　　　　　　　（b）外墙平面节点详图

（c）内墙平面节点详图　　　　　（d）立面图

图 9.29　砌块墙与框架柱的连接

于 1 m。混凝土小型砌块房屋可采用 $\phi4$ 点焊钢筋网片,沿墙高每隔 600 mm 设置,中型砌块可采用 $\phi6$ 钢筋网片,并隔皮设置(图 9.30)。实心砌块构造柱与砖墙类似,内置 $\phi12 \sim \phi14$ 纵向钢筋,留马牙槎,沿墙高每 500 ~ 600 mm 设 $2\phi6$ 拉结筋,没变深入墙内不小于 500 mm(图 9.31)。

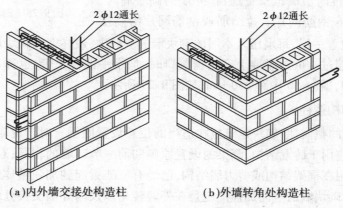

（a）内外墙交接处构造柱　　　　（b）外墙转角处构造柱

图 9.30　空心砌块墙构造柱

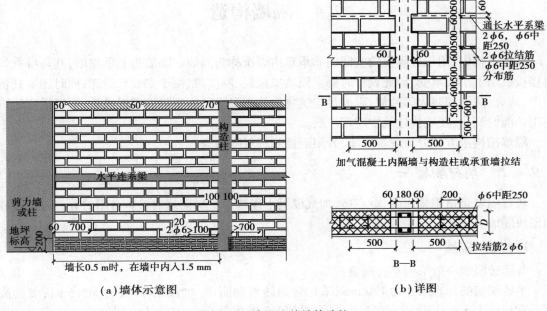

（a）墙体示意图　　　　　　　　　　（b）详图

图 9.31　实心砌块墙构造柱

4）防潮构造

砌块吸水性强,易受潮,在易受水部位,如檐口、窗台、勒脚、落水管附近,应作好防潮处理。特别是在勒脚部位,除了应设防潮层以外,对砌块材料也有一定的要求,通常应选用密实而耐久的材料,不能选用吸水性强的块材材料。在楼板砌筑时,不能把砌块直接砌在楼板上,而是先砌3～5皮的页岩砖或水泥砖,然后再砌筑砌块;顶部用砖斜砌,增强与上部楼板的连接（图9.32）。

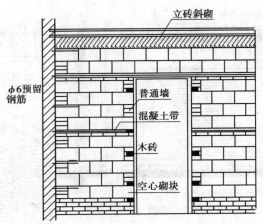

图 9.32　砌块墙立面防潮砌筑

9.4　隔墙构造

在建筑物中,用于分隔室内空间的非承重内墙统称为隔墙。隔墙为非承重墙,其自身重量由楼板或墙下小梁承受,因此设计时要求隔墙质量轻、厚度薄、便于安装和拆卸,同时还要具备隔声、防火、防潮和防火等性能,以满足建筑物的使用要求。由于隔墙布置灵活,可以适应建筑使用功能的变化,在现代建筑中应用广泛。

隔墙按构造方式分为块材隔墙、骨架隔墙和板材隔墙等。

· 9.4.1　块材隔墙 ·

块材隔墙是指用普通砖、空心砖、加气混凝土砌块等块材砌筑的墙。常用的有普通砖隔墙和砌块隔墙。

1)普通砖隔墙

普通砖隔墙一般采用半砖隔墙。

半砖隔墙的标志尺寸为120 mm,采用普通砖顺砌而成。当砌筑砂浆为M2.5时,墙的高度不宜超过3.6 m,长度不宜超过5 m;当采用M5砂浆砌筑时,高度不宜超过4 m,长度不宜超过6 m。高度超过4 m时应在门过梁处设通长钢筋混凝土带,长度超过6 m时应设砖壁柱。由于墙体轻而薄,稳定性较差,因此构造上要求隔墙与承重墙或柱之间连接牢固,一般沿高度每隔0.5 m砌入2φ4钢筋,还应沿隔墙高度每隔1.2 m设一道30 mm厚水泥砂浆层,内放2φ6钢筋。为了保证隔墙不承重,在隔墙顶部与楼板相接处,应将砖斜砌一皮,或留约30 mm的空隙塞木楔打紧,然后用砂浆填缝。隔墙上有门时,需预埋防腐木砖、铁件或将带有木楔的混凝土预制块砌入隔墙中,以便固定门框(图9.33)。

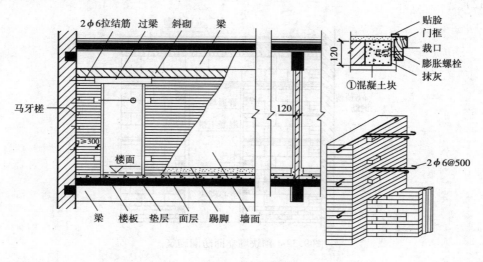

图9.33　半砖隔墙

半砖隔墙坚固耐久,隔声性能较好,但自重大,湿作业量大,不易拆装。

2）砌块隔墙

为了减轻隔墙自重和节约用砖,可采用轻质砌块砌筑,目前常采用加气混凝土砌块、粉煤灰硅酸盐砌块以及水泥炉渣空心砖等砌筑隔墙。

砌块隔墙厚由砌块尺寸决定,一般为 90 ~ 120 mm。砌块墙吸水性强,故在砌筑时应先在墙下部实砌 3 ~ 5 皮粘土砖再砌砌块。砌块不够整块时宜用普通粘土砖填补。砌块隔墙的其他加固构造方法同普通砖隔墙,也可参考上一节砌块墙。

· 9.4.2 板材隔墙 ·

板材隔墙是指轻质的条板用粘结剂拼合在一起形成的隔墙。由于板材隔墙是用轻质材料制成的大型板材,施工中直接拼装而不依赖骨架,因此它具有自重轻、安装方便、施工速度快、工业化程度高的特点。目前多采用条板,如加气混凝土条板、石膏条板、炭化石灰板、石膏珍珠岩板以及各种复合板。条板厚度大多为 60 ~ 100 mm,宽度为 600 ~ 1 000 mm,长度略小于房间净高。安装时,条板下部先用一对对口木楔顶紧,然后用细石混凝土堵严,板缝用粘结砂浆或粘结剂进行粘结,并用胶泥刮缝,平整后再做表面装修(图 9.34)。

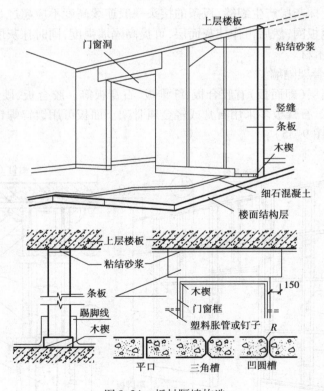

图 9.34 板材隔墙构造

·9.4.3 骨架隔墙·

骨架隔墙也称立柱式或立筋式隔墙,它是以木材、钢材或其他材料构成骨架,把面层钉结、涂抹或粘贴在骨架上形成的隔墙,所以隔墙由骨架和面层两部分组成。

1)骨架

骨架有木骨架、轻钢骨架、石膏骨架、石棉水泥骨架和铝合金骨架等。骨架由沿地龙骨、沿顶龙骨、加强龙骨、横撑或斜撑等组成。骨架的安装是先用射钉将沿地龙骨、沿顶龙骨(也称导向骨架)固定在楼板上,然后安装加强龙骨和横撑(或斜撑)。

2)面层

面层有人造板面层和抹灰面层。根据不同的面板和骨架材料可分别采用钉子、自攻螺钉、膨胀铆钉或金属夹子等,将面板固定于骨架立筋上。隔墙的名称是依据不同的面层材料而定的,如板条抹灰隔墙和人造板面层骨架隔墙等。

(1)板条抹灰隔墙

板条抹灰隔墙是先在木骨架的两侧钉灰板条,然后抹灰。灰板条尺寸一般为 1 200 mm × 30 mm ×6 mm,板条间留缝 7~10 mm,便于抹灰层能咬住灰板条。同时为避免灰板条在一根墙筋上接缝过长而使抹灰层产生裂缝,板条的接头一般连续高度不应超过 500 mm。如果在骨架两侧钉钢丝网或钢板网,然后再作抹灰面层,可提高隔墙强度,同时抹灰层不宜开裂,又有利于防潮、防火和节约木材。

(2)人造板面层骨架隔墙

常用的人造板面层(即面板)有胶合板、纤维板、石膏板等。胶合板、硬质纤维板以木材为原料,多采用木骨架。石膏板多采用石膏或轻金属骨架。面板可用镀锌螺钉、自攻螺钉或金属夹子固定在骨架上(图9.35)。

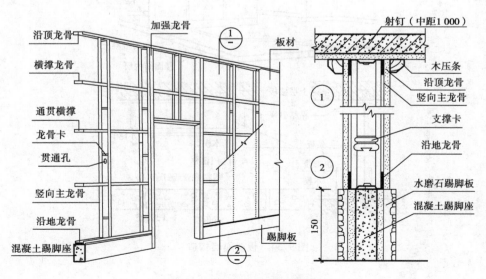

图 9.35 人造板材面层骨架隔墙

9.5 墙面装修

· 9.5.1 墙面装修的作用及分类 ·

墙面装修是建筑装修中的重要内容,其主要作用有:

①保护墙体,提高墙体的耐久性;

②改善墙体的热工性能、光环境、卫生条件等;

③美化环境,丰富建筑的艺术形象。

墙体装修按其所处的部位不同,可分为室外装修和室内装修。室外装修应选择强度高、耐水性好、抗冻性强、抗腐蚀、耐风化的建筑材料。室内装修材料应根据房间的功能要求及装修标准来确定。

按材料及施工方式的不同,常见的墙面装修可分为抹灰类、贴面类、涂料类、裱糊类和铺钉类五大类。

· 9.5.2 墙面装修的构造 ·

1)抹灰类墙面装修

抹灰又称粉刷,是我国传统的饰面做法。它是用砂浆或石碴浆涂抹在墙体表面上的一种装修做法。其材料来源广泛,施工操作简便,造价低廉,通过改变工艺可获得不同的装饰效果,因此在墙面装修中应用广泛。但目前多为手工湿作业,工效低,劳动强度大。为了避免出现裂缝,保证抹灰层牢固和表面平整,施工时须分层操作。抹灰装饰层由底层、中层和面层3个层次组成。普通抹灰分底层和面层,对一些标准较高的中级抹灰和高级抹灰,在底层和面层之间还要增加一层或数层中间层。

底层抹灰的作用是与基层(墙体表面)粘结和初步找平,其用料视基层材料而异。普通砖墙常用石灰砂浆和混合砂浆,混凝土墙应采用混合砂浆和水泥砂浆,板条墙的底灰用麻刀石灰浆或纸筋石灰砂浆。另外,对湿度较大的房间或有防水、防潮要求的墙体,底灰应选用水泥砂浆或水泥混合砂浆。

中层抹灰起进一步找平作用,其所用材料与底层相同。

面层抹灰主要起装饰作用,要求表面平整、色彩均匀、无裂纹,可以做成光滑、粗糙等不同质感的表面。根据面层所用材料,抹灰装修有很多类型,常见抹灰的具体构造做法见表9.2。

表9.2 墙面抹灰做法举例

抹灰名称	做法说明	适用范围
水泥砂浆墙面	8 mm 厚1:2.5 水泥砂浆抹面 12 mm 厚1:3水泥砂浆打底扫毛 刷界面处理剂一道(随刷随抹底灰)	混凝土基层的外墙

续表

抹灰名称	做法说明	适用范围
水刷石墙面	8 mm 厚 1:1.5 水泥石子(小八厘)罩面,水刷露出石子 刷素水泥浆一道 12 mm 厚 1:3 水泥砂浆打底扫毛 刷界面处理剂一道(随刷随抹底灰)	混凝土基层的外墙
斩假石(剁斧石)墙面	剁斧斩毛两遍成活 10 mm 厚 1:1.25 水泥石子抹平(米粒石内掺 30% 石屑) 刷素水泥浆一道 10 mm 厚 1:3 水泥砂浆打底扫毛 清扫集灰适量洇水	砖基层的外墙

2)贴面类墙面装修

贴面类装修是指将各种天然石材或人造板、块,通过绑、挂或直接粘贴于基层表面的装修做法。它具有耐久性好、装饰性强、容易清洗等优点。常用的贴面材料有花岗岩板和大理石板等天然石板,水磨石板、水刷石板、剁斧石板等人造石板,以及面砖、瓷砖、锦砖等陶瓷和玻璃制品。质地细腻、耐候性差的各种大理石、瓷砖等一般适用于内墙面的装修,而质感粗犷、耐候性好的材料,如面砖、锦砖、花岗岩板等适用于外墙装修。

(1)面砖、锦砖墙面装修

面砖多数是以陶土和瓷土为原料,压制成型后煅烧而成的饰面块。面砖分挂釉和不挂釉、平滑和有一定纹理质感等不同类型。无釉面砖主要用于高级建筑外墙面装修,釉面砖主要用于高级建筑内外墙面及厨房、卫生间的墙裙贴面。面砖质地坚固、防冻、耐蚀、色彩多样。面砖等类型贴面材料通常是直接用水泥砂浆将它们粘于墙上。面砖安装前应先将墙面清洗干净,然后将面砖放入水中浸泡,贴前取出晾干或擦干。面砖安装时,先抹 15 mm 厚 1:3 水泥砂浆打底找平,再抹 5 mm 厚 1:1 水泥细砂砂浆粘贴面层制品。镶贴面砖需留出缝隙,面砖的排列方式和接缝大小对立面效果有一定影响,通常有横铺、竖铺、错开排列等几种方式。

陶瓷锦砖又名马赛克,是以优质陶土烧制而成的小块瓷砖,有挂釉和不挂釉之分。锦砖一般用于内墙面,也可用于外墙面装修。锦砖一般按设计图纸要求,在工厂反贴在标准尺寸为 325 mm × 325 mm 的牛皮纸上,施工时将纸面朝外整块粘贴在 1:1 水泥细砂砂浆上,用木板压平,待砂浆硬结后,洗去牛皮纸即可。

(2)石板墙面装修

石板一般面积大,质量大,为保证石板饰面的坚固和耐久,一般应先在墙身或柱内预埋 $\phi6$ 铁箍,在铁箍内立 $\phi8 \sim \phi10$ 竖筋和横筋,形成钢筋网,再用双股铜线或镀锌铁丝穿过事先在石板上钻好的孔眼(人造石板则利用预埋在板中的安装环),将石板绑扎在钢筋网上。上下两块石板用不锈钢卡销固定。石板与墙之间一般留 30 mm 缝隙,上部用定位活动木楔做临时固定,校正无误后,在板与墙之间分层浇筑 1:2.5 水泥砂浆,每次灌入高度不应超过 200 mm。待砂浆初凝后,取掉定位活动木楔,继续上层石板的安装(图 9.36)。

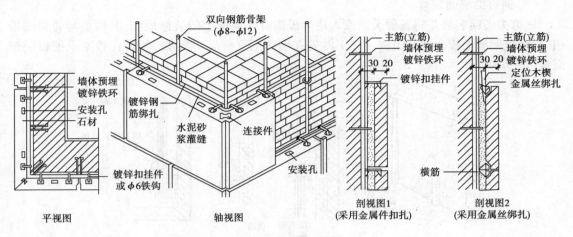

图 9.36 湿挂石材

（3）涂料类墙面装修

涂料类墙面装修,是指利用各种涂料敷于基层表面而形成完整牢固的膜层,从而起到保护和装饰墙面的作用。它具有造价低、装饰性好、工期短、工效高、自重轻、操作简单、维修方便、更新快等特点,因而得到广泛的应用和发展。图 9.37 为合成树脂乳液内墙涂料的一般构造层次。

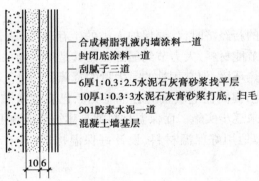

图 9.37 合成树脂乳液内墙涂料混凝土墙构造层次

（4）裱糊类墙面装修

裱糊类墙面装修是将各种装饰性的墙纸、墙布、织锦等卷材类的装饰材料裱糊在墙面上的一种装修做法。常用的装饰材料有 PVC 塑料壁纸、复合壁纸、玻璃纤维墙布等。裱糊类墙体饰面装饰性强、造价低、施工方法简捷高效、材料更换方便,并且在曲面和墙面转折处粘贴可以顺应基层获得连续的饰面效果。

在裱糊工程中,基层涂抹的腻子应坚实牢固,不易粉化、起皮和开裂。裱糊的顺序为先上后下,先高后低。阴阳转角应垂直,棱角分明。阴角处墙纸（布）搭接顺光,阳面处不得有接缝,应包角压实。

裱糊工程的质量标准是粘贴牢固,表面色泽一致,无气泡、空鼓、翘边、皱折和斑污,斜视无胶痕,正视（距墙面 1.5 m 处）不显拼缝。

（5）铺钉类墙面装修

铺钉类墙面装修是将各种天然或人造薄板镶钉在墙面上的装修做法,其构造与骨架隔墙相似,由骨架和面板两部分组成。施工时先在墙面上立骨架(墙筋),然后在骨架上铺钉装饰面板(图9.38)。

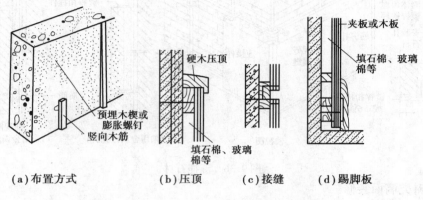

图9.38　板材墙面构造

9.6　保温构造

在科学技术迅猛发展的新经济时代,要保护人类的生存环境,改善大气污染状况,就应该大力推广应用新型的建筑节能材料,大力节约能源。尤其是住宅的采暖和空调能耗,它虽然能给人们带来较舒适的室内热环境,但它牺牲的是大量的资源和环境。国务院于1999年颁发了《关于推进住宅产业现代化,提高住宅质量的若干意见》,已将建筑节能与可持续发展作为我国现代化建设的重大战略来逐步实施。而保温材料就是建筑节能与可持续发展中不可缺少的重要物质基础。因此,合理地用好保温材料,设计好保温构造,具有十分重要的现实和经济意义。

· 9.6.1　保温材料及其特性 ·

1)保温材料的特点

在我国热力工程的应用中保温材料是这样定义的:即以减少热量损失为目的,在平均温度小于或等于623 K(350 ℃)时,导热系数小于0.12 W/(m·K)的材料称为保温材料。而在一般的建筑保温中,人们把在常温(20 ℃)下,导热系数小于0.233 W/(m·K)的材料称为保温材料。

保温材料是建筑材料的一个分支,它具有单位质量体积小、导热系数小的特点,其中导热系数小是最主要的特点。

2)保温材料的品种与选用

(1)保温材料的品种

我国的保温材料品种多,产量大,应用范围广。主要有岩棉、矿渣棉、玻璃棉、硅酸铝纤维、聚苯乙烯泡沫塑料(XPS)、酚醛泡沫塑料、橡塑泡沫塑料、泡沫玻璃、膨胀珍珠岩、硅藻土、稻草板、木屑板、加气混凝土、复合硅酸盐保温涂料、复合硅酸盐保温粉及其各种各样的制品和深加工的各类系列产品,还有绝热纸、绝热铝箔等。

(2)保温材料的选用要求

①所选用的保温材料在正常使用条件下,不会有较大的变形损坏,以保证保温效果和使用寿命。

②在相同保温效果的前提下,导热系数小的材料其保温层厚度和保温结构所占的空间就更小。但在高温状态下,不要选用密度太小的保温材料,因为此时这种保温材料的导热系数可能会很大。

③保温材料要有良好的化学稳定性,在有强腐蚀性介质的环境中,要求保温材料不会与这些腐蚀性介质发生化学反应。

④保温材料的机械强度要与使用环境相适应。

⑤保温材料的寿命要与被保温主体的正常维修期基本相适应。

⑥保温材料应选择吸水率小的材料。

⑦按照防火的要求,保温材料应选用不燃或难燃的材料。

⑧保温材料应有合适的单位体积价格和良好的施工性能。

· 9.6.2　建筑热工分区 ·

目前我国《民用建筑热工设计规范》(GB 50176—93)将全国划分为 5 个建筑热工设计分区。

①严寒地区　累年最低月平均温度低于或等于 - 10 ℃的地区,如黑龙江、内蒙古的大部分地区,这些地区应加强建筑物的防寒措施,不考虑夏季防热。

②寒冷地区　累年最低月平均温度高于 - 10 ℃、小于或等于 0 ℃的地区,如东北地区的吉林、辽宁,华北地区的山西、河北、北京、天津以及内蒙古的部分地区。这些地区应以满足冬季保温设计为主,适当兼顾夏季防热。

③夏热冬冷地区　最冷月平均温度为 0 ~ 10 ℃,最热月平均温度为 25 ~ 30 ℃,如陕西、安徽、江苏南部、广西、广东、福建北部地区。这些地区必须满足夏季防热要求,适当兼顾冬季保温。

④夏热冬暖地区　最冷月平均温度高于 10 ℃,最热月平均温度为 25 ~ 29 ℃,如广西、广东、福建南部地区和海南省。这些地区必须充分满足夏季防热要求,一般不考虑冬季保温。

⑤温和地区　最冷月平均温度为 0 ~ 13 ℃,最热月平均温度为 18 ~ 23 ℃,如云南、四川、贵州的部分地区。这些地区的部分地区应考虑冬季保温,一般不考虑夏季防热。

· 9.6.3　建筑保温要求 ·

①建筑物宜设在避风、向阳地段,尽量争取主要房间有较好日照。

②建筑物的体型系数(外表面积与包围的体积之比)应尽可能地小。体型上不能出现过多的凹凸面。

③严寒地区居住建筑不应设冷外廊和开敞式楼梯间,公共建筑的主要出入口应设置转门、

热风幕等避风设施。寒冷地区居住建筑和公共建筑应设门斗。

④严寒和寒冷地区北向窗户的面积应予以控制,其他朝向的窗户面积也不宜过大,并尽量减少窗户的缝隙长度,以保证窗户的密闭性。

⑤严寒和寒冷地区的外墙和屋顶应进行保温验算,并保证不低于所在地区要求的总热阻值。

⑥对室温要求相近的房间宜集中布置。对热桥部分(主要传热渠道)应通过保温验算,并作适当的保温处理。

·9.6.4　墙体保温构造·

1)保温层的设置原则与方式

(1)设置原则

在节能住宅的外墙设计中,一般都是用高效保温材料与结构材料、饰面材料复合以形成复合的节能外墙,使结构材料承重,让轻质材料保温、饰面材料装饰,实现各用所长,共同工作。这样,不仅墙厚小,还可以增加房屋的使用面积,而且保温性能好,更有利于墙体节能。

(2)设置方式

保温层设置在外墙室内一侧,称为内保温;保温层设置在外墙的室外一侧,称为外保温;保温层设置在外墙的中间部位,称为夹心保温。在外墙的中间夹层保温中,当保温层是在外墙的柱、梁等外侧通过,即梁柱都被保了温,则称为夹心外保温。复合保温构造主要是前3种类型。

2)墙体的保温措施

(1)增加墙体厚度

墙体的热阻与其厚度成正比,故严寒地区外墙厚度的确定,往往以保温设计为主,其厚度往往超过结构的需要。这种做法能满足热工要求,但却很不经济,又增加结构自重。

(2)选择导热系数小的墙体材料

由于大部分保温材料自身强度较低、承载能力差,因此,常采用轻质高效保温材料与砖、混凝土或钢筋混凝土组合复合保温墙体,并将保温材料放在靠低温一侧以利保温。这种复合墙既能承重又可保温,但构造比较复杂。有时在墙体中部设置封闭的空气间层或带有铝箔的空气间层以获墙的保温效果,如图9.39所示。

(3)采取隔汽措施

冬季,由于外墙两侧存在温度差,室内高温一侧的水蒸气会向室外低温一侧渗透,这种现象称为蒸汽渗透。在蒸汽渗透过程中,遇到露点温度时蒸汽会凝结成水,称凝结水或结露。如果凝结水发生在外墙内表面,会使室内装修变质损坏;如果凝结水发生在墙体内部,会使保温材料内孔隙中充满水分,从而降低材料的保温性能,缩短使用寿命。为防止墙体产生内部凝结,常在墙体的保温层靠高温的一侧,即蒸汽渗入的一侧设置隔汽层,如图9.40所示。隔汽层一般采用沥青、卷材、隔汽涂料等。

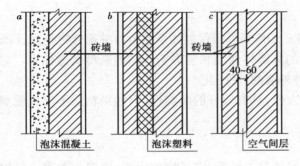

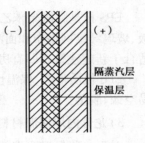

图 9.39　墙体保温构造　　　　　　　　　　　　图 9.40　隔蒸汽措施

3）围护结构保温构造

为了满足墙体的保温要求，在寒冷地区外墙的厚度与做法应由热工计算来确定。采用单一材料的墙体，其厚度应由计算确定，并按模数统一尺寸。为减轻墙体自重，还可以采用夹心墙、空气间层墙及外贴保温材料的做法。

·9.6.5　节能保温材料在建筑墙体中的应用·

大力推广应用节能保温技术有利于环保，有利于促进保温材料工业的发展，有利于促进墙体材料的革新，有利于促进建筑业的发展。反过来它又促进了建筑技术的进步，推动了住宅产业化进度，给社会带来了更大的社会经济效益和环保效益。这里仅列举几例新型节能保温材料的应用。

1）涂抹型保温材料的应用

涂抹型保温材料又称为不定型保温材料（即保温浆材）。在工厂生产成膏状的产品称为保温涂料；在工厂生产成粉状的干物称为保温粉。将保温材料及粘结剂在现场配料并加水拌制的称为保温砂浆。图 9.41 为聚苯颗粒保温砂浆的分层构造。

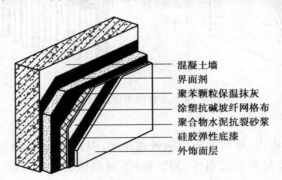

图 9.41　聚苯颗粒保温砂浆的分层构造

这种保温材料施工方便、经济、保温效果好。还能较好地解决外墙内表面在冬季结露的问题，因此，在不久的将来它可能与现在城市建设中的商品混凝土一样，形成规模化生产企业，直接将这种产成品供应建筑市场，前景非常广阔。

2）外墙外表面粘贴 EPS 板

EPS 板是膨胀聚苯乙烯泡沫塑料的简称。EPS 板外墙保温体系是由特种聚合物胶泥、EPS板、玻璃纤维网格布和面涂聚合物胶泥组成的集墙体保温和装饰于一体的新型构造体系。它适合于新建建筑和旧有房屋节能改造的各种外墙的外保温。

EPS 板质量轻,保温性能好,切割、施工方便,具有较好的装饰性,但如果粘贴不牢或受潮易空鼓、脱落。

3）龙骨内墙保温材料

对于一些保温要求的建筑,为了达到更好的热工性能,在外墙的内测,设置木龙骨或轻钢龙骨骨架,将包装好的玻璃棉、岩棉等嵌入其中,表面再封盖石膏板,并在板缝处粘贴密封胶带,以防开裂,然后外刷涂料。还有的在轻钢龙骨内填玻璃棉板,外钉压制钢板,如图 9.42所示。

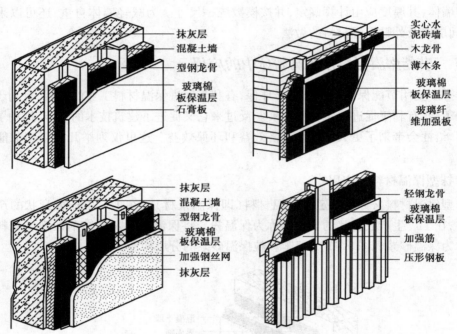

图 9.42　龙骨内填保温材料墙

4）彩板保温夹心板

彩板保温夹心板是由内、外两层彩色钢板做面层,用岩棉板、玻璃棉板、聚苯乙烯泡沫塑料板(EPS 板)、挤塑聚苯乙烯发泡塑料板(XPS 板)等材料做心材。对防火要求高的建筑工程心材多用岩棉板或玻璃棉板;一般建筑工程心材多用聚苯乙烯发泡塑料板。

彩板保温夹心板是通过自动化连续成型机,将彩色钢板压型后,用高强粘合剂把表层彩色钢板与保温心板粘结并加热压制成的夹心板。

彩板保温夹心板是一种多功能的新型高效建筑板材,具有防寒、保温、质轻、防水、装饰等功能,主要用于公共建筑、工业厂房的墙面和屋面、建筑装修等,还可以用于组合式冷库以及钢结构的其他建筑工程的围护墙、轻质隔墙、活动房等。

彩板保温夹心板集外形美观、形式多样、结构新颖、轻质高强、组合灵活、重复使用、施工高速快捷、使用寿命长于一身,是当代国际推行的新型轻质建筑板材,很受建筑业的欢迎。

小结 9

①墙体是建筑物重要的承重构件,设计中需满足强度、刚度和稳定性的要求。同时墙体也是建筑物重要的围护构件,设计中需要满足不同的使用要求。墙体按不同的分类方式可分为多种类型,目前使用最广泛的是砖墙,它既可以是承重墙,也可以是非承重墙。砖墙和砌块墙都是块材墙,由砌块和胶结材料组成。墙身的构造包括墙脚构造、门窗洞口构造和墙身加固构造等。

②隔墙是非承重墙,有砌筑隔墙、骨架隔墙和条板隔墙。砌筑隔墙属于重质隔墙,一般要求在结构上考虑支承关系;骨架隔墙多与室内装修相结合;条板隔墙施工安装方便,可结合墙体热工要求预制加工,是建筑工业化发展所提倡的隔墙类型。

③墙面装修分外墙装修和内墙装修。大量型民用建筑的装修可分为抹灰类、贴面类、涂料类、裱糊类和铺钉类。墙面装修的构造层次主要有基层和饰面层两大部分。基层要保证面层材料附着牢固,同时对有特殊使用要求的场所要有针对性地进行处理;饰面层应保证房屋的美观、清洁和使用要求。

④墙体保温主要做复合墙体,保温材料是建筑节能的重要物质基础,合理地用好保温材料,设计好墙体保温构造,具有十分重要的现实和经济意义。

复习思考题 9

9.1 墙体在设计上有哪些要求?

9.2 砖墙组砌的要点是什么?

9.3 常见勒脚的构造做法有哪些?

9.4 墙中哪些位置设水平防潮层和垂直防潮层?有哪些做法?

9.5 试述散水和明沟的作用和一般做法。

9.6 常见的过梁有几种?它们的适用范围和构造特点是什么?

9.7 窗台构造中应考虑哪些问题?

9.8 墙身加固措施有哪些?有何设计要求?

9.9 常见隔墙有哪些?简述各种隔墙的构造做法。

9.10 砌块墙的组砌要求有哪些?

9.11 试述墙面装修的作用和构造。

9.12 试述常见的墙体保温的构造做法。

9.13 画图表示外墙墙身水平防潮层和垂直防潮层的位置。

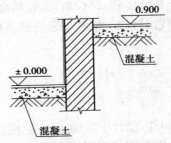

9.14 分析附图1,说明墙体材料、墙体厚度有哪几种。

9.15 分析附图1,说明墙体高度是多少,窗台高度尺寸是多少。

9.16 分析附图1,散水的宽度多少? 室内外高差是多少?

9.17 分析附图1,墙面(内墙、外墙)装修方法都有哪些? 从哪张图纸上找?

9.18 分析附图1,找出圈梁的布设位置和尺寸。

10　楼地层构造

10.1　楼地层的设计要求和组成

楼地层包括楼板层和地坪层,楼板层是楼房层与层之间的水平分隔构件。楼板层和地坪层是供人们在上面活动使用的,因而具有相同的面层类型。但由于它们所处的位置和受力不同,因而结构受力层不同。楼板层的承重受力构件是楼板,楼板层的使用荷载及其自重通过楼板传给墙或柱,再传给基础;地坪层是建筑物底层与土壤相接的构件,和楼板层一样,它承受作用在底层地面上的全部荷载,并将它们均匀地传给地基。

·10.1.1　楼地层的设计要求·

(1)强度和刚度要求

强度要求是指楼地层应保证在自重和活荷载作用下安全可靠,不发生任何破坏。刚度要求是指楼地层在一定荷载作用下不发生过大变形,以保证正常使用。

(2)隔声要求

楼板层应具有一定的隔声能力。楼板层的隔声量一般在 40~50 dB。提高楼板层隔声能力的措施有以下几种:

①选用空心构件来隔绝空气传声。

②在楼板面铺设弹性面层,如橡胶、地毡等。

③在面层下铺设弹性垫层。

④在楼板下设置吊顶棚。

(3)热工及防火要求

一般楼地层应有一定的蓄热性。楼地层应根据建筑物的等级、对防火的要求等进行设计。建筑物的耐火等级对构件的耐火极限和燃烧性能有一定的要求。

(4)防水、防潮要求

对于厨房、厕所、卫生间等一些地面潮湿、易积水房间,应处理好楼地层的防渗问题。

(5)管线敷设要求

便于在楼地层中敷设各种管线。

(6)经济要求

一般楼地层占建筑物总造价的 20%~30%,选用楼地板时应考虑就地取材和提高装配化的程度。

· 10.1.2 楼地层的组成 ·

楼板层主要由 3 部分组成：面层、结构层和顶棚。根据使用的实际需要可在楼板层里设置附加层，如图 10.1(a)、(b)所示。

地坪层的基本组成部分有面层、垫层和基层，对有特殊要求的地坪，常在面层和垫层之间增设附加层，如图 10.1(c)所示。

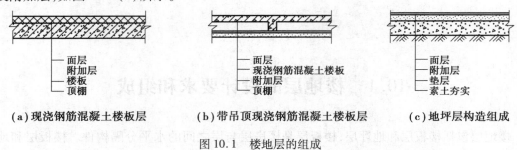

(a)现浇钢筋混凝土楼板层　　　(b)带吊顶现浇钢筋混凝土楼板层　　　(c)地坪层构造组成

图 10.1　楼地层的组成

10.2　钢筋混凝土楼板构造

根据钢筋混凝土的施工方法不同，可分为现浇式、装配式和装配整体式 3 种。目前装配式和装配整体试使用较少，本书不再介绍。

· 10.2.1 现浇钢筋混凝土楼板 ·

现浇钢筋混凝土楼板是在施工现场通过支模、绑扎钢筋、浇注混凝土、养护等工序而成型的楼板。它具有整体性好、抗震、容易适应不规则形状和留孔洞等特殊要求的建筑，但有模板用量大、施工速度慢等缺点。近年来随着工具式模板的出现，使现场机械化程度大大提高，因此在高层建筑中得到较普遍的应用。

现浇钢筋混凝土楼板按受力和传力情况，可分为板式、梁板式、无梁楼板，以及压型钢板与混凝土组合成一体的组合式楼板等。

1)板式楼板

楼板内不设置梁，将板直接搁置在墙上称为板式楼板。板有单向板与双向板之分（图 10.2）。当板的长边与短边之比大于 2 时，板基本上沿短边方向传递荷载，这种板称为单向板，其板内受力钢筋沿短边方向设置。单向板的代号如 B/80，其中 B 代表板，80 代表板厚为 80 mm。双向板长边与短边之比小于 2，荷载沿双向传递，短边方向内力较大，长边方向内力较小，受力主筋平行于短边，并摆在下面。双向板的代号如 $\xleftrightarrow{\frac{B}{100}}$，B 代表板，100 代表厚度为 100 mm，双向箭头表示双向板。

板式楼板底面平整、美观、施工方便，适用于小跨度房间，如走廊、厕所和厨房等。

2)肋梁楼板(梁板式楼板)

肋梁楼板是最常见的楼板形式之一，当板为单向板时，称为单向板肋梁楼板；当板为双向板时,称为双向板肋梁楼板。梁有主梁、次梁之分,次梁与主梁一般垂直相交,板搁置在次梁上,次梁搁置在主梁上,主梁搁置在墙或柱上。主次梁布置对建筑的使用、造价和美观等有很大影响。

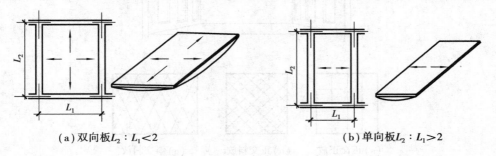

（a）双向板L_2：$L_1<2$ （b）单向板L_2：$L_1>2$

图 10.2　四面支撑现浇板受力示意图

3）井式楼板

井式楼板是肋梁楼板（图 10.3）的一种特殊形式。当房间尺寸较大,并接近正方形时,常沿两个方向布置等距离、等截面高度的梁（不分主次梁）,板为双向板,形成井格形的梁板结构,纵梁和横梁同时承担着由板传递下来的荷载。井式楼板的跨度一般为 6～10 m,板厚为 70～80 mm,井格边长一般在 2.5 m 之内。井式楼板有正井式和斜井式两种。梁与墙之间成正交梁系的为正井式,如图 10.4（a）所示;长方形房间梁与墙之间常作斜向布置形成斜井式,如图 10.4（b）、（c）所示。井式楼板常用于跨度为 10 m 左右、长短边之比小于 1.5 的公共建筑的门厅、大厅。如果在井格梁下面加以艺术装饰处理,抹上线腰或绘上彩画,则可使顶棚更加美观。

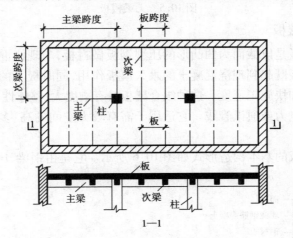

图 10.3　肋梁楼板

4）无梁楼板

无梁楼板是将楼板直接支承在柱上,不设主梁和次梁。柱网一般布置为正方形或矩形,柱距以 6 m 左右较为经济（图 10.5）。为减少板跨,改善板的受力条件和加强柱对板的支承作用,一般在柱的顶部设柱帽或托板。由于其板跨较大,板厚不宜小于 120 mm,一般为 160～200 mm。

无梁楼板楼层净空较大,顶棚平整,采光通风和卫生条件较好,适宜于活荷载较大的商店、仓库和展览馆等建筑。

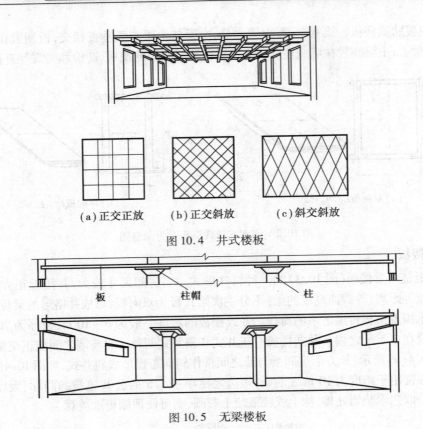

（a）正交正放　　　（b）正交斜放　　　（c）斜交斜放

图 10.4　井式楼板

板　　　柱帽　　　柱

图 10.5　无梁楼板

5）压型钢板组合楼板

压型钢板组合楼板是以截面为凹凸形的压型钢板做衬板，与现浇混凝土浇筑在一起构成的楼板结构。压型钢板既起到现浇混凝土的永久模板作用，同时板上的肋条能与混凝土共同工作，简化施工程序，加快施工速度。这种组合楼板具有刚度大、整体性好的优点，同时还可利用压型钢板肋间敷设电力或通讯管线。它适用于需有较大空间的高、多层民用建筑及大跨度工业厂房。

压型钢板组合楼板的基本构造形式如图 10.6 所示。它是由钢梁、压型钢板和现浇混凝土 3 部分组成。

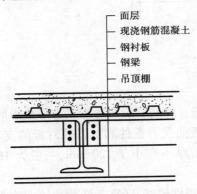

面层
现浇钢筋混凝土
钢衬板
钢梁
吊顶棚

图 10.6　压型钢板组合楼板基本构成

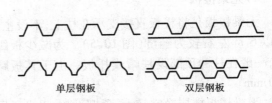

单层钢板　　　双层钢板

图 10.7　压型钢板截面形式

压型钢板双面镀锌,截面一般为梯形,板薄却刚度大。为进一步提高承载能力和便于敷设管线,可采用压型钢板下加一层钢板或由两层梯形板组合成箱形截面的压型钢板(图10.7)。

压型钢板板宽为500~1 000 mm,肋高35~150 mm。压型钢板之间常采用螺栓、膨胀铆钉或压边咬接等方式进行连接。

压型钢板组合楼板的整体连接是由栓钉(又称抗剪螺钉)将钢筋混凝土、压型钢板和钢梁组合成整体。栓钉是组合楼板的抗剪连接件,楼面的水平荷载通过它传递到梁、柱上,所以又称剪力螺栓,其规格和数量是按楼板与钢梁连接的剪力大小确定的。栓钉应与钢梁焊接(图10.8)。压型钢板与下部梁连接构造及分段间的吻合如图10.9所示。

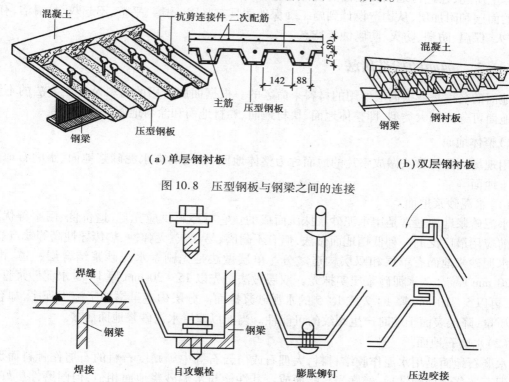

(a)单层钢衬板　　　　　　　　　　　　　　**(b)双层钢衬板**

图10.8　压型钢板与钢梁之间的连接

图10.9　压型钢板与下部梁连接构造及分段间的咬合

10.3　楼地面装饰构造

楼板层的面层(楼面)及地坪层的面层(首层地面)通称地面,它们在构造要求及做法上基本相同,均属室内装修范畴,因此归纳在一起叙述。

· 10.3.1　对地面的要求 ·

地面是人们日常生活、工作和生产时必须接触的部分,也是建筑中直接承受荷载,经常受到摩擦、清扫和冲洗的部分,因此,对它应有一定的功能要求。

①具有足够的坚固性。即要求在各种外力作用下不易被磨损、破坏,且要求表面平整、光

洁、易清洁和不起灰。

②保温性能好。作为人们经常接触的地面,应给人们以温暖舒适的感觉,保证寒冷季节脚部舒适。

③具有一定的弹性。当人们行走时不致有过硬的感觉,同时对减弱撞击声有利。

④满足隔声要求。隔声要求主要是对楼面,可通过选择楼面垫层的厚度与材料类型来达到。

⑤其他要求。对有水作用的房间,地面应防潮防水;对有火灾隐患的房间,应防火耐燃烧;对有酸碱作用的房间,则要求具有耐腐蚀的能力等。

综上所述,在进行地面和楼面的设计与施工时,应根据房间的使用功能和装修标准,选择适宜的面层和附加层,从构造设计到施工确保地面具有坚固、耐磨、平整、不起灰、易清洁、有弹性、防火、保温、防潮、防火、防腐蚀等特点。

·10.3.2 地面的构造做法·

地面的名称是依据面层所用的材料来命名的。根据面层所用的材料及施工方法的不同,常用地面可分为四大类型,即整体地面、块材地面、卷材地面和涂料地面。

1)整体地面

用现场浇注的方法做成整片的地面称为整体地面,常用的有水泥砂浆地面、水磨石地面、菱苦土地面等。

(1)水泥砂浆地面

水泥砂浆地面通常是用水泥砂浆抹压而成的。它有原料供应充足、造价低、耐水等优点,是目前应用最广泛的一种低档地面做法,但有不耐磨、易起灰、无弹性、热传导性高等缺点。

水泥砂浆地面有单层和双层构造之分。单层做法是先刷素水泥砂浆结合层一道,再用15~20 mm厚1:2水泥砂浆压实抹光。双层做法是先以15~20 mm厚1:3水泥砂浆打底、找平,再以5~10 mm厚1:2或1:5的水泥砂浆抹面。分层构造虽增加了施工程序,却容易保证质量,降低表面干缩时产生裂纹的可能性。当前以双层水泥砂浆地面居多。

(2)水磨石地面

水磨石地面是用水泥作胶结材料,大理石或白云石等中等硬度石料的石屑作骨料而形成的水泥石屑浆浇抹硬结后,经磨光打蜡而成。其性能与水泥砂浆地面相似,但耐磨性更好,表面光洁,不易起灰。由于造价较高,常用于卫生间,公共建筑的门厅、走廊、楼梯间以及标准较高的房间。

水磨石地面的常规做法是先用10~15 mm厚1:3水泥砂浆打底、找平,按设计图采用1:1水泥砂浆固定分格条(玻璃条、铜条或铝条等),再用1:2~1:2.5水泥石渣浆抹面,浇水养护约一周后用磨石机磨光,再用草酸清洗,打蜡保护,如图10.10所示。水磨石地面分格的作用是将地面划分成面积较小的区格,减少开裂的可能,分格条形成的图案增加了地面的美观,同时也方便了维修。

2)块材地面

块材地面是指利用各种块材铺贴而成的地面,按面层材料不同有陶瓷板块地面、石板地面、木地面等。

(1)陶瓷板块地面

用于地面的陶瓷板块有缸砖、陶瓷锦砖、釉面陶瓷地砖、瓷土无釉砖等。这类地面的特点

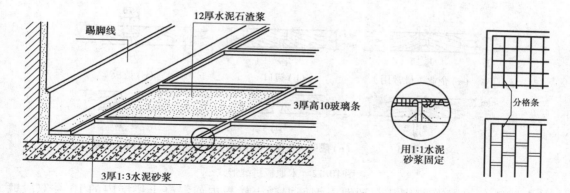

图 10.10　水磨石地面

是表面致密光洁、耐磨、耐腐蚀、吸水率低、不变色,但造价偏高,一般适用于用水的房间以及有腐蚀的房间,如厕所、盥洗室、浴室和实验室等。

　　缸砖等陶瓷板块地面的铺贴方式是在结构层或垫层找平的基础上,撒素水泥面(洒适量清水),用5～10 mm厚1:1水泥浆铺贴,再用干水泥擦缝,如图10.11所示。

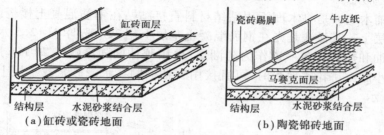

图 10.11　陶瓷板块地面

　　(2)石板地面

　　石板地面包括天然石地面和人造石地面。

　　天然石有大理石和花岗石等。人造石有预制水磨石板、人造大理石板等。与陶瓷板块地面相比,大理石板、水磨石板不耐磨,主要是为了装饰效果。磨光花岗石板的耐磨性与装饰效果极佳,但价格十分昂贵,是高档的地面装饰材料。

　　这些石板尺寸较大,一般为300 mm×300 mm～500 mm×500 mm,铺设时需预先试铺,合适后再正式粘贴,粘贴表面的平整度要求高。其构造做法是在混凝土垫层上先用20～30 mm厚1:3～1:4干硬性水泥砂浆找平,再用5～10 mm厚1:1水泥砂浆铺贴石板,缝中灌稀水泥浆擦缝。

　　(3)木地面

　　木地面的主要特点是有弹性、不起灰、不返潮、易清洁、保温性好,但耐火性差,保养不善时易腐朽,且造价较高,一般用于装修标准较高的住宅、宾馆、体育馆、健身房、剧院舞台等建筑中。普通木地板常用木材为松木、杉木;硬木条地板及拼花木地板常用柞木、桦木、水曲柳等。木地板拼缝形式如图10.12所示。

　　木地面按构造方式有空铺式和实铺式两种。空铺木地面耗木料多已少用。

　　实铺木地面有铺钉式和粘贴式两种做法。

　　铺钉式空铺木地面有单层和双层做法,单层做法是将木地板直接钉在钢筋混凝土基层

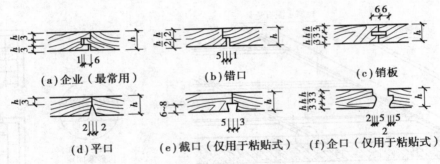

图 10.12　木地板拼缝形式

(a)企业（最常用）　　(b)错口　　(c)销板

(d)平口　　(e)截口（仅用于粘贴式）　　(f)企口（仅用于粘贴式）

上的木搁栅上,而木搁栅绑扎在预埋于钢筋混凝土楼板内或混凝土垫层内的 10 号双股镀锌铁丝上。木搁栅为 50 mm × 70 mm 方木,中距 400 mm,50 mm × 50 mm 横撑,中距 800 mm。若在木搁栅上加设 45°斜铺木毛板,再钉长条木板或拼花地板,就形成了双层做法。为了防腐可在基层上刷冷底子油一道,热沥青玛蹄脂两道,木龙骨及横撑等均满涂氟化钠防腐剂。另外,还应在踢脚板处设置通风口,使地板下的空气疏通,以保持干燥。如图 10.13(a)、(b)所示。

粘贴式实铺木地面是将木面板用粘结材料直接粘贴在钢筋混凝土楼板或混凝土垫层上的砂浆找平层上。其做法是先在钢筋混凝土基层上用 20 mm 厚 1 : 2.5 水泥砂浆找平,然后刷冷底子油和热沥青各一道作为防潮层,再用胶粘剂随涂随铺 20 mm 厚硬木长条地板。当面层为小席纹拼花木地板时,可直接用胶粘剂刷在水泥砂浆找平层上进行粘贴,如图 10.13(c)所示。

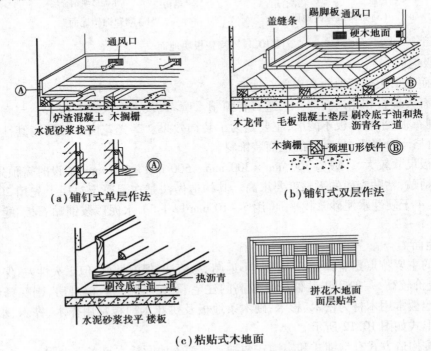

(a)铺钉式单层作法

(b)铺钉式双层作法

(c)粘贴式木地面

图 10.13　实铺木地面构造作法

防潮层还可以采用聚乙烯泡沫薄膜、波纹纸等,起防潮、减震、隔声作用,并改善脚感;其上接铺木地板,木地板不与地面基层及泡沫底垫粘接,只是地板块之间用胶粘剂结成整体,这种方法也称为悬浮法安装,如图 10.14 所示。木地板做好后用油漆打蜡以保护表面。

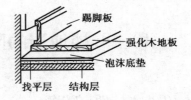

图 10.14 悬浮法安装木地板

3)卷材地面

卷材地面是用卷材铺贴而成。常见卷材有软质聚氯乙烯塑料地毡、橡胶地毡以及地毯等。

软质聚氯乙烯塑料地毡的规格一般为宽 700 ~ 2 000 mm,长 10 ~ 20 m,厚 1 ~ 6 mm,可用粘结剂粘贴在水泥砂浆找平层上,也可干铺。塑料地毡的拼接缝隙,通常切割成 V 形,用三角形塑料焊条焊接。

橡胶地毡是以橡胶粉为基料,掺入填充料、防老剂、硫化剂等制成的卷材。它耐磨、防滑、耐湿、绝缘、吸声并富有弹性。橡胶地毡可以干铺,也可以用粘结剂粘贴在水泥砂浆找平层上。

地毯类型较多,按地毯面层材料不同,分有化纤地毯、羊毛地毯、棉织地毯等。地毯柔软舒适、吸声、隔声、保温、美观,而且施工简便,是理想的地面装修材料,但价格较高。地毯可以铺在木地板上,也可用于水泥等其他地面上。铺设方法有固定和不固定两种。固定式通常是将地毯用粘结剂粘贴在地面上,或将地毯四周用钉钉牢,如图 10.15 所示。为增加地面的弹性和消声能力,地毯下可铺设一层泡沫橡胶衬垫。

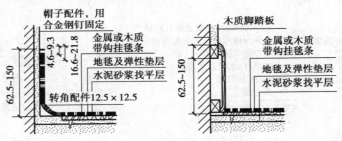

图 10.15 地毯的安装详图

4)涂料地面

涂料地面是利用涂料涂刷或涂刮而成。它是水泥砂浆地面的一种表面处理形式,用以改善水泥砂浆地面在使用和装饰方面的不足。

地板漆是传统的地面涂料,它与水泥砂浆地面粘结性差、易磨损、脱落,目前已逐步被人工合成高分子材料所取代。

人工合成高分子涂料是由合成树脂代替水泥或部分代替水泥,再加入填料、颜料等搅拌混合而成的材料,经现场涂布施工,硬化以后形成整体的涂料地面。它的突出特点是无缝、易于清洁,并且施工方便,造价较低,可以提高地面的耐磨性、韧性和不透水性。适用于一般建筑水泥地面装修。

10.4 楼地层的防潮、防水、保温、隔声及变形缝构造

· 10.4.1 地层防潮 ·

1)吸湿地面

一般采用粘土砖、大阶砖、陶土防潮砖作地面的面层。由于这些材料中存在大量孔隙,当返潮时,面层会暂时吸收少量冷凝水,待空气湿度小时,水分又能自动蒸发掉,因此地面不会感到有明显的潮湿现象,如图10.16(a)所示。

2)防潮地面

在地面垫层和面层之间加设防潮层的做法称为防潮地面。其一般构造为:先刷冷底子油一道,再铺设热沥青、沥青卷材等防水材料,阻止潮气上升;也可在垫层下均匀铺设卵石、碎石或粗砂等,切断毛细水的通路,如图10.16(b)所示。

3)架空式地坪

将底层地坪架空,使地坪不接触土壤,形成通风间层,以改变地面的温度状况,同时带走地下潮气,如图10.16(c)所示。

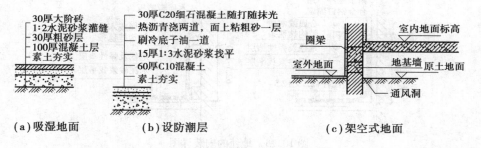

(a)吸湿地面　　(b)设防潮层　　(c)架空式地面

图10.16 地面防潮

· 10.4.2 楼底层防水 ·

在用水频繁的房间,如厕所、舆洗室、淋浴室、实验室等,地面容易积水,且易发生渗漏水现象,因此应做好楼地面的排水和防水。

1)楼地面排水

为排除室内积水,地面应有一定坡度,一般为1%~1.5%,并设置地漏,使水有组织地排向地漏;为防止积水外溢,影响其他房间的使用,有水房间地面应比相邻房间或地面低20~30 mm;若不设此高差,即两房间地面等高时,则应在门口做20~30 mm高的门槛,当遇到开门时,应将防水层向外延伸250 mm以上,如图10.17(a)、(b)所示。

2)楼地面防水

有水房间楼板以现浇钢筋混凝土楼板为佳,面层材料通常为整体现浇水泥砂浆、水磨石或贴瓷砖等防水性较好的材料。对于防水要求较高的房间,还应在楼板与面层之间设置防水层。

常见的防水材料有卷材、防水砂浆和防水涂料。为防止四周墙脚受水,应将防水层沿周边向上泛起至少 150~200 mm,如图 10.17(c)所示。

当竖向管道穿越楼地面时,也容易产生渗透,处理方法一般有两种:对于冷水管道,可在竖管穿越的四周用 C20 干硬性细石混凝土填实,再以卷材或涂料作密封处理,如图 10.17(d)所示;对于热水管道,为防止温度变化引起的热胀冷缩现象,常在穿管位置预埋比竖管管径稍大的套管,高出地面 30 mm 左右,并在缝隙内填塞弹性防水材料,如图 10.17(e)所示。

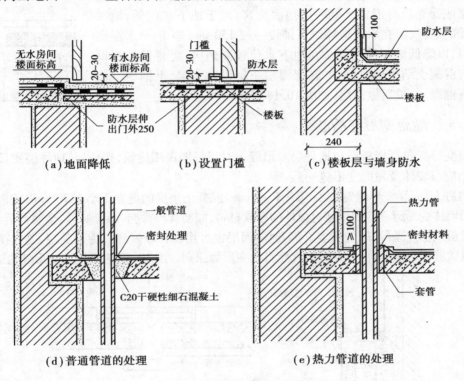

(a)地面降低 (b)设置门槛 (c)楼板层与墙身防水

(d)普通管道的处理 (e)热力管道的处理

图 10.17 楼地面的防水与排水

·*10.4.3 楼层隔声*·

为避免上下楼层之间的相互干扰,楼层应满足一定的隔声要求。噪声的传播主要有两种途径:一是固体传声,如楼上人的行走、家具的拖动、撞击楼板等声音;二是空气传声。楼层隔声的重点是隔绝固体传声,减弱固体的撞击能量,可采用以下几项措施:

1)采用弹性面层材料

在楼层地面上铺设弹性材料,如铺设木板、地毯等,以降低楼板的振动,从而减弱固体传声。这种方法效果明显,是目前最常用的构造措施。

2)采用弹性垫层材料

在楼板结构层与面层之间铺设片状、条状、块状的弹性垫层材料,如木丝板、甘蔗板、软木板、矿渣棉等,使面层与结构层分开,形成浮筑楼板,以减弱楼板的振动,进一步达到隔声的目的。

3)增设吊顶

在楼层下做吊顶,利用隔绝空气声的措施来阻止声音的传播,也是一种有效的隔声措施,其隔声效果取决于吊顶的面层材料,应尽量选用密实、吸声、整体性好的材料。吊顶的挂钩宜选用弹性连接。

· 10.4.4 楼地层保温 ·

对于有一定热工要求的房间,常在楼层中设置保温层,使楼面的温度与室内温度一致,减少通过楼板的冷热损失,保温材料可以采用保温砂浆或保温板材形式。就底层地面而言,对于地下水位低,地基土壤干燥的地区,可在水泥地坪以下铺设一层 150 mm 厚 1∶3 水泥煤渣保温层,以降低地坪温度差。在地下水位较高地区,可将保温层设在面层与混凝土结构层之间,并在保温层下铺设防水层,上铺 30 mm 厚的细石混凝土,最后做面层,如图 10.18 所示。

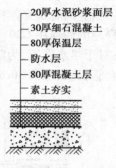

图 10.18 保温地面

20厚水泥砂浆面层
30厚细石混凝土
80厚保温层
防水层
80厚混凝土层
素土夯实

· 10.4.5 地面变形缝构造 ·

地面变形缝包括楼板层与地坪层变形缝。对于一般民用建筑,楼板层、地坪层变形缝的位置和大小应与墙体及屋面变形缝一致。

在构造上,面层变形缝宽度不应小于 10 mm,混凝土垫层的缝宽不小于 20 mm,楼板结构层的缝宽同墙体变形缝。缝内填塞有弹性的松软材料,如沥青玛琋脂、沥青麻丝、金属调节片等,上铺活动盖板或橡皮条等,以防灰尘下落,地面面层也可用沥青胶嵌缝。为了美观,还应在面层和顶棚加设盖缝板,盖缝板应以允许构件能自由变形为原则。图 10.19 为楼地面变形缝构造。

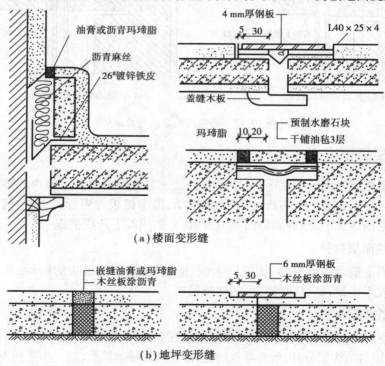

(a) 楼面变形缝

(b) 地坪变形缝

图 10.19 楼地面变形缝

10.5 顶棚、雨篷与阳台构造

· 10.5.1 顶棚构造 ·

顶棚是楼板层下面的装修层。对顶棚的基本要求是光洁、美观,能通过反射光照来改善室内采光和卫生状况。对某些房间还要求具有防火、隔声、保温、隐蔽管线等功能。

顶棚按构造方式不同分直接式顶棚和悬吊式顶棚两种类型。

1)直接式顶棚

直接式是指直接在楼板底喷刷或贴面。

(1)喷刷顶棚

室内装饰要求不高时,可在楼板底面填缝刮平后直接喷刷大白浆、石灰浆等涂料,以增加顶棚的反射光照作用,如图 10.20 所示。

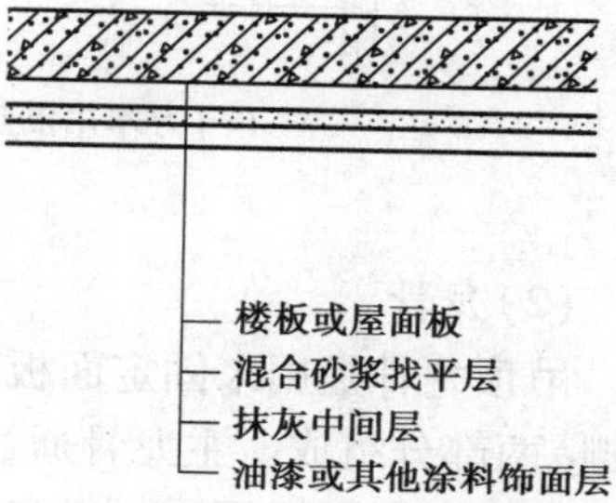

(2)抹灰顶棚

当楼板底面不够平整或室内装修要求较高时,可在楼板底抹灰后再喷刷涂料。顶棚抹灰可用纸筋灰、水泥砂浆和混合砂浆等,其中纸筋灰应用最普遍。抹纸筋灰应先用混合砂浆打底,再用纸筋灰罩面。构造层次和喷刷顶棚类似。

(3)贴面顶棚

对于某些有保温、隔热、吸声要求的房间,以及楼板底不需要敷设管线而装修要求又高的房间,可于楼板底面用砂浆打底找平后,用粘结剂粘贴墙纸、泡沫塑料板、铝塑板或装饰吸音板等,形成贴面顶棚,如图 10.21、图 10.22 所示。

图 10.20 右侧:
— 楼板或屋面板
— 混合砂浆找平层
— 抹灰中间层
— 油漆或其他涂料饰面层

图 10.20 喷刷类顶棚构造大样

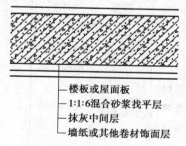

— 楼板或屋面板
— 1:1:6混合砂浆找平层
— 抹灰中间层
— 墙纸或其他卷材饰面层

图 10.21 裱糊类顶棚构造大样

图 10.22 粘贴固定石膏板条顶棚示意图

2)悬吊式顶棚

悬吊式顶棚是指悬挂在屋顶或楼板下,由骨架和面板所组成的顶棚,简称吊顶或吊顶棚。吊顶构造复杂,施工麻烦,造价较高,一般用于装修标准较高而楼板底部不平或楼板下面敷设管线的房间,以及有特殊要求的房间。

(1)吊筋

常用的吊筋材料及固定方法如图 10.23 所示。

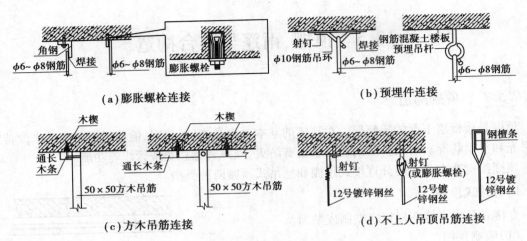

图 10.23 吊筋的连接方式

（2）龙骨

吊顶龙骨是用来固定面板并承受其重量，一般由主龙骨（又称主搁栅）和次龙骨（又称次搁栅）两部分组成。主龙骨通过吊筋与楼板相连，一般单向布置；次龙骨固定在主龙骨上，其布置方式和间距视面层材料和顶棚外形而定。龙骨按所用材料不同分为金属龙骨和木龙骨两种。为节约木材，减轻自重以及提高防火性能，现多采用薄钢带或铝合金制作的轻型金属龙骨。面板有木质板、石膏板和铝合金板等。

金属龙骨吊顶一般以轻钢或铝合金型材作龙骨，具有自重轻、刚度大、防火性能好、施工安装快、无湿作业等特点，得到广泛应用。常用龙骨如表 10.1 所示。

表 10.1　常用的龙骨规格尺寸　　　　　　　　　　单位:mm

	主龙骨			次龙骨		
	尺寸骨	截面骨	间距骨	尺寸	截面	间距
木龙骨	50×70 70×100		1 000 左右	50×50		300~600 根据板材尺寸定
轻钢龙骨	38 系列 50 系列 75 系列		900~1 200	38 系列 50 系列 75 系列		400~600
铝合金龙骨	38 系列 50 系列 75 系列		900~1 200	38 系列 50 系列 75 系列		400~600

主龙骨一般是通过 $\phi6$ 钢筋或 $\phi8$ 螺栓悬挂于楼板下，间距为 900~1 200 mm，主龙骨下挂次龙骨。龙骨截面有 U 形、⊥形和凹形。为铺钉装饰面板和保证龙骨的整体刚度，应在龙骨之间增设横撑，间距视面板类型及有关规定而定。最后在次龙骨上固定面板。

（3）面板

面板有各种人造板和金属板。人造板一般有纸面石膏板、浇注石膏板、水泥石棉板、铝塑板等,金属板有铝板、铝合金板、不锈钢板等,形状有条形、方形、长方形、折棱形等。铝合金吊顶板如表10.2所示,面板可用自攻螺丝固定在龙骨上或直接夹插于龙骨上(图10.24至图10.26)。

表 10.2　铝合金吊顶板　　　　　单位:mm

板　型	截面形式	厚　度
开放型		0.5～0.8
开放型		0.8～1.0
封闭型		0.5～0.8
封闭型		0.5～0.8
封闭型		0.5～0.8
方板		0.8～1.0
方板		0.8～1.0
矩形		1.0

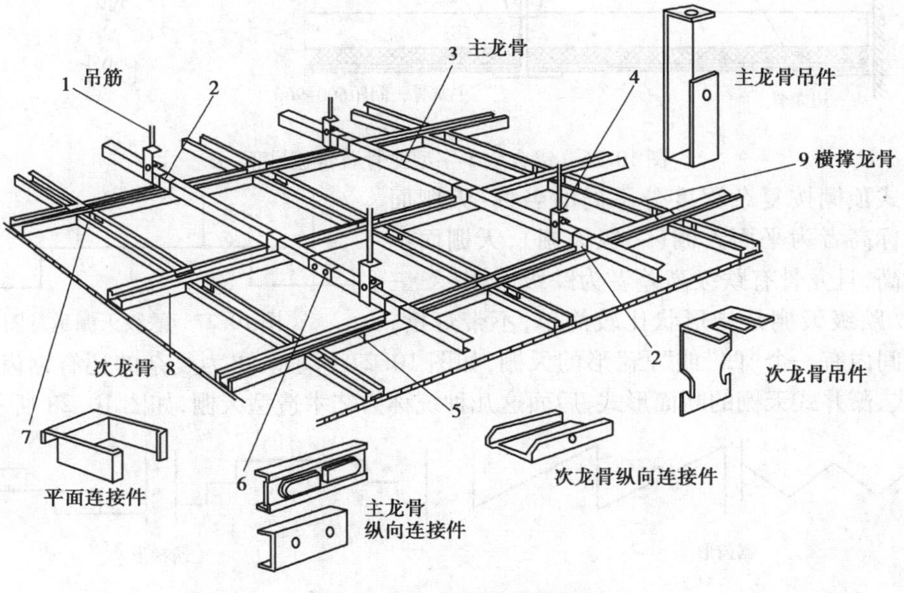

图 10.24　轻钢龙骨吊顶

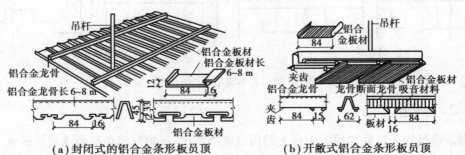

（a）封闭式的铝合金条形板员顶　　　　（b）开敞式铝合金条形板员顶

图 10.25　铝合金条形板吊顶

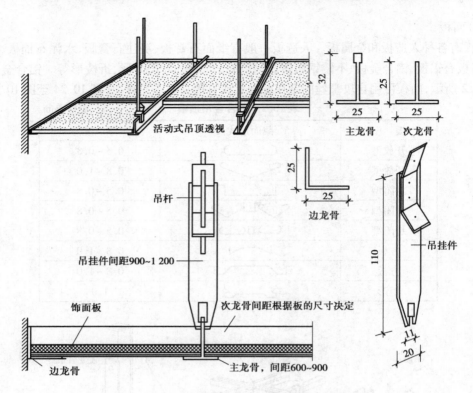

图 10.26　铝合金 T 字型龙骨石膏板吊顶

　　悬挂式顶棚按复杂程度分不同的名称:天棚面层在同一标高者为平面天棚(一级天棚),天棚面不在同一标高,且龙骨有跌级高差者为跌级天棚(二三级天棚)。跌级天棚是指形状比较简单,不带灯槽,

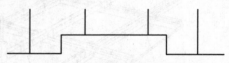

图 10.27　跌级天棚示意图

在一个空间内有一个"凹"或"凸"形的天棚,如图 10.27 所示。更为复杂的还有锯齿形、阶梯形、吊挂式、藻井式天棚的断面形式,后面这几种统称为艺术造型天棚,如图 10.28 所示。

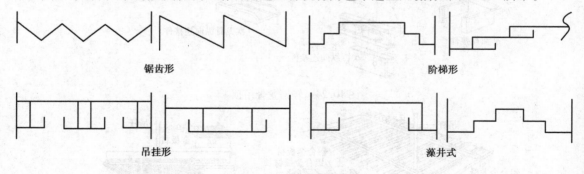

图 10.28　艺术造型天棚示意图

·*10.5.2*　*雨篷*·

　　雨篷是建筑物入口处和顶层阳台上部用以遮挡雨水、保护外门免受雨水侵蚀的水平构件。雨篷的形式是多种多样的,根据雨篷板的支承方式不同,有挑板式和梁板式(图 10.29)。挑板

式雨篷由雨篷梁悬挑雨篷板,雨篷梁兼作过梁,外挑长度一般为 0.9~1.5 m,可采用无组织排水和有组织排水,常用于次要出入口。当挑出长度较大时,一般做成挑梁式,为使底板平整,可将挑梁上翻。

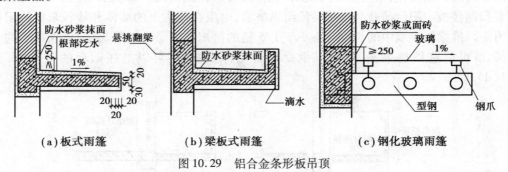

(a)板式雨篷   (b)梁板式雨篷   (c)钢化玻璃雨篷

图 10.29 铝合金条形板吊顶

·10.5.3 阳台·

1)阳台的类型

阳台是楼房建筑中不可缺少的室内外过渡空间。人们可利用阳台晒衣、休息、眺望或从事家务活动。阳台按与外墙的位置关系可分为凸阳台、凹阳台与半凸阳台(图 10.30)。

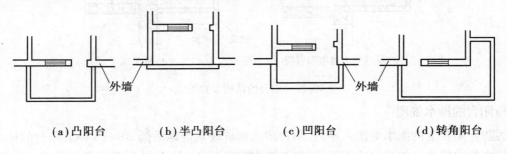

(a)凸阳台   (b)半凸阳台   (c)凹阳台   (d)转角阳台

图 10.30 阳台的类型

2)阳台的结构布置

凹阳台实为楼板层的一部分,所以它的受力与楼板层一致,可采用搁板式布板方法。而凸阳台为悬挑构件,涉及结构受弯、倾覆等问题,构造上要特别重视。

凸阳台的承重方案大体可分为挑梁式和挑板式两种类型。当出挑长度在 1 200 mm 以内时,可采用挑板式;大于 1 200 mm 时,可采用挑梁式。

(1)搁板式

在凹阳台中,将阳台板搁置于阳台两侧凸出来的墙上,即形成搁板式阳台,阳台板型和尺寸与楼板一致,施工方便。在寒冷地区采用搁板式阳台,可以避免冷桥,如图 10.31(a)所示。

(2)挑板式

挑板式阳台的一种做法是利用楼板从室内向外延伸,即形成挑板式阳台,如图 10.31(b)所示。这种阳台构造简单,施工方便,但预制板型增多,且对寒冷地区保温不利。挑板式阳台是纵墙承重住宅阳台的常用做法,阳台的长宽可不受房屋开间的限制而按需要调整。

挑板式阳台的另一种做法是将阳台板与墙梁整浇在一起。这种形式的阳台底部平整,长度可调整,但须注意阳台板的稳定。一般可通过增加墙梁长度,借梁自重平衡,也可利用楼板的重量或其他措施来平衡,如图 10.31(c)所示。

(3)挑梁式

当楼板为预制楼板,结构布置为横墙承重时,可选择挑梁式。即从横墙内向外伸挑梁,其上搁置预制楼板。阳台荷载通过挑梁传给纵横墙,由压在挑梁上的墙体和楼板来抵抗阳台的倾覆力矩。挑梁压在墙中的长度应不小于 1.5 倍的挑出长度。为美观起见,可在挑梁端头设置面梁,既可以遮挡挑梁头,又可以承受阳台栏杆重量,还可以加强阳台的整体性,如图 10.31(d)所示。

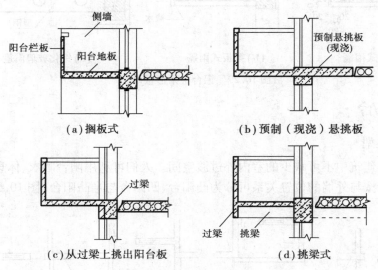

(a)搁板式　　　　　　　　　(b)预制(现浇)悬挑板

(c)从过梁上挑出阳台板　　　　　(d)挑梁式

图 10.31　阳台的结构布置形式

3)阳台的排水处理

为防止阳台上的雨水等流入室内,阳台的地面应较室内地面低 20～30 mm,阳台的排水分为外排水和内排水。外排水适用于底层或多层建筑,此时,阳台地面向两侧做出 5‰的坡度,在阳台的外侧栏板设 $\phi50$ 的镀锌铁管或硬质塑料管,并伸出阳台栏板外面不少于 80 mm,以防落水溅到下面的阳台上。内排水适用于高层建筑或某些有特殊要求的建筑,一般是在阳台内测设置地漏和排水立管,将积水引入地下管网,如图 10.32 所示。

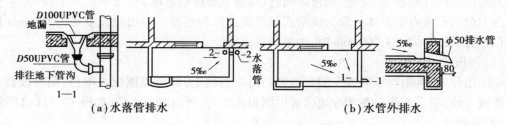

(a)水落管排水　　　　　　　　(b)水管外排水

图 10.32　阳台排水构造

4)阳台栏杆和扶手

栏杆是在阳台外围设置的垂直构件,其作用有两个方面:一方面是承担人们推倚的侧向力,以保证人的安全;另一方面是对建筑物起装饰作用。因此栏杆的构造要求是坚固和美观。栏杆的高度应高于人体的重心,一般不宜低于 1 m;高层建筑的栏杆不应低于 1.1 m,但不宜超过 1.2 m。

栏杆形式有 3 种,即空花栏杆、实心栏板以及由空花栏杆和实心栏板组合而成的组合式栏杆。按材料不同,可分为金属栏杆、砖砌栏板,钢筋混凝土栏杆(板)等。

金属栏杆多为圆钢和方钢制成,它们与阳台板中预埋的通长扁钢焊牢,或直接插入阳台板的预留孔内。钢栏杆自重小,造型轻巧,但易锈蚀,如为其他合金,则造价较高。

砖栏板通常采用立砌和顺砌两种方式。砖栏板自重大,抗震性能差,为确保安全,常在栏板中配置通长钢筋或外侧设置钢筋网,并采用现浇扶手。

钢筋混凝土栏杆可与阳台板整浇在一起,也可采用预制栏杆,借预埋铁件相互焊牢,并与阳台板或面梁焊牢。钢筋混凝土栏杆造型丰富,可虚可实,耐久性和整体性好,自重较砖栏杆轻,因此,钢筋混凝土栏杆应用较为广泛。

扶手有金属和钢筋混凝土两种。金属扶手一般为 $\phi 50$ 钢管与金属栏杆焊接。钢筋混凝土扶手应用广泛,形式多样,一般直接用作栏杆压顶,宽度有 80,120,160 mm。当扶手上需放置花盆时,需在外侧设保护栏杆,一般高 180 ~ 200 mm,花台净宽为 240 mm。

栏杆及扶手构造举例如图 10.33 所示。

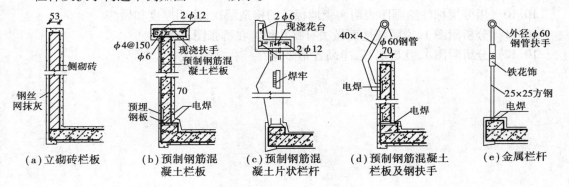

图 10.33 栏杆及扶手构造

小结 10

①楼板和地面是水平方向分隔房间空间的承重构件。楼板层主要由面层、楼板和顶棚 3 部分组成,楼板层的设计应满足建筑的使用、结构、施工及经济等方面的要求。地坪层由面层、垫层和基层(素土夯实层)构成。

②钢筋混凝土楼板根据其施工方法不同可分为现浇式、装配式和装配整体式 3 种。现浇钢筋混凝土楼板有板式楼板、肋梁楼板、井式楼板、无梁楼板和压型钢板组合楼板。

③楼地面按其材料和做法可分为 4 大类,即整体地面、块材地面、卷材地面和涂料地面。

④顶棚分为直接式顶棚和吊顶棚。

⑤阳台也是水平方向的构件,阳台的类型有凸阳台、半凸阳台、凹阳台,阳台的结构布置方式有搁板式、挑板式、挑梁式。

复习思考题 10

10.1 楼板和地面的基本组成是怎样的？设计要求有哪些？

10.2 现浇肋形楼板的布置原则和传力特点有哪些？

10.3 压型钢板组合楼板有何特点？构造要求如何？

10.4 试述水泥砂浆地面和水磨石地面的构造。

10.5 图示表示地面变形缝构造。

10.6 有水房间的楼地层如何防水？

10.7 顶棚有哪两种基本形式？吊顶棚有哪些设计要求？

10.8 阳台有哪些类型？阳台板的结构布置形式有哪些？

10.9 阳台栏杆有哪些形式？各有何特点？

10.10 用分层标注法画图表明陶瓷地板砖的构造层次，注明厚度和做法。

10.11 分析附图 1，说明楼地面做法有哪几种？在哪张图上找？

10.12 分析附图 1，找出层高、净高各是多少？

11　楼梯构造

　　楼梯是建筑物的竖向构件,是供人和物上下楼层和疏散人流之用。因此对楼梯的设计要求首先是应具有足够的通行能力,即保证楼梯有足够的宽度和合适的坡度;其次为使楼梯通行安全,应保证楼梯有足够的强度、刚度,并具有防火、防烟和防滑等方面的要求;另外楼梯造型要美观,以增强建筑物内部空间的观瞻效果。

　　在建筑中,布置楼梯的房间称为楼梯间。在我国北方地区当楼梯间兼作建筑物出入口时,要注意楼梯间的防寒问题,一般可设置门斗或双层门。楼梯间的门应开向人流疏散方向,底层应有直接对外的出口。另外楼梯间要注意采光和通风。

11.1　楼梯的组成及形式

· 11.1.1　楼梯的组成 ·

　　楼梯一般由楼梯梯段、楼层平台和中间平台、栏杆(或栏板)和扶手3部分组成。图11.1是楼梯组成示意图。

　　(1)楼梯梯段

　　设有踏步供楼层间上下行走的通道段落称梯段,它是楼梯的主要使用和承重部分。为减少人们上下楼梯时产生疲劳和适应人行的习惯,一个楼梯梯段的踏步数量最多不超过18级,最少不少于3级。

　　(2)楼层平台和中间平台

　　平台是指连接两个相邻楼梯段的水平部分。其主要作用在于缓解疲劳,供使用者在连续攀登一定的距离后稍加休息,多数平台也起转向作用。平台有楼层平台和中间平台之分,与楼层标高相一致的平台称之为楼层平台(或称正平台),而介于相邻两个楼层之间的平台称之为中间平台(或称为半平台)。

　　(3)栏杆(或栏板)和扶手

　　为保证人们在楼梯上行走安全,楼梯段和平台

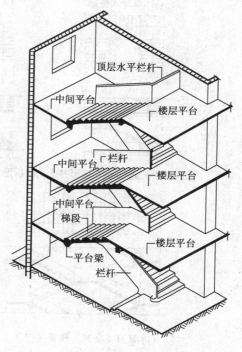

图11.1　楼梯组成

的临空边缘应安装栏杆(或栏板)。因此要求栏杆(或栏板)必须坚固可靠,并保证有足够的安全高度。栏杆(或栏板)顶部供人们行走倚扶用的连续构件,称为扶手。

· 11.1.2 楼梯形式 ·

楼梯形式(图 11.2)的选择取决于所处位置、楼梯间的平面形状与大小、楼层高低与层数、人流多少与缓急等因素,设计时需综合权衡这些因素。

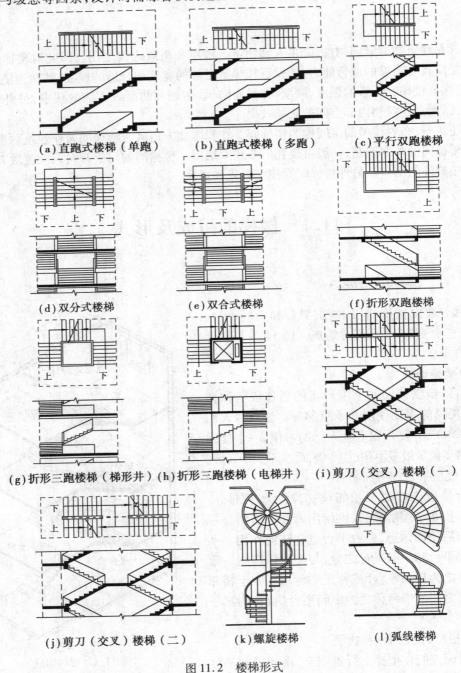

(a)直跑式楼梯(单跑)　(b)直跑式楼梯(多跑)　(c)平行双跑楼梯

(d)双分式楼梯　(e)双合式楼梯　(f)折形双跑楼梯

(g)折形三跑楼梯(梯形井)(h)折形三跑楼梯(电梯井)(i)剪刀(交叉)楼梯(一)

(j)剪刀(交叉)楼梯(二)　(k)螺旋楼梯　(1)弧线楼梯

图 11.2　楼梯形式

（1）直跑式楼梯

直跑式楼梯系指沿着一个方向上楼的楼梯。它有单跑和多跑之分。直跑式楼梯所占楼梯间的宽度较小，长度较大，常用于住宅等层高较小的楼房，如图 11.2（a）、图 11.2（b）。

（2）平行双跑楼梯

如图 11.2（c）所示，这种楼梯指第二跑楼梯段折回和第一跑楼梯段平行的楼梯，所占楼梯间长度较小，面积紧凑，使用方便，是建筑物中较多采用的一种形式。

（3）平行双分双合楼梯

如图 11.2（d）所示，双分式楼梯系指第一跑为一个较宽的梯段，经过平台后分成两个较窄的楼梯段与上一楼层相连的楼梯，常用于公共建筑的门厅中。

如图 11.2（e）所示，双合式楼梯系指第一跑为两个较窄的楼梯段，经过平台后合成一个较宽的楼梯段与上一楼层相连的楼梯。双合式楼梯和双分式楼梯一样适宜布置在公共建筑的门厅中。

（4）折行多跑楼梯

图 11.2（f）为折行双跑楼梯，这种楼梯人流导向自由，折角多变，适宜布置在房间的一角。

图 11.2（g）、（h）为折行三跑楼梯。这种楼梯段围绕的中间部分形成较大的楼梯井，在设有电梯的建筑中，可利用楼梯井作为电梯井。当楼梯井未作电梯井时，不能用于幼儿园、中小学校等儿童经常使用楼梯的建筑，否则应有可靠的安全措施。

（5）剪刀（交叉）楼梯

图 11.2（i）所示剪刀楼梯相当于两个直行单跑楼梯交叉并列布置而成，通行的人流较多，且为上下楼的人流提供两个方向，对于空间开敞，楼层人流多方向进出有利，但仅适合层高小的建筑。

图 11.2（j）相当于双跑式楼梯对接，多用于人流大的公共建筑。

（6）曲线楼梯

曲线楼梯有螺旋形、弧线形等形式，如图 11.2（k）、（l）所示。曲线楼梯造型比较美观，有较强的装饰效果，多用于公共建筑的大厅中。

另外，楼梯按消防要求可分为开敞式楼梯间、封闭式楼梯间和防烟楼梯间，如图 11.3 所示。

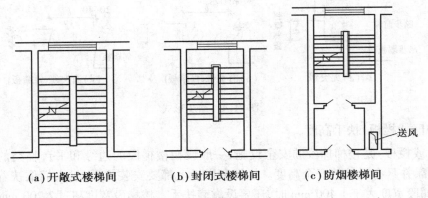

（a）开敞式楼梯间　　　　**（b）封闭式楼梯间**　　　　**（c）防烟楼梯间**

图 11.3　楼梯平面形式

11.2 楼梯的尺度及设计

1)楼梯的坡度

楼梯的坡度在实际应用中均由踏步高宽比决定,踏步的高宽比需根据人流行走的舒适、安全和楼梯间的尺度、面积等因素进行综合权衡。常用的坡度为 1:2 左右。一般地讲,公共建筑中的楼梯使用人数较多,坡度应平缓些。住宅建筑中的楼梯,使用人数较少,坡度可稍陡些。专供老年或幼儿使用的楼梯坡度须平缓些。

2)楼梯踏步尺寸

楼梯梯段是由若干踏步组成,每个踏步由踏面和踢面组成。踏步尺寸可按下列经验公式计算:

$$2h + b = (600 \sim 620)\,\text{mm}$$

或

$$h + b = 450\,\text{mm}$$

式中 h——踏步踢面高度;

b——踏步踏面宽度。

$600 \sim 620$ mm 表示一般人的步距。

常用适宜踏步尺寸见表 11.1。

表 11.1 常用适宜踏步尺寸

名 称	住 宅	学校、办公楼	剧院、会堂	医院(病人用)	幼儿园
踏步高/mm	150 ~ 175	140 ~ 160	120 ~ 150	150	120 ~ 150
踏步宽/mm	250 ~ 300	280 ~ 340	300 ~ 350	300	260 ~ 300

当踏步尺寸较小时,可以采取加做踏口或使踢面倾斜的方式加宽踏面。踏口的挑出尺寸为 20 ~ 25 mm,这个尺寸过大时行走不方便。踏步形式如图 11.4 所示。

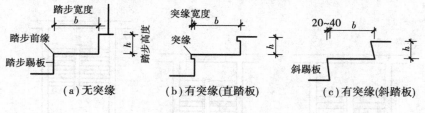

图 11.4 踏步形式

3)栏杆(或栏板)扶手高度

栏杆(或栏板)是楼梯梯段的安全设施,一般设在楼梯梯段的边缘和平台临空的一边,要求它坚固可靠,并具有足够的安全高度。栏杆和栏板上都要安装扶手,供人们依扶着上下楼梯。有时在楼梯段宽度大于 1 400 mm 时,还要设靠墙扶手。楼梯段宽度超过 2 200 mm 时,还应设中间扶手。扶手高度是指踏面中心到扶手顶面的垂直距离。扶手高度的确定要考虑人们通行楼梯段时依扶是否方便。一般室内扶手高度取 900 mm。托幼建筑中楼梯扶手高度应适合儿童身材,扶手高度一般取 600 mm。但注意在 600 mm 处设一道扶手,900 mm 处仍应设扶手,此时楼梯为双道扶手,如图 11.5(a)所示。顶层平台的水平安全栏杆扶手高度应适当加高一些,一般不宜小于 1 050 mm,为防止儿童穿过栏杆空档而发生危险,栏杆之间的水平距离不应大于 120 mm,如图 11.5(b)所示。室外楼梯扶手高度也应适当加高一些,常取 1 100 mm。

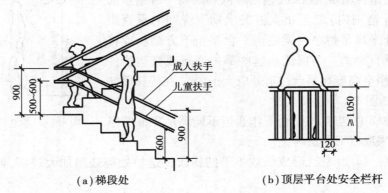

(a)梯段处　　　　　　　(b)顶层平台处安全栏杆

图 11.5　栏杆、扶手高度

4)楼梯段的宽度

楼梯段是楼梯的主要组成部分之一,它是供人们上下通行的,因此楼梯的宽度必须满足上下人流及搬运物品的需要。楼梯段宽度的确定要考虑同时通过人流的股数及是否有通过尺寸较大的家具或设备等特殊的需要。一般楼梯段需考虑同时至少通过两股人流,即上行与下行在楼梯段中间相遇时能通过。根据人体尺度,每股人流宽可考虑取 550 mm + (0 ~ 150)mm,这里 0 ~ 150 mm 是人流在行进中人体的摆幅。楼梯段宽度和人流股数关系要处理恰当。单股人流梯段宽不小于 900 mm,两股人流宽 1 100 ~ 1 400 mm,三股人流宽 1 650 ~ 2 100 mm,其余类推,如图 11.6 所示。同时需满足各类建筑规范中对梯段宽度的限定,如住宅不小于 1 100 mm,公共建筑不小于 1 300 mm 等。

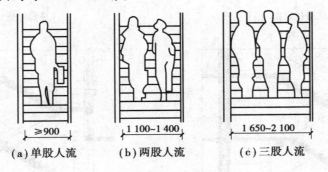

(a)单股人流　　　(b)两股人流　　　(c)三股人流

图 11.6　楼梯段宽度

两梯段的间隙称楼梯井,楼梯井的宽度一般取 50 ~ 200 mm。

另外,梯段长度(L)是每一梯段的水平投影长度,其值为 $L = b \times (N-1)$,其中 b 为踏步面步宽,N 为梯段踏步数,注意踏步数为踢面步高数。

5)楼梯平台的宽度

楼梯平台是楼梯段的连接部分,也供行人稍加休息之用,所以楼梯平台宽度应大于或至少等于楼梯段的宽度。在实际楼梯设计中平台宽度还要根据具体情况具体分析来确定。

6)楼梯的净空高度

楼梯的净空高度包括楼梯段的净高和平台过道处的净高。楼梯段的净高是指自踏步前缘线(包括最低和最高一级踏步前缘线以外 0.3 m 范围内)量至正上方突出物下缘间的垂直距离。平台过道处净高是指平台梁底至平台梁正下方踏步或楼地面上边缘的垂直距离。为保证在这些部位通行或搬运物件时不受影响,其净空高度在平台过道处应大于 2 m,在楼梯段处应大于 2.2 m,如图 11.7 所示。

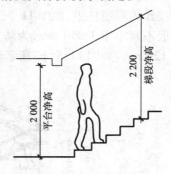

图 11.7 楼梯的净空高度

在一双跑楼梯中,当首层平台下作通道不能满足 2 m 的净高要求时,可以采取以下办法解决:

①将底层第一梯段增长,形成级数不等的梯段。这种处理必须加大进深,如图 11.8(a)所示。

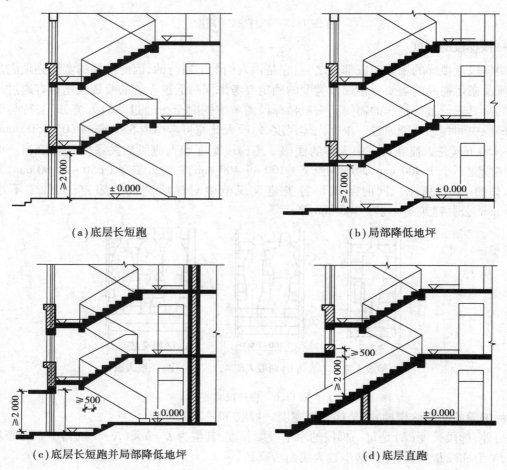

(a)底层长短跑　　　　　　　　(b)局部降低地坪

(c)底层长短跑并局部降低地坪　　　(d)底层直跑

图 11.8 底层中间平台下作通道时的处理方式

②楼梯段长度不变,降低梯间底层的室内地面标高,这种处理可使梯段构件统一,但是地坪高差要满足使用要求,如图11.8(b)所示。

③将上述两种方法结合,即利用地坪高差,又做成不等跑梯段,满足楼梯净空要求,这种方法较常用,如图11.8(c)所示。

④底层用直跑楼梯,直达二楼。这种处理楼梯段较长,需楼梯间也较长,如图11.8(d)所示。

综合楼梯各部分的尺寸,形成整套楼梯施工图,如图11.9所示。注意楼梯平面图中首层平面图、中间层平面、顶层平面图表达方法的不同。

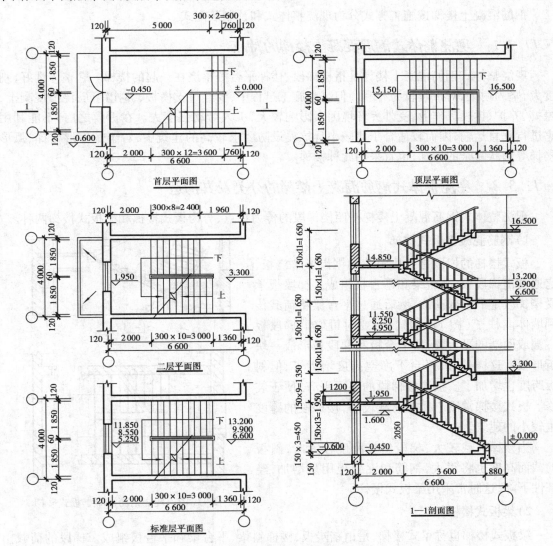

图11.9 学生宿舍楼梯设计图

11.3　现浇钢筋混凝土楼梯构造

楼梯的材料可以是木材、钢筋混凝土、型钢或是多种材料混合使用。楼梯在疏散时起着重要作用,因此防火性能较差的木材现今已很少用于楼梯的结构部分。型钢作为楼梯构件,也必须经过特殊的防火处理。钢筋混凝土的耐火性和耐久性较木材和钢材好,故在一般建筑中应用最为广泛。

钢筋混凝土楼梯按施工方式分为现浇整体式和预制装配式。

· 11.3.1　现浇整体式钢筋混凝土楼梯的特点 ·

现浇整体式钢筋混凝土楼梯是指楼梯段、楼梯平台等整浇在一起的楼梯。它整体性好,刚度大,坚固耐久,对抗震较为有利。但是在施工过程中,要经过支模板、绑扎钢筋、浇灌混凝土、振捣、养护、拆模等作业,受外界环境因素影响较大,工人劳动强度大。在拆模之前,不能利用它进行垂直运输,因而较适合于比较小且抗震设防要求较高的建筑中,对于螺旋形楼梯、弧形楼梯等形状复杂的楼梯,也宜采用此种楼梯。

· 11.3.2　现浇整体式钢筋混凝土楼梯的分类及其构造 ·

现浇整体式钢筋混凝土楼梯按照楼梯段的传力特点,分为板式楼梯和梁板式楼梯两种。

1)钢筋混凝土板式楼梯

板式楼梯的梯段是一块斜放的锯齿形整浇板,它通常由梯段板、平台梁和平台板组成。梯段板承受楼梯段上的全部荷载,然后通过平台梁将荷载传到墙体或柱子(图 11.10)。必要时可取消梯段板一端或两端的平台梁,使平台板和梯段板形成一块折形板。这样处理,平台下净空高度增大了,但斜板跨度也增加了。板式楼梯段的底面平齐,便于装修。板式楼梯常用于楼梯荷载较小,楼梯段的跨度也较小的建筑。

当楼梯荷载较大,梯段斜板跨度较大时,斜板的截面高度也将很大,钢筋和混凝土用量增加,经济性下降,这时常采用梁板式楼梯。

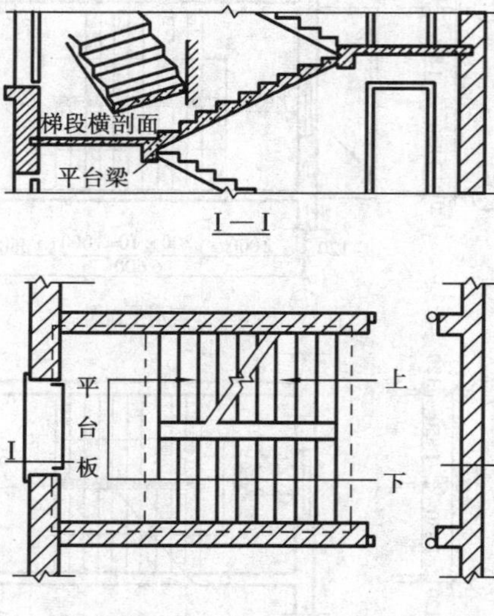

图 11.10　现浇钢筋混凝土板式楼梯

2)梁板式楼梯

梁板式楼梯也称梁式楼梯,是由踏步板、楼梯斜梁、平台梁和平台板组成。梯段的荷载由踏步板传给斜梁,再由斜梁传给平台梁,然后传到墙或柱上。斜梁通常设两根,分别置于踏步板两端。斜梁和踏步板在竖向的相对位置有两种,当斜梁在板下部称为正梁式梯段,上面踏步露明,也称为明步,如图 11.11(a)所示。有时为了让楼梯段底表面平整或避免洗刷楼梯时污水沿踏步端头下淌,弄脏楼梯,常将楼梯斜梁反向上面,称反梁式梯段,下面平整,踏步包在梁内,常称暗步,如图 11.11(b)所示。

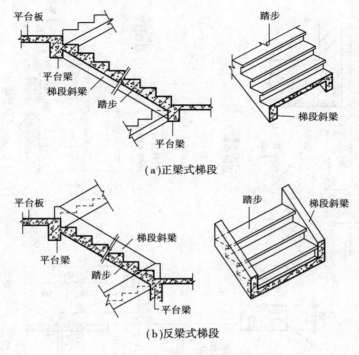

（a）正梁式梯段

（b）反梁式梯段

图 11.11　现浇钢筋混凝土梁板式楼梯

梁板式楼梯与板式楼梯相比,板的跨度小,故在板厚相同的情况下,梁板式楼梯可以承受较大的荷载。反之,荷载相同的情况下,梁板式楼梯的板厚可以比板式楼梯的板厚薄。但梁式楼梯在支模、扎筋等施工操作方面比板式楼梯复杂。

双梁式楼梯在有楼梯间的情况下,有时为了节约用料,通常在楼梯段靠墙一边也可不设斜梁,用承重的砖墙代替斜梁,则踏步板一端搁在墙上,另一端搁在斜梁上。

11.4　装配式楼梯构造

装配式楼梯有预制钢筋混凝土结构楼梯和钢结构楼梯两种。预制装配式钢筋混凝土楼梯是指用预制厂生产或现场制作的构件安装拼合而成的楼梯。采用预制装配式楼梯可较现浇式钢筋混凝土楼梯提高工业化施工水平,节约模板,简化操作程序,较大幅度地缩短工期。但预制装配式钢筋混凝土楼梯的整体性、抗震性、灵活性等不及现浇钢筋混凝土楼梯。对其构造不做详述。本节装配式楼梯主要介绍钢结构楼梯构造。

钢楼梯多采用各种型钢及板材组合而成,可在现场制作,也可在工厂将各组成部件加工好再到现场组装。钢楼梯所用材料材质主要有普通碳素钢及不锈钢、铜等金属材料。

图 11.12 为直跑钢楼梯构造。图 11.13 为三跑钢楼梯构造。图 11.14、11.15 钢楼梯栏杆、扶手细部构造。

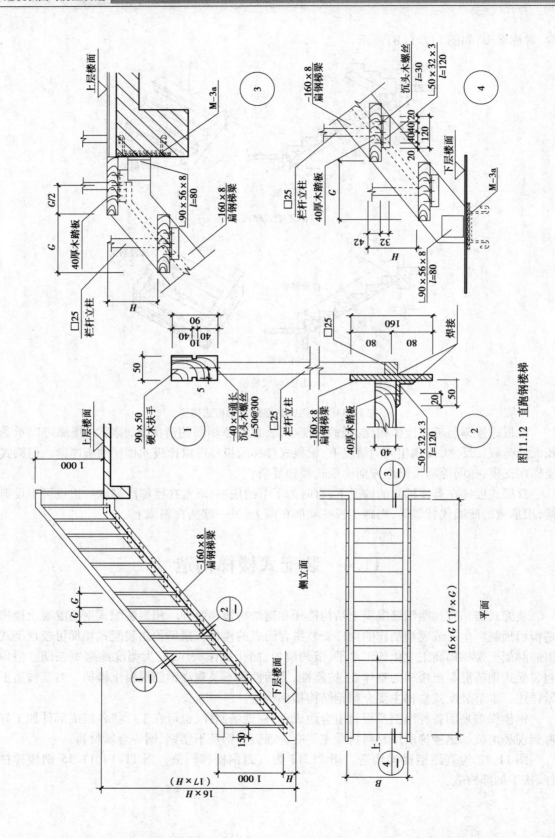

图11.12 直跑钢楼梯

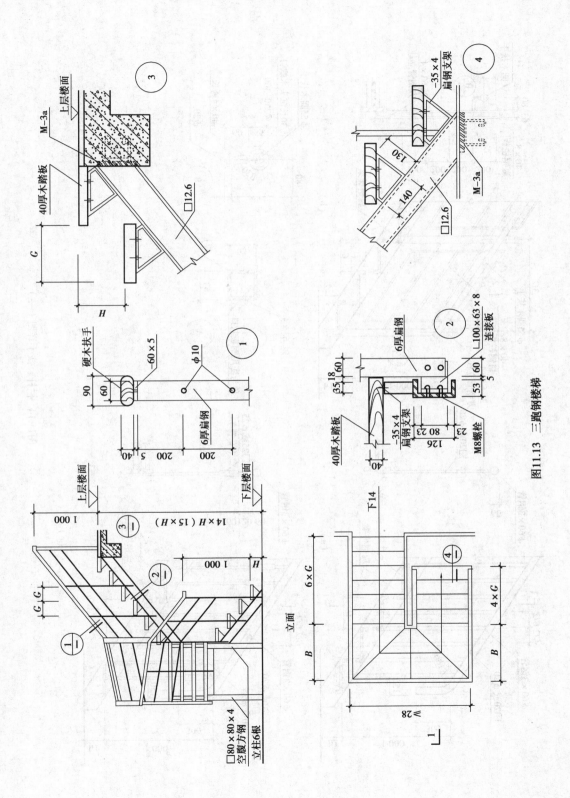

图11.13　三跑钢楼梯

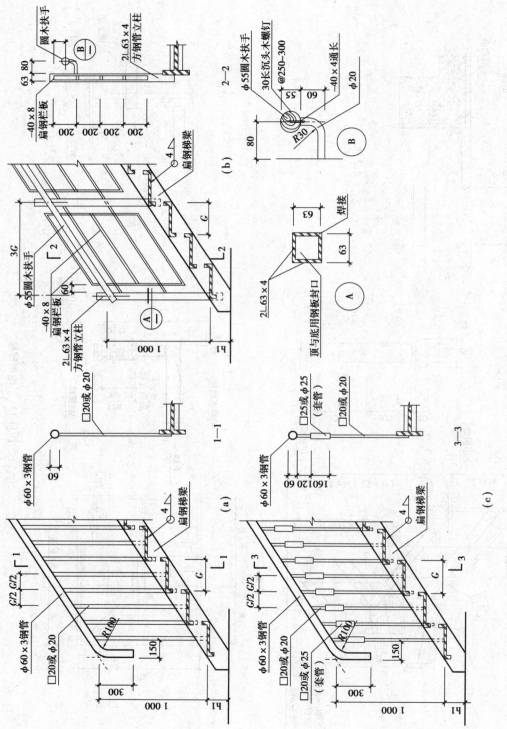

图11.14 栏杆、扶手详图（一）

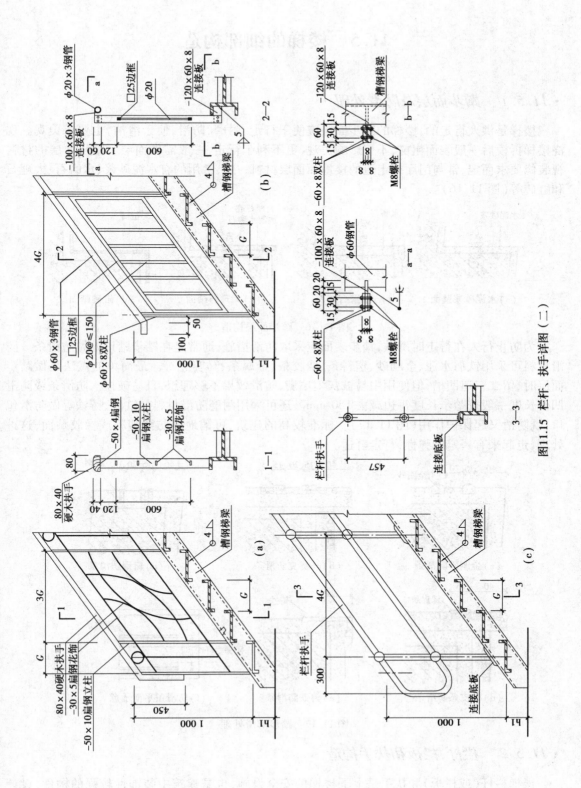

图11.15 栏杆、扶手详图（二）

11.5 楼梯的细部构造

· 11.5.1 踏步面层及防滑处理 ·

楼梯是供人行走的,楼梯的踏步面层应便于行走,耐磨、防滑,便于清洁,也要求美观。现浇楼梯拆模后一般表面粗糙,不仅影响美观,更不利于行走,一般需做面层。踏步面层的材料视装修要求而定,常与门厅或走道的楼地面面层材料一致,常用的有水泥砂浆、水磨石、大理石和缸砖等(图11.16)。

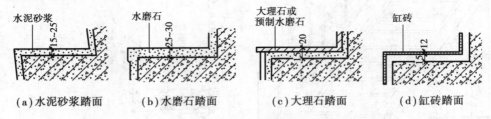

(a)水泥砂浆踏面　(b)水磨石踏面　(c)大理石踏面　(d)缸砖踏面

图 11.16　踏步面层构造

为防止行人在行走时滑跌,踏步表面应采取防滑措施,通常是在踏步踏口处做防滑条。防滑材料可采用铁屑水泥、金刚砂、塑料条、橡胶条、金属条、马赛克等。最简单的做法是做踏步面层时,留二三道凹槽,但使用中易被灰尘填满,防滑效果不够理想,且易破损。防滑条或防滑凹槽长度一般按踏步长度每边减去150 mm。还可采用耐磨防滑材料如缸砖、铸铁等做防滑包口,既防滑又起保护作用(图11.17)。标准较高的建筑,可铺地毯防滑塑料或橡胶贴面,这种处理,走起来有一定的弹性,行走舒适。

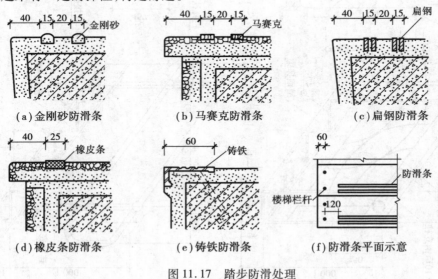

(a)金刚砂防滑条　(b)马赛克防滑条　(c)扁钢防滑条

(d)橡皮条防滑条　(e)铸铁防滑条　(f)防滑条平面示意

图 11.17　踏步防滑处理

· 11.5.2 栏杆、栏板和扶手构造 ·

楼梯栏杆(或栏板)和扶手是上下楼梯的安全设施,也是建筑中装饰性较强的构件,设计时应考虑坚固、安全、适用、美观。

1)栏杆

栏杆多用方钢、圆钢、扁钢等型材焊接或铆接成各种图案,既起防护作用,又有一定的装饰效果。常用栏杆断面尺寸为:圆钢 $\phi16 \sim \phi25$ mm,方钢 15 mm × 15 mm ~ 25 mm × 25 mm,扁钢 $(30 \sim 50)$ mm × $(3 \sim 6)$ mm,钢管 $\phi20 \sim \phi50$ mm。以板材为栏杆时亦称栏板。常用的有 120 mm 或 60 mm 厚砖砌栏板、钢筋混凝土栏板、厚玻璃栏板等。常见栏杆形式如图 11.18 所示。

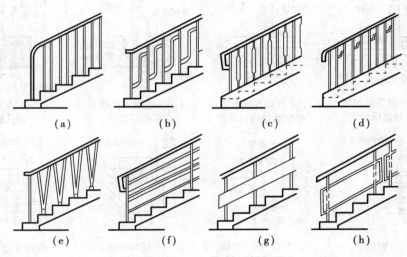

图 11.18　楼梯栏杆的形式

栏杆与楼梯段应有可靠的连接,连接方法主要有:预埋铁件焊接,即将栏杆的立杆与楼梯段中预埋的钢板或套管焊接在一起;预留孔洞插接,即将栏杆的立杆端部做成开脚或倒刺插入楼梯段预留的孔洞,用水泥砂浆或细石混凝土填实;螺栓连接等(图 11.19)。

2)扶手

扶手一般采用硬木、塑料和金属材料制作,其中硬木扶手常用于室内楼梯。室外楼梯的扶手则很少采用木料,以避免产生开裂或翘曲变形。金属和塑料是室外楼梯扶手常用的材料。另外,栏板顶部的扶手可用水泥砂浆或水磨石抹面作成,也可用大理石板、预制水磨石板或木板贴面制成。

楼梯扶手与栏杆应有可靠的连接,连接方法视扶手材料而定。硬木扶手与金属栏杆的连接,通常是在金属栏杆的顶部先焊接一根带小孔的通长扁铁,然后用木螺丝通过扁铁上预留小孔,将木扶手和栏杆连接成整体。塑料扶手与金属栏杆的连接方法和硬木扶手类似,或塑料扶手通过预留的卡口直接卡在扁铁上。金属扶手与金属栏杆多用焊接。常见扶手类型及其与栏杆的连接如图 11.20 所示。

楼梯扶手有时必须固定在侧面的砖墙或混凝土柱上,如顶层安全栏杆扶手、休息平台护窗扶手、靠墙扶手等。扶手与砖墙连接时,一般是在砖墙上预留 120 mm × 120 mm × 120 mm 孔洞,将扶手(金属扶手)或扶手铁件(木扶手或塑料扶手)伸入洞内,用细石混凝土或水泥砂浆填实固牢。扶手与混凝土墙或柱连接时,一般在墙或柱上预埋铁件,与扶手铁件焊接。也可用膨胀螺栓连接,或预留孔洞插接(图 11.21)。

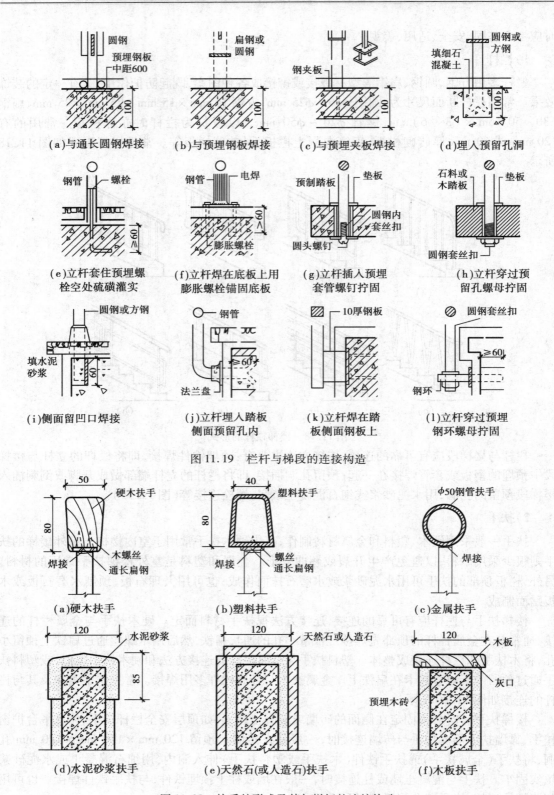

（a）与通长圆钢焊接　　（b）与预埋钢板焊接　　（c）与预埋夹板焊接　　（d）埋入预留孔洞

（e）立杆套住预埋螺栓空处硫磺灌实　　（f）立杆焊在底板上用膨胀螺栓锚固底板　　（g）立杆插入预埋套管螺钉拧固　　（h）立杆穿过预留孔螺母拧固

（i）侧面留凹口焊接　　（j）立杆埋入踏板侧面预留孔内　　（k）立杆焊在踏板侧面钢板上　　（l）立杆穿过预埋钢环螺母拧固

图 11.19　栏杆与梯段的连接构造

（a）硬木扶手　　（b）塑料扶手　　（c）金属扶手

（d）水泥砂浆扶手　　（e）天然石（或人造石）扶手　　（f）木板扶手

图 11.20　扶手的形式及其与栏杆的连接构造

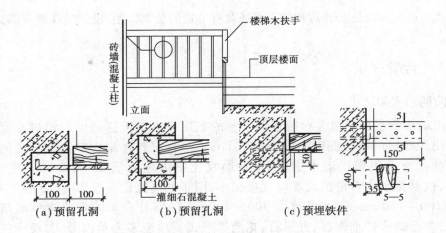

图 11.21　楼梯扶手与墙或柱的连接构造

　　双跑楼梯在平台转折处,上行楼梯段和下行楼梯段的第一个踏步口常设在一条竖线上。如果平台栏杆紧靠踏步口设置扶手,顶部高度则突然变化,因此扶手需做成一个较大的弯曲线形,即所谓鹤颈扶手,如图 11.22(a)所示。这种处理方法费工费料,使用不便,应尽量避免。常用方法:一是将平台处栏杆内移至距踏步口约半步的地方,如图 11.22(b)所示;二是将上下行楼梯段错开一步,如图 11.22(c)所示。此两种处理方法,扶手连接都较顺。

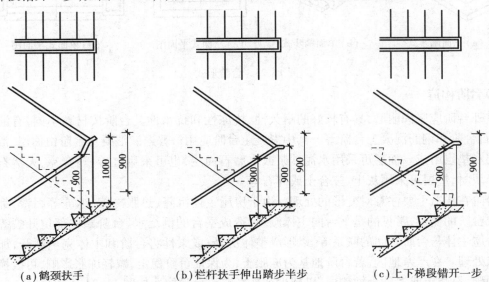

图 11.22　栏杆扶手转折处高差的处理

11.6　室外台阶和坡道构造

　　室外台阶和坡道是建筑物入口处连接室内外不同标高地面的构件。一般多采用台阶,当有车辆通行或室内外地面高差较小时,可采用坡道。台阶和坡道还可以一起使用。

台阶和坡道在入口处对建筑物的立面还具有一定的装饰作用,设计时既要考虑实用,还要注意美观。

· 11.6.1 台阶 ·

1)台阶的形式和尺寸

台阶由踏步和平台组成。台阶顶部平台的宽度应大于所连通的门洞口宽度,一般每边至少宽出 500 mm,平台深度一般不小于 1 m。平台设置在出入口与踏步之间,起缓冲作用。为防止雨水积聚或溢水室内,平台面宜比室内地面低 20 ~ 60 mm,并向外找坡 1% ~ 3% ,以利排水。台阶的坡度应比楼梯小,踏步的高宽比一般为 1 : 2 ~ 1 : 4,通常踏步高度为 100 ~ 150 mm,踏步宽度为 300 ~ 400 mm。室外台阶的形式有单面踏步式,三面踏步式,单面踏步带垂带石、方形石、花池等形式。坡道多为单面形式,极少三面坡的。台阶形式如图 11.23 所示。

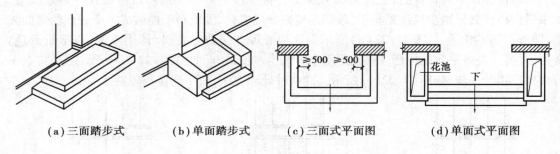

(a)三面踏步式   (b)单面踏步式   (c)三面式平面图   (d)单面式平面图

图 11.23 台阶形式

2)台阶构造

室外台阶应坚固耐磨,具有较好的耐久性、抗冻性和抗水性。台阶按材料不同,有混凝土台阶、石台阶和钢筋混凝土台阶等。其中混凝土台阶应用最普遍。混凝土台阶由面层、混凝土结构层和垫层组成。面层可采用水泥砂浆或水磨石面层,也可采用缸砖、马赛克、天然石或人造石等块材,垫层可采用灰土、三合土或碎石等。

台阶在构造上要注意对变形的处理。由于房屋主体沉降、热胀冷缩、冰冻等因素,都有可能造成台阶的变形,常见的是平台向主体倾斜,造成平台的倒泛水、台阶某些部位开裂等。可加强房屋主体与台阶之间的联系等,以形成整体沉降;或索性将台阶和主体完全断开,加强缝隙节点处理。在严寒地区,若台阶地基为冻胀土,为保证台阶稳定,减轻冻胀影响,可改换保水性差的砂、石类土或混砂土做垫层,以减少冰冻影响。台阶构造如图 11.24 所示。

· 11.6.2 坡道 ·

1)坡道的形式和尺寸

室外门前为了便于车辆上下,常作坡道。按用途不同,可以分为行车坡道和轮椅坡道两类。其中行车坡道分为普通行车坡道[图 11.25(a)、(c)]与回车坡道[图 11.25(b)、(d)]两种。普通行车坡道布置在有车辆进出的建筑入口处,如车库等。回车坡道与台阶踏步组合在一起,布置在某些大型公共建筑的入口处,如办公楼、医院等。轮椅坡道是专供残疾人使用的。

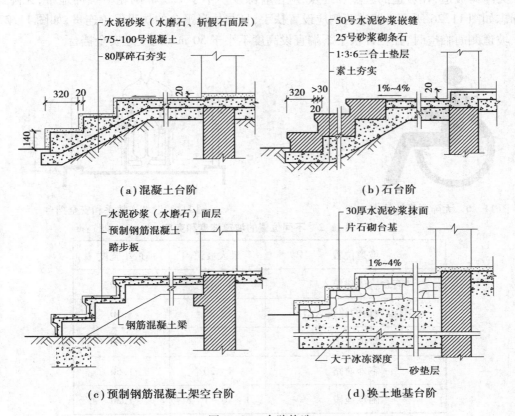

图 11.24　台阶构造

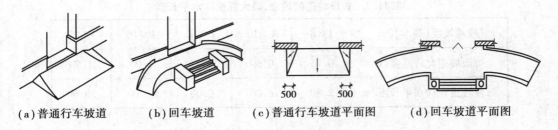

(a)普通行车坡道　　(b)回车坡道　　(c)普通行车坡道平面图　　(d)回车坡道平面图

图 11.25　行车坡道形式

　　普通行车坡道的宽度应大于所连通的门洞宽度,一般每边至少不小于 500 mm。坡道的坡度与建筑的室内外高差和面层材料做法有关。坡道的坡度一般为 1:12～1:6。面层光滑的坡道,坡度不宜大于 1:10;粗糙材料和设防滑条的坡道,坡度可稍大,但不应大于 1:6,锯齿形坡道的坡度可加大至 1:4。

　　回车坡道的宽度与坡道半径及车辆规格有关,不同位置的坡道坡度和宽度应符合表 11.2 的规定。室内坡道的坡度应不大于 1:8;室外坡道的坡度应不大于 1:10;供残疾人使用的轮椅坡坡道不宜大于 1:12,宽度不应小于 0.9 m;每段坡道的坡度、允许最大高度和水平长度应符合表 11.3 的规定;当坡道的高度和长度超过表 11.3 的规定时,应在坡道中部设休息平台,其深度不小于 1.2 m;坡道在转弯处应设休息平台,其深度不小于 1.5 m。

无障碍坡道,在坡道的起点和终点,应留有深度不小于 1.5 m 的轮椅缓冲地带,无障碍设计标志如图 11.26 所示。坡道两侧应设置扶手,且与休息平台的扶手保持连贯,如图 11.27 所示。坡道侧面临空时,在栏杆扶手下端宜设高度不小于 50 mm 的坡道安全挡台。

图 11.26　无障碍设计标志

图 11.27　坡道扶手和安全挡台

表 11.2　不同位置的坡道坡度和宽度　　　单位:m

坡道位置	最大坡道	最小宽度
有台阶的建筑入口	1:12	1.20
只设坡道的建筑入口	1:20	1.50
室内走道	1:12	1.00
室外通路	1:20	1.50
困难地段	1:10 ~ 1:8	1.20

表 11.3　每段坡道的坡度、最大高度和水平长度

坡道坡度(高:长)	1:8	1:10	1:12	1:16	1:20
每段坡道允许高度/m	0.35	0.60	0.75	1.00	1.50
每段坡道允许水平长度/m	2.80	6.00	9.00	16.00	30.00

2)坡道构造

坡道与台阶一样,也应采用耐久、耐磨和抗冻性好的材料,一般多采用混凝土坡道,也可采用天然石坡道等。坡道的构造要求和做法与台阶相似,但坡道由于平缓故对防滑要求较高。混凝土坡道可在水泥砂浆面层上划格,以增加摩擦力,亦可设防滑条,或做成锯齿形。天然石坡道可对表面做粗糙处理。坡道构造如图 11.28 所示。

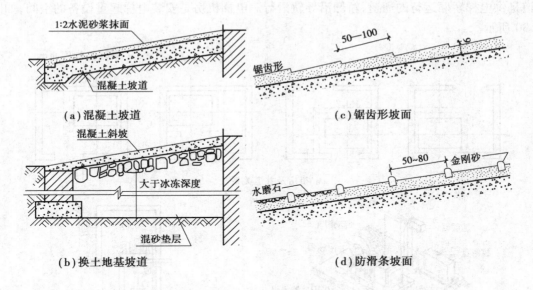

图 11.28　坡道构造

11.7　电梯与自动扶梯构造

当房屋的层数较多(如住宅 7 层及 7 层以上),或房屋最高楼面的高度在 16 m 以上时,通过楼梯上楼或下楼不仅耗费时间,同时人的体力消耗也较大,在这种情况下应该设电梯。一些公共建筑虽然层数不多,但当建筑等级较高(如宾馆)或有特殊需要(如医院)时,也应设电梯。多层仓库和多层商店要设电梯。高层建筑还应该设消防电梯。交通建筑、大型商业建筑、科教展览建筑等,人流量大,为了加快人流疏导,可设自动扶梯。

· *11.7.1　电梯* ·

1)电梯的类型及组成

电梯按其用途可分为乘客电梯、病床电梯、客货电梯、载货电梯和杂物电梯等(图 11.29)。

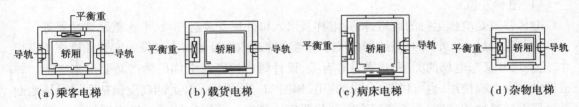

图 11.29　电梯类型及井道平面

电梯主要由机房、井道、轿厢三大部分组成。电梯轿厢供载人或载物之用,要求造型美观,经久耐用。电梯井道内的平衡锤由金属块叠合而成,用吊索与轿厢相连保持轿厢平衡。电梯井道是供电梯轿厢运行的通道,轿厢沿导轨滑行。电梯机房是安装电梯起重设备的空间,如图11.30 所示。

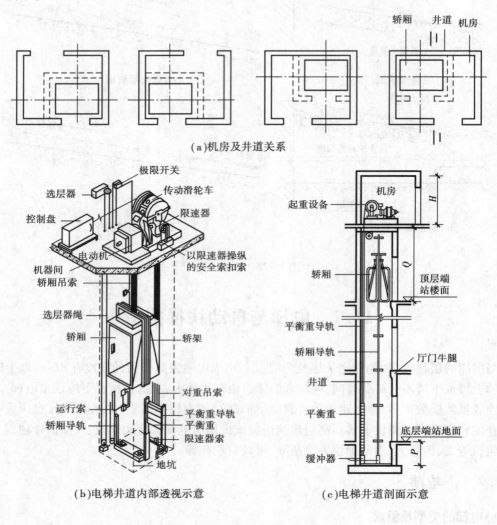

(a)机房及井道关系

(b)电梯井道内部透视示意

(c)电梯井道剖面示意

图 11.30　电梯机房及井道

2)电梯的构造及要求

(1)电梯井道

电梯井道是电梯运行的通道,内除电梯及出入口外还安装有导轨、平衡重及缓冲器等。

● 井道的尺寸　电梯井道的平面尺寸应考虑井道内的设备大小及设备安装和检修所需尺寸,这些尺寸又与电梯的类型、载重量等有关,设计时可按所选电梯厂的产品要求来确定。井道可供单台电梯使用,也可供两台电梯共用,如图 11.31 所示。井道的高度包括底层端站地面至顶层端站楼面的高度、井道顶层高度和井道底坑深度。井道底坑是电梯底层端站地面以下的部分。考虑电梯的安装、检修和缓冲要求,井道的顶部和底部应留有足够的空间。井道顶层高度和底坑深度视电梯运行速度、电梯类型及载重量而定,井道顶层高度一般为 3.8 ~ 5.6 m,底坑深度为 1.4 ~ 3.0 m。

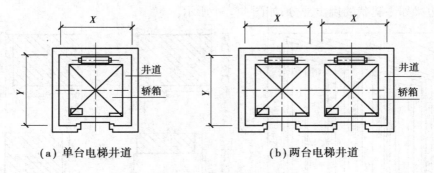

图 11.31 电梯井道平面

• **井道的防火和通风** 井道是高层建筑穿通各层的垂直通道,火灾事故中火焰及烟气容易从中蔓延。因此井道四壁必须具有足够的防火能力,以保证电梯在火灾时能正常运行。电梯井道应选用坚固耐火的材料,一般多采用钢筋混凝土。也可采用砖砌,但应采取加固措施。为使井道内空气流通,火灾时能迅速排除烟和热气,应在井道底部和中部及地坑等适当位置设不小于 300 mm × 600 mm 的通风口,上部可以和排烟口结合,排烟口面积不小于井道面积的3.5% 。通风口总面积的 1/3 应经常开启。通风管道可在井道顶板或井道壁上直接通往室外。井道上除了开设电梯门洞和通风孔洞外,不应开设其他洞口。

• **井道的隔振隔声** 为了减轻电梯在井道内运行时产生振动和噪声,应采取适当的隔振及隔声措施。一般在机房机座下设弹性垫层外,还应在机房与井道间设隔声层,高度为 1.5 ~ 1.8 m(图 11.32)。

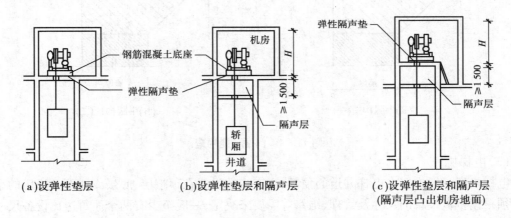

(a)设弹性垫层 　　(b)设弹性垫层和隔声层 　　(c)设弹性垫层和隔声层
　　　　　　　　　　　　　　　　　　　　　　　　　　　　　　(隔声层凸出机房地面)

图 11.32 电梯机房隔声、隔振处理

• **井道底坑** 其地面设有缓冲器,以减轻电梯轿厢停靠时与坑底的冲撞。坑底一般采用混凝土垫层,厚度按缓冲器反力确定。为便于检修,须考虑坑壁设置爬梯和检修灯槽,坑底位于地下室时,宜从侧面开一检修用小门,坑内预埋件按电梯厂要求确定。

(2)电梯门套

电梯门套装修的构造做法应与电梯厅的装修统一考虑。可有水泥砂浆抹灰,水磨石或木板装修,高级的还可采用大理石或金属装修,如图 11.33 所示。电梯门一般为双扇推拉门,宽800 ~ 1 500 mm,有中央分开推向两边和双扇推向同一边的两种。推拉门的滑槽通常安置在门套下楼板边梁如牛腿状的挑出部分,如图 11.34 所示。

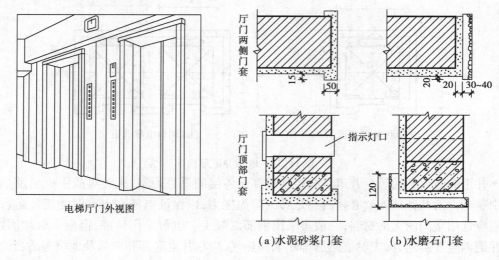

电梯厅门外视图

（a）水泥砂浆门套　　（b）水磨石门套

图 11.33　电梯门套构造

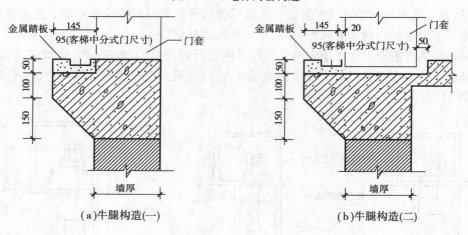

（a）牛腿构造（一）　　　　　（b）牛腿构造（二）

图 11.34　门厅牛腿构造

（3）电梯机房

电梯机房一般设置在电梯井道的顶部,也有少数设置在顶端层、底层或地下。机房的平面尺寸须根据机械设备的尺寸及管理、维修等需要来决定,一般至少有两个面每边比设备尺寸扩出 600 mm 以上的宽度,高度多为 2.5 ~ 3.5 m。机房应有良好的天然采光和自然通风,机房的围护结构应具有一定的防火、防水、保温、隔热性能。为了便于安装和检修,机房的楼板应按机器设备要求的部位预留孔洞。

· 11.7.2　自动扶梯 ·

自动扶梯适用于有大量人流上下的公共场所,如车站、商场、地铁车站等。自动扶梯是建筑物楼层间效率最高的连续载客设备。一般自动扶梯均可正、逆两个方向运行,可作提升及下降使用。机器停转时可作普通楼梯使用。

自动扶梯的坡度比较平缓,一般采用30°,运行速度为0.5～0.7 m/s,宽度按输送能力有单人和双人两种。自动扶梯的栏板分为全透明型、透明型、半透明型、不透明型4种,前3种内装照明灯具。

自动扶梯是电动机械牵动梯段踏步连同栏杆扶手带一起运转,机房悬挂在楼板下面(图11.35)。

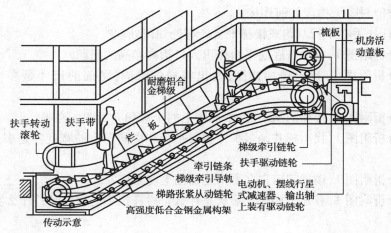

图11.35　自动扶梯示意图

小结 11

①楼梯是建筑物的重要构件,供人和物上下楼层和疏散人流之用。它布置在楼梯间内,一般由梯段、平台、栏杆扶手3部分组成。常见的楼梯平面形式有直跑梯、双跑梯、多跑梯、剪刀(交叉)梯等。

②楼梯的净空高度在平台过道处应大于2 m,在楼梯段处应大于2.2 m。首层平台下作通道时,当净高不能满足2 m的要求时,可采用不等跑梯段或利用室内外高差等办法予以解决。

③钢筋混凝土楼梯按施工方式分为现浇整体式和预制装配式两种。现浇钢筋混凝土楼梯按照楼梯段的传力特点,分为板式楼梯和梁板式楼梯。

④楼梯的细部构造包括踏步面层及防滑处理、栏杆与踏步的连接构造以及扶手与栏杆的连接构造。

⑤电梯是高层建筑的主要交通工具。电梯主要由机房、井道、轿厢三大部分组成。

复习思考题 11

11.1　楼梯由哪几部分组成? 各部分有何作用?

11.2　常见楼梯的形式有哪些?

11.3　为什么平台宽度不得小于楼梯段的宽度? 楼梯段的宽度又如何确定?

11.4 楼梯的坡度如何确定？与楼梯踏步有何关系？确定踏步尺寸的经验公式如何使用？

11.5 楼梯平台下作通道时有何要求？当不能满足时可采取哪些方法予以解决？

11.6 现浇钢筋混凝土楼梯常见的结构形式有哪几种？各有何特点？

11.7 楼梯踏步表面防滑构造如何？

11.8 栏杆与扶手、梯段如何连接？

11.9 栏杆扶手在平行双跑式楼梯平台转弯处如何处理？

11.10 分析附图1,有没有底层平台作出入口抬高净高的问题？

11.11 分析附图1,找出楼梯详图,找出楼梯的踏面,踢面的尺寸是多少？踏步数是多少？

11.12 分析附图1,楼梯的踏步数,平面图上的个数和立面图一样吗？

11.13 分析附图1,找出梯井是多少？楼层平台和中间平台的宽度各是多少？标高各是多少？

11.14 分析附图1,楼梯间窗户在哪个立面图上能对应？

11.15 分析附图1,有几个楼梯？形式是什么？栏杆扶手的材料又是什么？

12　屋顶构造

12.1　概　述

屋顶是建筑物最上层起覆盖作用的承重和围护构件,它的主要作用首先是应能承受屋顶本身的自重、风雪荷载及上人或检修屋面时的各种荷载,同时还起着对房屋上部的水平支撑作用,其次它应能抵御风霜雨雪、阴晴冷暖对屋顶覆盖下的空间的不利影响,另外屋顶的形式在很大程度上影响到建筑物的整体造型,因此屋顶的设计不仅要考虑是承重、围护,还要考虑其美观。

屋面防水等级根据建筑物的重要性可分为 4 级,Ⅰ~Ⅳ级的防水层耐用年限分别为 25,15,10,5 年。

·12.1.1　屋顶的类型·

屋顶按屋面坡度及结构选型的不同,可分为平屋顶、坡屋顶及其他形式的屋顶三大类。

1)平屋顶

平屋顶通常是指屋面坡度小于 5% 的屋顶,常用坡度范围为 2%~3%。其一般构造是用现浇或预制的钢筋混凝土屋面板作基层,上面铺设卷材防水层或其他类型防水层。这种屋顶是目前应用最为广泛的一种屋顶形式,其主要优点是可以节约建筑空间,提高预制安装程度。另外,平屋顶还可用作上人屋面,给人们提供一个休闲活动场所。图 12.1 为平屋顶常见的几种形式。

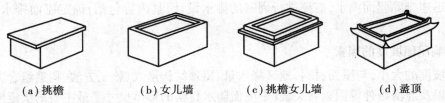

(a)挑檐　　　　(b)女儿墙　　　　(c)挑檐女儿墙　　　　(d)盝顶

图 12.1　平屋顶常见的形式

2)坡屋顶

坡屋顶通常是指屋面坡度大于 10% 的屋顶,常用坡度范围为 10%~60%。传统建筑中的小青瓦屋顶和平瓦屋顶均属坡屋顶。坡屋顶在我国有着悠久的历史,因为它容易就地取材,并且符合传统的审美要求,故在现代建筑中也常采用。图 12.2 为坡屋顶常见的几种形式。

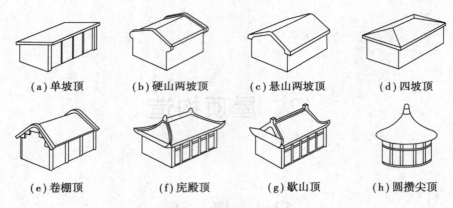

(a) 单坡顶　　(b) 硬山两坡顶　　(c) 悬山两坡顶　　(d) 四坡顶

(e) 卷棚顶　　(f) 庑殿顶　　(g) 歇山顶　　(h) 圆攒尖顶

图 12.2　坡屋顶常见的形式

3) 其他形式的屋顶

随着建筑科学技术的发展,出现了许多新型的空间结构形式,也相应出现了许多新型的屋顶形式,如拱结构、薄壳结构、悬索结构和网架结构等。这类屋顶一般用于较大体量的公共建筑,如图 12.3 所示。

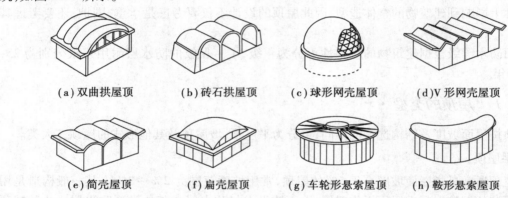

(a) 双曲拱屋顶　　(b) 砖石拱屋顶　　(c) 球形网壳屋顶　　(d) V 形网壳屋顶

(e) 筒壳屋顶　　(f) 扁壳屋顶　　(g) 车轮形悬索屋顶　　(h) 鞍形悬索屋顶

图 12.3　其他形式的屋顶

· 12.1.2　屋顶的坡度及排水 ·

为了迅速排除屋面雨水,需要进行周密的排水设计,其内容包括:确定屋面排水坡度和排水方式。

1) 影响屋顶坡度的因素

屋面坡度的大小,与屋面材料、地区降水量、屋顶结构形式、施工方法、构造组合方式、建筑造型要求以及经济条件等因素有关,其中屋面防水材料的形体尺寸是最主要的决定因素。

一般说来,防水材料的形体尺寸越小,整个防水层的接缝就越多,这样渗水的可能性就越大,故屋面坡度应大一些。反之,屋面防水材料的尺寸越大,如卷材屋面和刚性防水屋面,基本上是整体的防水层,接缝很少,故屋面坡度可以小一些。

降水量大的地区,屋面渗漏的可能性较大,屋面排水坡度应适当加大;反之则小些。

屋顶坡度的常用表示方法有斜率法、百分比法和角度法 3 种,如图 12.4 所示。斜率法是以屋顶高度与坡面的水平投影长度之比表示,可用于平屋顶或坡屋顶,如坡度为 1:4,即 $H:L=1:4$;百分比法是以屋顶高度与坡面的水平投影长度的百分比表示,多用于平屋顶,如坡度为 2%,即 $H:L=2\%$;角度法是以倾斜屋面与水平面的夹角表示,多用于有较大坡度的坡屋顶,目前在工程中较少采用。

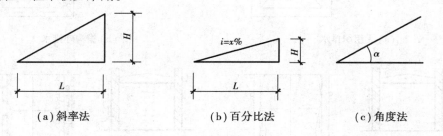

(a)斜率法　　　　　　(b)百分比法　　　　　　(c)角度法

图 12.4　屋顶坡度表示方法

2)屋面坡度的形成

屋顶排水坡度的形成主要有材料找坡和结构找坡两种,如图 12.5 所示。

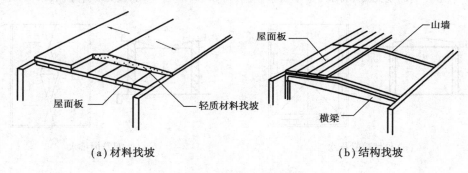

(a)材料找坡　　　　　　　　　(b)结构找坡

图 12.5　屋顶坡度的形成

材料找坡,又称垫置坡度或填坡,是指将屋面板像楼板一样水平搁置,然后在屋面板上采用轻质材料铺垫而形成屋面坡度的一种做法。常用的找坡材料有水泥炉渣、石灰炉渣等。材料找坡坡度宜为 2% 左右,找坡材料最薄处一般应不小于 30 mm。材料找坡的优点是可以获得水平的室内顶棚面,空间完整,便于直接利用;缺点是找坡材料增加了屋面自重。如果屋面有保温要求时,可利用屋面保温层兼作找坡层。目前这种做法被广泛采用。

结构找坡,又称搁置坡度或撑坡,是指将屋面板倾斜地搁置在下部的承重墙或屋面梁或屋架上而形成屋面坡度的一种做法。这种做法不需另加找坡层,屋面荷载小,施工简便,造价经济,但室内顶棚是倾斜的,故常用于室内设有吊顶或室内美观要求不高的建筑工程中。

3)屋顶的排水方式

屋顶的排水方式分为无组织排水和有组织排水两大类,如图 12.6 所示。

● 无组织排水　又称自由落水,是指屋面雨水直接从挑出外墙的檐口自由落下至地面的一种排水方式。这种排水方式简单、经济,但屋面雨水自由落下时会溅湿勒脚及墙面,影响外墙的耐久性,并还会影响地面上行人的活动。故无组织排水一般适用于低层建筑、少雨地区建筑及积灰较多的工业厂房。

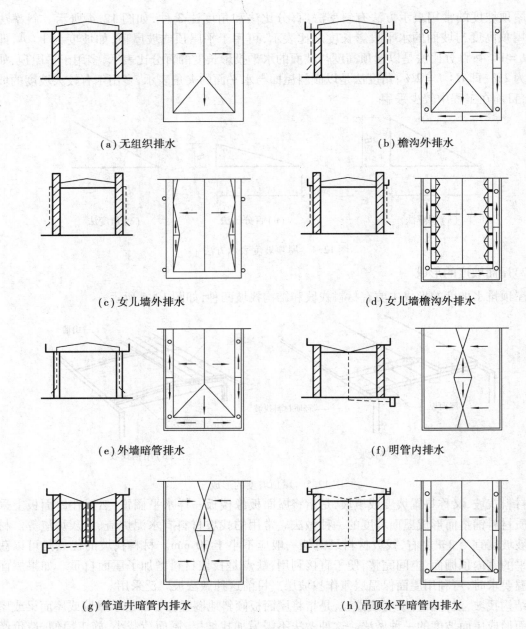

(a) 无组织排水　　　　　　　　　　　　(b) 檐沟外排水

(c) 女儿墙外排水　　　　　　　　　　　(d) 女儿墙檐沟外排水

(e) 外墙暗管排水　　　　　　　　　　　(f) 明管内排水

(g) 管道井暗管内排水　　　　　　　　　(h) 吊顶水平暗管内排水

图 12.6　屋顶的排水方式

● 有组织排水　是指屋面雨水通过排水系统,有组织地排至室外地面或地下管沟的一种排水方式。这种排水方式具有不易溅湿墙面,不妨碍行人交通的优点,因而适用范围很广,但与无组织排水相比,需要设置一系列相应的排水系件,故构造处理较复杂,造价较高。有组织排水又可分为外排水和内排水两种。外排水是建筑中优先考虑选用的一种排水方式,一般有檐沟外排水、女儿墙外排水、女儿墙檐沟外排水等多种形式,檐沟的纵向排水坡度一般为1%;内排水是在大面积多跨屋面、高层建筑以及有特殊需要时常采用的一种排水方式,这种方式会使雨水经雨水口流入室内雨水管,再由地下管道将雨水排至室外排水系统。

·12.1.3 屋面防水等级·

根据建筑物性质、重要程度、使用功能要求、防水层耐用年限、防水层选用材料和设防要求,将屋面防水分为四个等级,见表 12.1。

表 12.1 屋面防水等级和设防要求

项目	屋面防水等级			
	I	II	III	IV
建筑物类别	特别重要的民用建筑和对防水有特殊要求的工业建筑	重要的工业与民用建筑、高层建筑	一般的工业与民用建筑	非永久性建筑
防水层耐用年限	25 年	15 年	10 年	5 年
防水层选用材料	宜选用合成高分子防水卷材、高聚物改性沥青防水卷材、合成高分子防水涂料、细石防水混凝土等材料	宜选用高聚物改性沥青防水卷材、合成高分子防水卷材、合成高分子防水涂料、平瓦等材料	应选用高聚物改性沥青防水卷材、高聚物改性沥青防水涂料、沥青基防水涂料、刚性防水层、平瓦、油毡瓦等	可选用二毡三油沥青防水卷材、高聚物改性沥青防水涂料、波形瓦等材料
设防要求	三道或三道以上防水设防,其中应有一道合成高分子防水卷材;且只能有一道厚度不小于 2 mm 的合成高分子防水涂膜	二道防水设防,其中应有一道卷材;也可采用压型钢板进行一道设防	一道防水设防,或两种防水料复合使用	一道防水设防

12.2 平屋顶构造

平屋顶防水屋面按其防水层做法的不同,可分为柔性防水屋面、刚性防水屋面、涂膜防水屋面和粉剂防水屋面等多种类型。

·12.2.1 柔性防水屋面构造·

柔性防水屋面又称为卷材防水屋面,是将柔性的防水卷材或片材用胶结材料分层粘贴在屋面上,从而形成一个大面积的封闭防水覆盖层,这种防水层具有一定的延伸性,能适应直接暴露在大气层中的屋面结构的温度变形,它适用于防水等级 I ~ IV 级的屋面防水。

1)柔性防水屋面的基本构造层次及做法

柔性防水屋面的基本构造层次从下到上有结构层、找坡层、找平层、结合层、防水层和保护层,如图 12.7 所示。

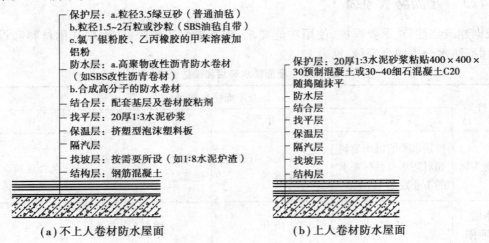

保护层：a.粒径3.5绿豆砂（普通油毡） b.粒径1.5~2石粒或沙粒（SBS油毡自带） c.氯丁银粉胶、乙丙橡胶的甲苯溶液加 铝粉 防水层：a.高聚物改性沥青防水卷材 （如SBS改性沥青卷材） b.合成高分子的防水卷材 结合层：配套基层及卷材胶粘剂 找平层：20厚1:3水泥砂浆 保温层：挤塑型泡沫塑料板 隔汽层 找坡层：按需要所设（如1:8水泥炉渣） 结构层：钢筋混凝土	保护层：20厚1:3水泥砂浆粘贴400×400× 30预制混凝土或30~40细石混凝土C20 随捣随抹平 防水层 结合层 找平层 保温层 隔汽层 找坡层 结构层
(a) 不上人卷材防水屋面	**(b) 上人卷材防水屋面**

图 12.7　卷材防水屋面

（1）结构层

柔性防水屋面的结构层通常为预制或现浇的钢筋混凝土屋面板。对于结构层的要求是必须有足够的强度和刚度。

（2）找坡层

找坡层只有当屋面采用材料找坡时才设。通常的做法是在结构层上铺垫 1 :（6~8）水泥焦渣或水泥膨胀蛭石等轻质材料来形成屋面坡度。

（3）找平层

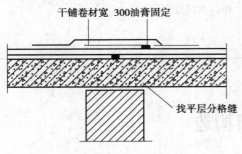

图 12.8　找平层分格缝做法

防水卷材应铺贴在平整的基层上,否则卷材会发生凹陷或断裂,所以在结构层或找坡层上必须先做找平层。找平层可选用水泥砂浆、细石混凝土或沥青砂浆等,厚度视防水卷材的种类和基层情况而定。找平层宜设分格缝,分格缝也叫分仓缝,是为了防止屋面不规则裂缝以适应屋面变形而设置的人工缝。分格缝缝宽一般为 5~20 mm,纵横间距一般不宜大于 6 m。分隔缝上应附加 200~300 mm 宽卷材,和胶粘剂单边点贴覆盖,且缝内应嵌填密封材料,如图 12.8 所示。

（4）结合层

结合层的作用是使卷材防水层与找平层粘结牢固。结合层所用材料应根据防水卷材的不同来选择,但对这一层的共同要求是既能与上面的防水卷材紧密结合,又容易渗入下面的找平层内。沥青类卷材通常用冷底子油作结合层;高分子卷材则多采用配套基层处理剂,也可用冷底子油或稀释乳化沥青作结合层。

（5）防水层

防水层是用防水卷材和胶结材料交替粘合,且上下左右可靠搭接而形成的整体的不透水层。

①高聚物改性沥青防水层　其铺贴做法有冷粘法和热熔法两种。冷粘法是用胶粘剂将卷材粘贴在找平层上,或利用某些卷材的自粘性进行铺贴。铺贴卷材时注意平整顺直,搭接尺寸准确,不扭曲,应排除卷材下面的空气并辊压粘贴牢固。热熔法施工是用火焰加热器将卷材均匀加热至表面发亮发黑,然后立即滚铺卷材使之平展,并辊压牢实。卷材的长短边搭接长度均不小于 80 mm。

②高分子卷材防水层(以三元乙丙卷材防水层为例)　先在找平层(基层)上涂刮基层处理剂(如 CX-404 胶等),要求薄而均匀,干燥不黏后即可铺贴卷材。采用胶粘剂粘贴时不小于 80 mm,采用胶粘带时不小于 50 mm。铺好后立即用工具滚压密实,搭接部位用胶粘剂均匀涂刷粘合。

卷材一般应由屋面低处向高处铺贴,并按水流方向搭接;卷材可垂直或平行于屋脊方向铺贴。卷材铺贴时要求保持自然松弛状态,不能拉得过紧。多层卷材铺贴时,上下层卷材的接缝应错开。上下层卷材不得相互垂直铺贴。

(6)保护层

设置保护层的目的是为了延长防水层的使用年限。保护层的做法,应根据防水层所用材料和屋面的利用情况而定。不上人屋面保护层的做法是:当屋面为油毡防水层时,可采用粒径为 3 ~ 6 mm 的小石子,俗称绿豆砂保护层;当屋面为三元乙丙橡胶卷材时,可采用直接涂刷于其上的银色着色剂作为保护层;当屋面为彩色三元乙丙复合卷材时,则直接用 CX-404 胶粘结,不需另加保护层。上人屋面的保护层具有保护防水层和兼作上人屋面面层的双重作用,其做法通常是采用水泥砂浆或沥青砂浆铺贴缸砖、大阶砖、混凝土板等,也可以采用 20 mm 厚水泥砂浆抹面或现浇 40 mm 厚 C20 细石混凝土面层(宜掺微膨胀剂)的做法,并在其上设置符合相应构造要求的分格缝。在保护层与防水层之间还应设隔离层,以减少它们与防水层之间相互变形的影响,避免渗漏。隔离层材料一般有低等级砂浆、纸筋灰、塑料薄膜、无纺布、粉砂或石灰浆等。

2)柔性防水屋面的细部构造

柔性防水屋面在处理好大面积屋面防水的同时,应注意卷材泛水及收头、雨水口、变形缝等防水薄弱部位的细部构造,防止渗漏水。

(1)泛水构造

泛水系屋面防水层与垂直屋面凸出物交接处的防水处理。柔性防水屋面在泛水构造处理时应注意:

①铺贴泛水处的卷材应采取满粘法,即卷材下满涂一层胶结材料。

②泛水应有足够的高度,迎水面不低于 250 mm,非迎水面不低于 180 mm,并加铺一层卷材。

③屋面与立墙交接处应做成弧形($R = 50 ~ 100$ mm)或 45°斜面,使卷材紧贴于找平层上,而不致出现空鼓现象。

④做好泛水的收头固定。

当卷材在砖墙上收头时,可在砖墙上预留凹槽,卷材收头应压入凹槽内固定密封,凹槽距屋面找平层最低高度不小于 250 mm,凹槽上部的墙体应做好防水处理,如图 12.9(a)所示。当砖墙较低时,如女儿墙檐口,卷材收头可直接铺压在女儿墙压顶下,压顶做好防水处理,如图 12.9(b)所示。当卷材在混凝土墙上收头时,卷材直接用压条固定于墙上,用金属或合成高分子盖板作挡雨板,并用密封材料封固缝隙,以防雨水渗漏,具体构造如图 12.9(c)所示。自由落水檐口卷材收头应固定密封,在距檐口卷材收头 800 mm 范围内,卷材应采取满粘法,如图 12.9(d)所示。檐沟与屋面交接处应增铺附加层,且附加层宜空铺,空铺宽度应为 200 mm,卷材收头处应用水泥钉固定,并用密封材料封牢,同时檐口饰面要做好滴水,如图 12.9(e)所示。

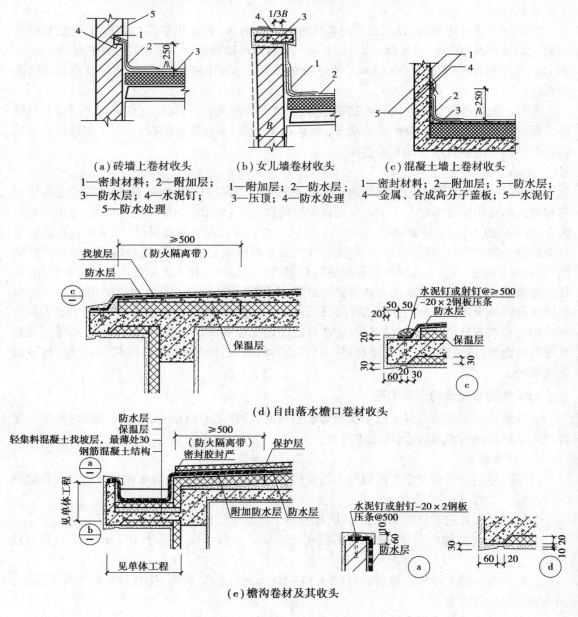

(a)砖墙上卷材收头
1—密封材料;2—附加层;
3—防水层;4—水泥钉;
5—防水处理

(b)女儿墙卷材收头
1—附加层;2—防水层;
3—压顶;4—防水处理

(c)混凝土墙上卷材收头
1—密封材料;2—附加层;3—防水层;
4—金属、合成高分子盖板;5—水泥钉

(d)自由落水檐口卷材收头

(e)檐沟卷材及其收头

图 12.9　卷材泛水收头构造

(2)雨水口构造

雨水口是汇集屋面雨水并将雨水排至落水管的关键部位,故对雨水口构造的要求是排水通畅,避免渗漏和堵塞。雨水口有直管式雨水口和弯管式雨水口两种。

直管式雨水口,用于外檐沟排水或内排水。由于直管式雨水口是在水平结构上开洞,故为了防止其周边漏水，应首先用水泥砂浆将漏斗形铸铁定形件埋嵌牢固，然后在雨水口四周加铺一层卷材并贴入漏斗四周不小于 100 mm，并用油膏嵌缝。雨水口上应采用定型带篦铁罩或铅丝球盖住，防止杂物流入造成堵塞。具体构造如图 12.10 所示。

弯管式雨水口用于女儿墙外排水。由于弯管式雨水口需要穿过女儿墙，故采用侧向铸铁雨水口，且屋面防水层应铺入雨水口内，同时在雨水口内壁四周要加铺一层卷材，加铺宽度不小于 100 mm，并安装铸铁篦子。另外，所有的雨水口都应尽可能比屋面或檐沟低一些，有找坡层或保温层的屋面，可在雨水口直径 500 mm 周围内逐渐减薄，形成漏斗形，使之排水通畅，避免积水。冬季采暖房屋这部分积雪会比别处先融化，这样就能避免雨水口被冰雪堵塞。具体构造如图 12.11 所示。

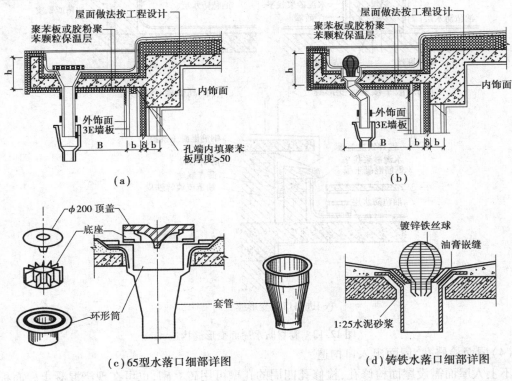

图 12.10　檐沟直管式柔性防水屋面雨水口构造

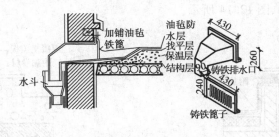

图 12.11　女儿墙弯管式柔性防水屋面雨水口构造

（3）变形缝构造

屋面变形缝构造应保证屋顶既能自由伸缩变形又不造成渗漏。常见的处理方式有等高屋面变形缝和高低屋面变形缝两种。等高屋面变形缝一般是在屋面板上缝的两端加砌矮墙,矮墙高度应大于250 mm,并做好屋面防水及泛水处理,其要求同屋面泛水构造,如图12.12(a)所示。高低屋面处变形缝要防止低屋面雨水流入变形缝,故要做好挡水、泛水及缝的处理,如图12.12(b)、(c)所示。

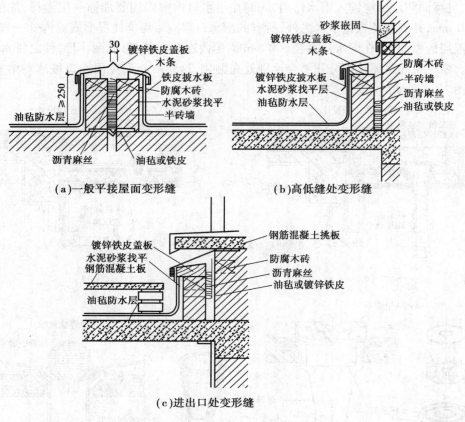

（a）一般平接屋面变形缝   （b）高低缝处变形缝

（c）进出口处变形缝

图12.12　卷材防水屋面变形缝构造

（4）屋面检修孔、屋面出入口构造

不上人屋面需设屋面检修孔,检修孔四周的孔壁可用砖立砌,也可在现浇混凝土屋面板时将混凝土上翻制成,高度一般为300 mm。壁外的防水层应做成泛水并将卷材用镀锌薄钢板盖缝并压钉好,如图12.13、图12.14所示。

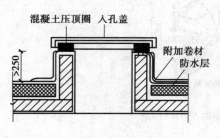

图12.13　屋面检修口

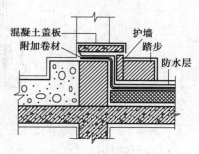

图12.14　屋面出入口

· 12.2.2 刚性防水屋面 ·

刚性防水屋面是指以刚性材料作为防水层的屋面,如防水砂浆、细石混凝土、配筋细石混凝土等。其主要优点是施工方便、节约材料、造价经济和维修方便,但这种防水屋面对温度变化和结构变形较为敏感,较易产生裂缝而渗水,故多用于我国日温差较小的南方地区。刚性防水屋面主要适用于防水等级为Ⅲ级的屋面防水,也可用作Ⅰ,Ⅱ级屋面多道防水设计中的一道防水层。

刚性防水屋面要求基层变形小,一般只适用于无保温层的屋面,因为保温层多采用轻质多孔材料,其上不宜进行浇筑混凝土的湿作业;此外,混凝土防水层铺设在这种较松软的基层上也很容易产生裂缝。另外,刚性防水屋面也不宜用于高温、有振动冲击荷载和基础有较大不均匀沉降的建筑。

1)刚性防水屋面的基本构造层次及做法

如图 12.15 所示,刚性防水层的构造一般有:防水层、隔离层、找平层、结构层等,并尽量采用结构找坡。

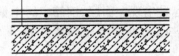

图 12.15 刚性防水层的构造层次

（1）结构层

刚性防水屋面的结构层必须具有足够的强度和刚度,故通常采用现浇或预制的钢筋混凝土屋面板。刚性防水屋面一般为结构找坡,坡度以 3% ~ 5% 为宜。屋面板选型时应考虑施工荷载,且排列方向一致,以平行屋脊为宜。为了适应刚性防水屋面的变形,如图 12.16(a)所示,屋面板的支承处应做成滑动支座,其做法一般是在墙或梁顶上用水泥砂浆找平,再干铺两层中间夹有滑石粉的油毡,然后搁置预制屋面板,并且在屋面板端缝处和屋面板与女儿墙的交接处都要用弹性物嵌填,如图 12.16(b)、(c)、(d)所示。如屋面为现浇板,也可在支承处做滑动支座。屋面板下如有非承重墙,应与板底脱开 20 mm,并在缝内填塞松软材料。

（2）找平层

为了保证防水层厚薄均匀,通常应在预制钢筋混凝土屋面板上先做一层找平层,找平层一般为 20 mm 厚 1:3 水泥砂浆。若屋面板为现浇时可不设此层。

（3）隔离层

为减少结构层变形及温度变化对防水层的不利影响,宜在防水层之下设隔离层,也叫浮筑层。隔离层能使防水层与结构层完全脱开,以便于它们各自的变形活动。隔离层的做法一般是先在屋面结构层上用水泥砂浆找平,再铺设沥青、废机油、油毡、油纸、粘土、石灰砂浆或纸筋

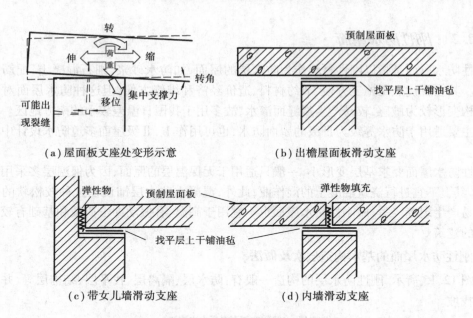

（a）屋面板支座处变形示意　　　　　　（b）出檐屋面板滑动支座

（c）带女儿墙滑动支座　　　　　　　　（d）内墙滑动支座

图 12.16　刚性屋面设置滑动支座构造

灰等。有保温层或找坡层的屋面,也可利用它们作隔离层。

（4）防水层

刚性防水屋面防水层的做法有防水砂浆抹面和现浇配筋细石混凝土面层两种。目前,通常采用后一种。具体做法是现浇不小于 40 mm 厚的细石混凝土,内配 $\phi4$ 或 $\phi6$,间距为 100 ~ 200 mm 的双向钢筋网片。由于裂缝容易出现在面层,钢筋应居中偏上,使上面有 15 mm 厚的保护层即可。为使细石混凝土更为密实,可在混凝土内掺外加剂,如膨胀剂、减水剂、防水剂等,以提高其抗渗性能。

2）刚性防水屋面的细部构造

（1）分格缝构造

分格缝又称分仓缝,是防止屋面不规则裂缝而设置的人工缝。刚性防水屋面的分格缝应设置在屋面温度年温差变形的许可范围内和结构变形敏感的部位。因此,分格缝的纵横间距一般不宜大于 6 m,且应设在屋面板的支承端、屋面转折处、防水层与凸出屋面结构的交接处,并应与屋面板板缝对齐,如图 12.17 所示。分格缝宽一般为 20 ~ 40 mm,为了有利于伸缩,首先应将缝内防水层的钢筋网片断开,然后用弹性材料如泡沫塑料或沥青麻丝填底,密封材料嵌填缝上口,最后在密封材料的上部还应铺贴一层防水卷材。具体构造如图 12.18 所示。

（2）泛水构造

刚性防水屋面的泛水构造是指在刚性防水层与垂直屋面凸出物交接处的防水处理,可先预留宽度为 30 mm 的缝隙,并且用密封材料嵌填,再铺设一层卷材或涂抹一层涂膜附加层,收头做法与柔性防水屋面泛水做法相同,如图 12.19 所示。

（3）檐口构造

刚性防水屋面檐口的形式一般有自由落水挑檐口、挑檐沟外排水檐口和女儿墙外排水檐口 3 种做法。

①无组织排水檐口一般是根据挑檐挑出的长度,直接做配筋细石混凝土防水层悬挑,也可

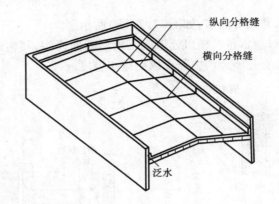

图 12.17　分格缝位置

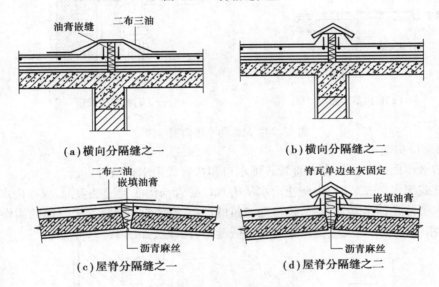

（a）横向分隔缝之一　　　　（b）横向分隔缝之二

（c）屋脊分隔缝之一　　　　（d）屋脊分隔缝之二

图 12.18　分格缝构造

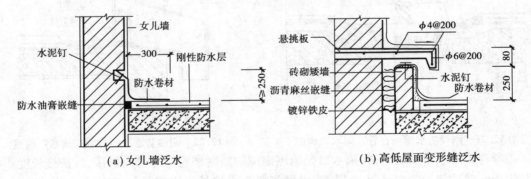

（a）女儿墙泛水　　　　（b）高低屋面变形缝泛水

图 12.19　刚性防水屋面的泛水构造

以在增设的钢筋混凝土挑檐板上做防水层。这两种做法都要注意处理好檐口滴水，如图 12.20（a）所示。

　　②挑檐沟外排水檐口一般是采用现浇或预制的钢筋混凝土槽形天沟板，在沟底用低强度的混凝土或水泥炉渣等材料垫置成纵向排水坡度。屋面铺好隔离层后再浇筑防水层，防水层

应挑出屋面至少 60 mm,并做好滴水,如图 12.20(b)所示。

③女儿墙外排水檐口通常是在檐口处做成三角形断面天沟,其构造处理与女儿墙泛水做法基本相同,但应注意在女儿墙天沟内需设纵向排水坡度。

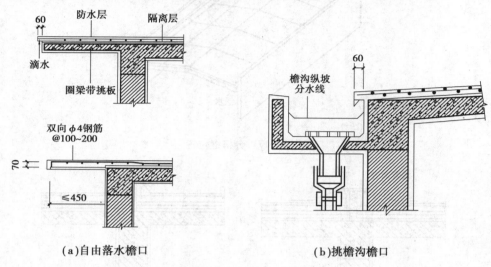

(a)自由落水檐口　　　　　　　　(b)挑檐沟檐口

图 12.20　刚性防水屋面檐口构造

(4)雨水口构造

刚性防水屋面的雨水口也有直管式雨水口和弯管式雨水口两种做法。

①直管式雨水口安装时,为防止雨水从雨水口套管与沟底接缝处渗漏,应在雨水口周边加铺柔性防水层并延伸至套管内壁,檐口处浇筑的混凝土防水层应覆盖于附加的柔性防水层之上,并在防水层与雨水口交接处用密封材料嵌缝,具体做法如图 12.21 所示。

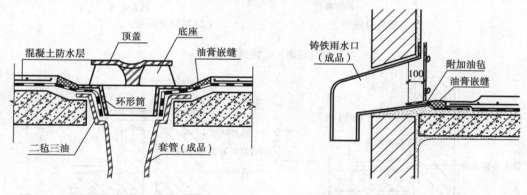

图 12.21　刚性防水屋面直管式雨水口构造　　　图 12.22　刚性防水屋面弯管式雨水口构造

②弯管式雨水口安装时,在雨水口处的屋面应加铺附加卷材与弯头搭接,其搭接长度不小于 100 mm,然后浇筑混凝土防水层,防水层与弯头交接处需用密封材料嵌缝,具体做法如图 12.22 所示。

(5)变形缝构造

刚性防水屋面的变形缝构造与柔性防水屋面相似,只是刚性防水层与变形缝两侧砌筑的矮墙交接处的防水处理应与刚性防水的泛水处理相同。

· *12.2.3* 涂膜防水屋面 ·

涂膜防水屋面又称涂料防水屋面,是指用可塑性和粘结力较强的高分子防水涂料,直接涂刷在屋面基层上而形成不透水的薄膜层来达到防水目的的一种屋面做法。防水涂料一般有乳化沥青类、氯丁橡胶类、丙烯酸树脂类、聚胺脂类和焦油酸性类等。这些材料根据其性质的不同又可分为两类,一类是用水或溶剂溶解后在基层上涂刷,通过水或溶剂蒸发而干燥硬化;另一类是通过材料的化学反应而硬化。这些材料多数具有防水性好、粘结力强、延伸性大,以及耐腐蚀、耐老化、无毒、不延燃、冷作业、施工方便的优点,但涂膜防水价格较高,成膜后要格外注意保护,防止硬杂物碰坏。涂膜防水主要适用于防水等级为Ⅲ级、Ⅳ级的屋面防水,也可以作为Ⅰ级、Ⅱ级屋面多道防水设防中的一道防水层。

1)涂膜防水屋面的构造层次及做法

涂膜防水屋面的构造层次与柔性防水屋面相似,由结构层、找坡层、找平层、结合层、防水层和保护层组成,如图 12.23 所示。

(1)结构层和找坡层

在涂膜防水屋面中,结构层和找坡层的做法均与柔性防水屋面相同。

(2)找平层和结合层

为使防水层的基层具有足够的强度和平整度,找平层通常为 25 mm 厚 1:2.5 水泥砂浆,并且为保证防

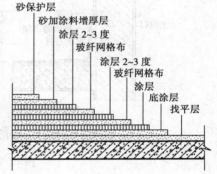

图 12.23 涂膜防水屋面构造

水层与基层粘结牢固,结合层应选用与防水涂料相同的材料经稀释后满刷在找平层上。

(3)防水层

涂膜防水屋面的防水层涂刷时应分多次进行。乳剂性防水材料,应采用网状布织层如玻璃布等,可使涂膜均匀,一般手涂 3 遍可做成 1.2 mm 的厚度;溶剂性防水材料,手涂一次可涂 0.2~0.3 mm,干后重复涂 4 或 5 次,可作 1.2 mm 以上的厚度。

(4)保护层

涂膜的表面一般须撒细砂作保护层,为防太阳辐射影响及色泽需要,可适量加入银粉或颜料着色加强保护作用。上人屋顶一般要在防水层上涂抹一层 5~10 mm 厚粘结性好的聚合物水泥砂浆,干燥后再抹水泥砂浆面层。

2)涂膜防水屋面的细部构造

(1)分格缝构造

涂膜防水层为了避免由于温度变化和结构变形而引起基层开裂,致使涂膜防水层渗漏,一般应在涂膜防水屋面的找平层上设分格缝,缝宽宜为 20 mm,并留设在板的支承处,其间距不宜大于 6 m,分格缝内应嵌填密封材料。分格缝的具体构造如图 12.24 所示。

(2)泛水构造

涂膜防水屋面的泛水构造与柔性防水屋面的泛水结构基本相同,不同的是在屋面容易渗漏的地方,需根据屋面涂膜防水层的不同再用二布三油、二布六涂等措施加强其防水能力。具体构造分别如图 12.25 所示。

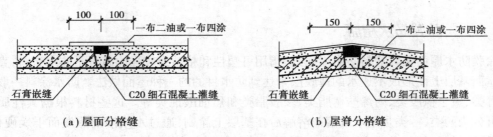

（a）屋面分格缝　　　　　　　　　　（b）屋脊分格缝

图 12.24　涂膜防水屋面分格缝构造

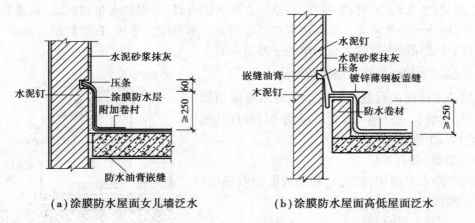

（a）涂膜防水屋面女儿墙泛水　　　　　（b）涂膜防水屋面高低屋面泛水

图 12.25　涂膜防水屋面泛水构造

·*12.2.4*　**粉剂防水屋面**·

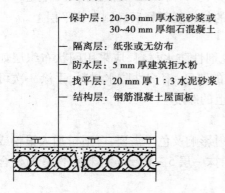

图 12.26　粉剂防水屋面构造

粉剂防水屋面是以脂肪酸钙为主体,通过特定的化学反应组成的复合型粉状防水材料加保护层,来作为屋面防水层的一种做法。它完全打破了传统的防水观念,是一种既不同于柔性防水,又不同于刚性防水的新型的防水形式。这种粉剂组成的防水层透气而不透水,有极好的憎水性、耐久性和随动性,并且具有施工简单、快捷,造价低、寿命长等优点。

粉剂防水屋面的构造层次有结构层、找平层、防水层、隔离层和保护层,如图 12.26 所示。

·*12.2.5*　**平屋顶的保温与隔热**·

屋顶作为建筑物的围护结构,设计时应根据当地气候条件和使用功能的要求,妥善解决其保温和隔热问题。

1）平屋顶的保温

我国的北方地区冬季气候寒冷,室内必须采暖。为了使室内热量不致于散失太快,保证房屋的正常使用并尽量减少能源消耗,屋顶应满足基本的保温要求,在构造处理时通常是在屋顶中增设保温层。

（1）保温材料的选择

保温材料要根据建筑物的使用要求、气候条件、屋顶的结构形式以及当地资源情况等因素综合考虑进行选择。保温材料应为孔隙多、容重轻、导热系数小的材料，一般有散料类、整体类和板块类3种。

- 散料类　如炉渣、矿渣等工业废料，以及膨胀陶粒、膨胀蛭石和膨胀珍珠岩等。
- 整体类　一般是以散料类保温材料为骨料，掺入一定量的胶结材料，现场浇筑而形成的整体保温层，如水泥炉渣、水泥膨胀珍珠岩及沥青蛭石、沥青膨胀珍珠岩等。
- 板块类　一般现场浇筑的整体类保温材料都可由工厂预先制作成板块类保温材料，如预制膨胀珍珠岩、膨胀蛭石以及加气混凝土、泡沫塑料等块材或板材。

（2）保温层的设置

根据屋顶保温层与防水层相对位置的不同，可归纳为两种保温类型，即正铺法和倒铺法，如图 12.27 所示。

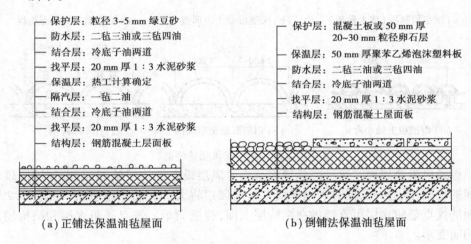

图 12.27　平屋顶的保温构造

- 正铺法　是将保温层设在结构层之上、防水层之下，从而形成封闭式保温层的一种屋面做法。在正铺法保温卷材屋面中，常常由于室内水蒸汽会上升而进入保温层，致使保温材料受潮，降低保温效果，所以通常要在保温层之下先做一道隔汽层。隔汽层的做法一般是在结构层上做找平层，然后根据不同需要可涂一层沥青，也可铺一毡二油或二毡三油。

- 倒铺法　是将保温层设置在防水层之上，从而形成敞露式保温层的一种屋面做法。倒铺法的屋面层次与传统的屋面铺设层次相反，故称之为倒铺法。它的优点是防水层不受太阳辐射和剧烈气候变化的直接影响，不受外来作用力的破坏；缺点是选择保温材料时受限制，只能选用吸湿性低、耐气候性强的保温材料，并且一般还应进行日晒、雨雪、风力及温度变化和冻融循环的试验。多年实践证明，聚氨脂和聚苯乙烯泡沫塑料板可作为倒铺屋面的保温层，但上面要用较重的覆盖物作保护层，如混凝土板、水泥砂浆或卵石。卵石保护层与保温层之间应铺设纤维织物。板块保护层可干铺，也可用水泥砂浆铺砌。

2）平屋顶的隔热

在气候炎热地区，夏季强烈的太阳辐射会使屋顶的温度剧烈上升，严重影响室内人们正常的生活和工作，因此，应对屋顶进行适当的构造处理，来达到隔热降温的目的。

屋顶隔热降温通常有以下几种方式：

（1）通风隔热屋面

通风隔热屋面是在屋顶中设置通风的空气间层，使屋顶的上表面起遮挡阳光的作用，而中间的空气间层则利用风压原理和热压原理散发掉大部分的热量，从而降低了传到屋顶下表面的温度，达到隔热降温的目的。通风隔热屋顶根据结构层和通风层的相对位置的不同又可分为两种：

● 架空通风隔热屋面　这种隔热屋面的一般做法是用预制板块架空搁置在防水层上形成架空层，如图12.28所示。架空通风隔热屋面架空层应有适当的净高，一般以180～240 mm为宜，架空层周边应设一定数量的通风孔，以保证空气流通。当女儿墙上不宜开设通风孔时，应距女儿墙250 mm范围内不铺架空板。

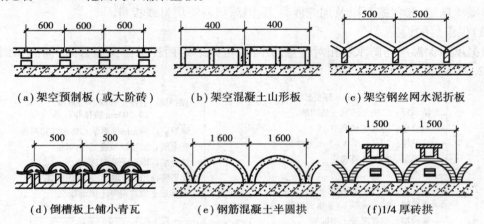

(a) 架空预制板（或大阶砖）　(b) 架空混凝土山形板　(c) 架空钢丝网水泥折板

(d) 倒槽板上铺小青瓦　(e) 钢筋混凝土半圆拱　(f) 1/4厚砖拱

图12.28　架空通风隔热构造

● 顶棚通风隔热屋面　这种隔热屋面是将通风层设在结构层的下面，即利用屋顶与室内顶棚之间的空间作隔热层，同时利用檐墙上的通风口将大部分的热量散出，如图12.29所示。这种屋面的优点是防水层可直接做在结构层上面，构造简单。缺点是防水层和结构层均易受气候影响而变形。

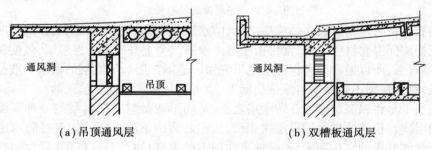

(a) 吊顶通风层　(b) 双槽板通风层

图12.29　顶棚通风隔热屋面构造

顶棚通风隔热屋面的通风层应有足够的净空高度，一般为500 mm左右，并设置一定数量的通风孔，以利空气对流。通风孔应考虑防飘雨措施，同时要注意解决好屋面防水层的保护问题，避免防水层开裂而引起渗漏。

（2）蓄水屋面

蓄水屋面是在屋顶上蓄积一层水，当太阳辐射到屋顶上时，水吸收热量而蒸发，这样就会减少屋顶吸收的热能，从而达到降温隔热的目的。蓄水屋面宜采用整体现浇的混凝土刚性防水层，在屋顶构造处理时要增加一壁三孔，即蓄水分仓壁、溢水孔、泄水孔和过水孔。

蓄水屋面的设计要点有：

①首先应有合适的蓄水深度，一般为 150～200 mm。

②根据屋面面积的大小，用分仓壁将屋面划分为若干个蓄水区，每区的最大边长一般不大于 10 m，在分仓壁底部应设过水孔，使整个屋面上水能相互贯通。

③合理设置溢水孔和泄水孔，保证适宜的蓄水深度，并便于在不需隔热降温时将积水排除。

④应有足够的泛水高度，至少应高出溢水孔的上口 100 mm 左右。

⑤应注意做好管道的防水处理，避免渗漏。

具体构造如图 12.30 所示。

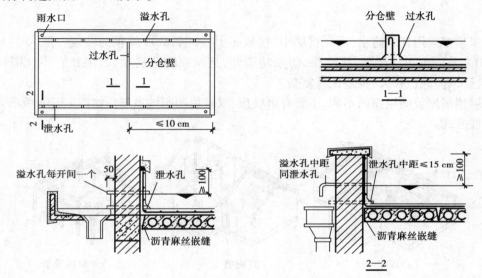

图 12.30　蓄水屋面构造

（3）种植屋面

种植屋面是在屋顶上种植植物，利用植被的蒸腾和光合作用吸收太阳辐射热，从而达到隔热降温的目的。种植屋面也应采用整体现浇的刚性防水层，并必须对其进行防腐处理，避免水和肥料日久天长渗入混凝土中腐蚀钢筋。

种植屋面的设计要点有：

①种植介质应尽量选用谷壳、膨胀蛭石等轻质材料，以减轻屋顶自重。

②屋顶四周须设栏杆或女儿墙作为安全防护措施，保证上屋顶人员的安全。

③挡墙下部设排水孔和过水网，过水网可采用堆积的砾石，它能保证水通过而种植介质不流失，如图 12.31 所示。

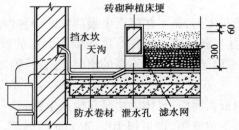

图 12.31　种植屋面构造

（4）反射屋顶

反射屋面是利用材料表面的颜色和光滑度对热辐射的反射作用，将一部分热量反射回去，从而达到降温的目的。屋顶表面可以铺浅颜色材料，如浅色的砾石，或刷白色的涂料及银粉，都能使屋顶产生降温的效果。如果在顶棚通风屋顶的基层中加一层铝箔纸板，就会产生二次反射作用，这样会进一步改善屋顶的隔热效果。

12.3　坡屋顶构造

坡屋顶多采用瓦采防水，而瓦材块小，接风多，易渗漏，故坡屋顶的坡度一般大于10°，通常取30°左右。由于坡度大，排水快，防水功能好，且屋顶构造高度大，因此它不仅消耗材料多，而且受风荷载也较大，构造比较复杂。

坡屋顶根据坡面组织的不同，主要有单坡顶、双坡顶和四坡顶等。如图12.32所示为双坡屋面起坡方式。

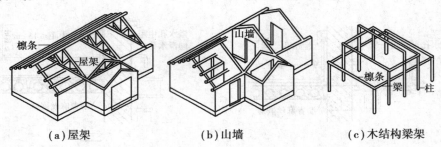

（a）屋架　　　　　　（b）山墙　　　　　　（c）木结构梁架

图12.32　坡屋面起坡方法

·12.3.1　坡屋顶屋面的防水构造·

1）平瓦屋面

平瓦又称机平瓦，是根据防水和排水需要，把黏土或水泥等材料用模具压制成凹凸楞纹后再焙烧而成的瓦片。平瓦的一般尺寸为长380～420 mm，宽230～250 mm，净厚为20～25 mm。为防止下滑，瓦背后有突出的挡头，可以挂在挂瓦条上，其上还穿有小孔，在风速大的地区或屋面坡度较大时，可用铅丝将瓦绑扎在挂瓦条上，保证瓦的可靠固定。平瓦屋面根据基层的不同有空铺平瓦屋面、实铺平瓦屋面和钢筋混凝土挂瓦板平瓦屋面3种做法。

（1）空铺平瓦屋面

空铺平瓦屋面也称冷摊瓦屋面，是平瓦屋面中最简单的一种做法，具体做法是在檩条上固定橼条，然后再在橼条上钉挂瓦条并直接挂瓦。这种屋面做法的特点是施工方便、经济，但雨雪易从瓦缝飘进室内，故通常用于质量要求不高的临时建筑中，如图12.33所示。

（2）实铺平瓦屋面

实铺平瓦屋面也称木望板瓦屋面，具体做法是在檩条上铺钉一层15～20 mm厚的平口毛木板，即木望板，板与板间可不留缝隙，也可留10～20 mm的缝隙，木望板上平行于屋脊方向干铺一层油毡，再用30 mm×10 mm的板条（称压毡条或顺水条）将油毡钉牢，最后在压毡条

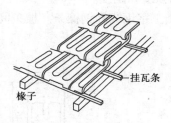

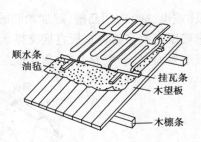

顺水条
油毡
挂瓦条
木望板
木檩条

图 12.33 空铺平瓦屋面   图 12.34 实铺平瓦屋面

上平行于屋脊方向钉挂瓦条并挂瓦,挂瓦条的断面和间距与冷摊瓦屋面相同,如图 12.34 所示。因挂瓦条与油毡之间夹有顺水条而有了空隙,便于把飘入瓦缝的雨水排出,所以这种屋面的防水能力较空铺平瓦屋面有很大的提高,同时也提高了屋面的保温隔热性能;但它的缺点是耗用木材较多,造价相对较高,故多用于质量要求较高的建筑中。

（3）钢筋混凝土挂瓦板平瓦屋面

这种屋面是用预应力或非预应力的钢筋混凝土挂瓦板直接搁置在横墙或屋架上,代替实铺平瓦屋面中的檩条、屋面板和挂瓦条,然后在挂瓦板直接挂瓦而形成的屋面,如图 12.35 所示。挂瓦板的屋面坡度不宜小于 1∶2.5,挂瓦板与砖墙或屋架固定时,可将挂瓦板两端挂在预埋在砖墙或屋架中的钢筋头上,再用 1∶3 水泥砂浆填实。挂瓦板的细部尺寸应与平瓦的尺寸相符,断面形式有 Ⅱ 形、T 形、F 形 3 种,并在板筋根部留有泄水孔,以排除由瓦面渗下的雨水。这种屋面的优点是构造简单,节约木材且防水可靠,但在施工时应严格控制构件的几何尺寸,切实保证施工质量,避免因瓦材搭接不严密而造成雨水渗漏。

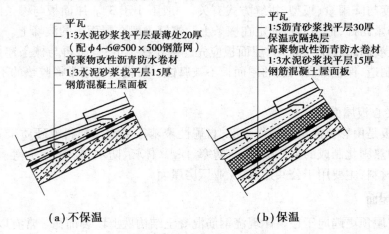

（a）不保温   （b）保温

图 12.35 钢筋混凝土挂瓦板平瓦屋

2）彩板屋面

彩板屋面即彩色压型钢板屋面,是近十多年来在大跨度建筑中广泛采用的高效能屋面。它自重轻、强度高、施工安装方便,而且彩板色彩绚丽、质感好,大大增加了建筑艺术效果。

根据彩板的功能构造分为单层彩板和保温夹心彩板。

（1）单彩板屋面（图 12.36）

单彩板只有一层薄钢板,用它做屋面时必须在室内一侧另设保温层。根据单彩板断面形式不同,可分为波形板、梯形板、带肋梯形板。带肋梯形板是在普通梯形板的上下翼和腹板上增加纵(或纵、横)向凹凸槽,起加劲肋的作用,提高了彩板的强度和刚度。

彩板屋面大多数将彩板直接支撑于檩条上,一般为槽钢、工字钢或轻钢檩条。檩条间距视屋面板型号而定,一般为1.5~3.0 m。

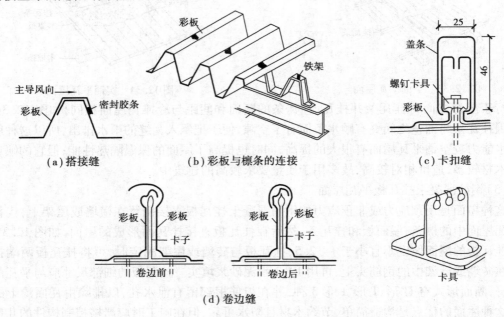

（a）搭接缝　　　　（b）彩板与檩条的连接　　　　（c）卡扣缝

（d）卷边缝

图12.36　彩板屋面

屋面板坡度与降雨量、板型、拼缝方式有关,一般不小于3°。屋面板与檩条的连接采用各种螺栓、螺钉等紧固件,把屋面板固定在檩条上。螺钉一般在屋面板的波峰上。为了不使连接松动,当屋面板波高超过35 mm时,屋面板应先连接在铁架上,铁架再与檩条连接。连接螺钉必须用不锈钢制造,保证螺孔周围的屋面板不被腐蚀。钉帽均要用带橡胶垫的不锈钢垫圈,防止钉孔处渗水。

（2）保温夹心板屋面

保温夹心板是由彩色涂层钢板作表层,自熄性聚苯乙烯泡沫塑料或硬质聚氨酯泡沫作芯材,通过加压加热固化制成的夹心板,具有防寒、保温、体轻、防水、装饰、承力等多种功能,是一种高效的结构材料,主要用于公共建筑、工业厂房屋面。

3）装饰瓦屋面

近年来,坡屋顶更趋向于在整体现浇钢筋混凝土结构层上设装饰瓦。常有以下做法:

①在屋面防水卷材之上再作水泥砂浆来粘贴装饰瓦。这种瓦完全不起防水作用,只不过是表面做成"瓦"形状的面砖。但由于屋面防水卷材表面一般都较光滑,装饰瓦容易产生下滑现象。改进的办法是用在屋面防水卷材表面附设网纹材料的做法来增加与水泥砂浆的黏结力。但由于水泥砂浆是刚性材料,在屋面热胀冷缩的情况下仍易开裂,因此瓦片下滑仍难以解决。

②在屋面防水卷材上仍然使用传统的顺水条和挂瓦条,再铺设传统的屋面瓦,这种做法相当于又增加了一道防水层,效果较好。

③改变装饰瓦的材性及与基底的联结方式。例如,玻璃纤维的沥青瓦,是将玻璃纤维和沥青分层黏合成片状,上敷以天然矿石粒,即形成对沥青的保护层,并带上了天然石材的质感和色彩。

玻璃纤维沥青瓦可以用黏贴剂直接贴在基层上,也可以用钉子钉在屋面防水层上。这种玻璃纤维沥青瓦比面砖瓦轻得多,又可以减少为贴装饰瓦而设的构造层次,还兼有防水作用。

· 12.3.2 坡屋顶的细部构造 ·

坡屋顶中最常见的是平瓦屋面,故以平瓦屋面为例介绍其细部构造。

1)檐口构造

(1)纵墙檐口

纵墙檐口根据建筑的造型要求可做成挑檐和封檐两种。挑檐是指屋面挑出外墙的构造做法,其具体形式有砖挑檐、屋面板挑檐、挑檐木挑檐、挑椽挑檐等,挑檐可对外墙起到一定的保护作用,如图 12.37 所示。封檐是指檐口外墙高出屋面将檐口包住的构造做法,为了解决排水问题,一般需在檐部内侧做水平天沟,如图 12.38 所示。

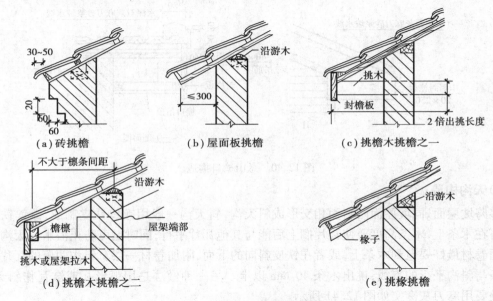

图 12.37 平瓦屋面纵墙挑檐檐口

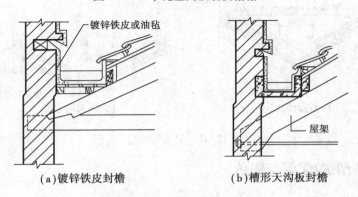

图 12.38 平瓦屋面纵墙封檐檐口

(2)山墙檐口

山墙檐口按屋面形式有硬山和悬山两种做法。硬山檐口是指山墙高出屋面的构造做法,在山墙与屋面交接处应做好泛水处理,如图 12.39 所示。悬山檐口是指屋面挑出山墙的构造做法,其构造一般是将檩条挑出山墙,再用木封檐板(也称博风板)封住檩条端部,如图 12.40 所示。

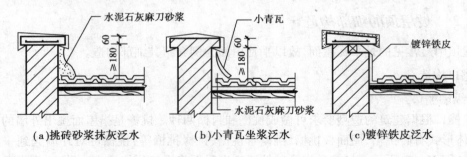

（a)挑砖砂浆抹灰泛水　　　　（b)小青瓦坐浆泛水　　　　（c)镀锌铁皮泛水

图 12.39　硬山檐口构造

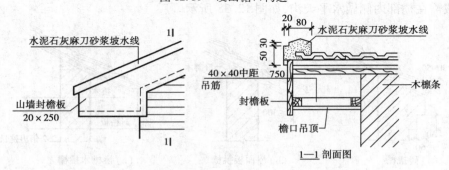

图 12.40　悬山檐口构造

2)天沟构造

多跨坡屋面、同坡屋面两斜面相交形成斜天沟,斜天沟一般用镀锌铁皮制成,镀锌铁皮两边包钉在木条上,木条高度要使瓦片搁上后能与其他瓦片平行,同时也可防止溢水。天沟两侧的屋面卷材最好要包到木条上,或者在铁皮斜向的下面,附加卷材一层。斜沟两侧的瓦片要锯成一条与斜沟平行的直线,挑出木条 40 mm 以上。另一种做法是用弧形瓦或缸瓦作斜天沟,搭接处要用麻刀灰窝实如图 12.41 所示。

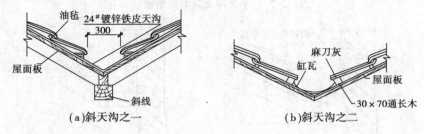

（a)斜天沟之一　　　　　　（b)斜天沟之二

图 12.41　斜天沟构造

· 12.3.3　坡屋顶的保温与隔热 ·

1)坡屋顶的保温

坡屋顶的保温有屋面层保温和顶棚层保温两种做法。当采用屋面层保温时,其保温层可设置在瓦材下面或檩条之间。当屋顶为顶棚层保温时,通常需在吊顶龙骨上铺板,板上设保温层,可以收到保温和隔热的双重效果。坡屋顶保温材料可根据工程的具体要求,选用散料类、整体类或板块类材料。坡屋顶保温构造如图 12.42、图 12.35(b)所示。

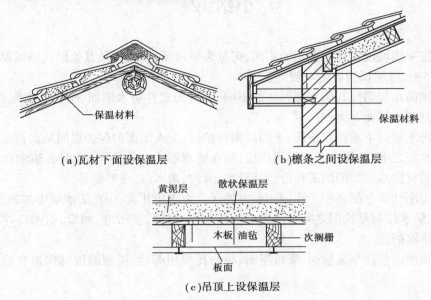

(a)瓦材下面设保温层　　　　　(b)檩条之间设保温层

(c)吊顶上设保温层

图 12.42　坡屋顶保温构造

2)坡屋顶的隔热

在炎热地区的坡屋面应采取一定的构造处理来满足隔热的要求,一般是在坡屋顶中设进风口和出气口,利用屋顶内外的热压差和迎风面的风压差,使空气对流,形成屋顶内的自然通风,以减少由屋顶传入室内的辐射热,从而达到隔热降温的目的。进风口一般设在檐墙上、屋檐上或室内顶棚上,出气口最好设在屋脊处,以增大高差,加速空气流通。图 12.43 为几种通风屋顶的示意图。

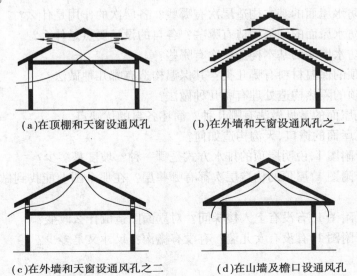

(a)在顶棚和天窗设通风孔　　　　(b)在外墙和天窗设通风孔之一

(c)在外墙和天窗设通风孔之二　　　(d)在山墙及檐口设通风孔

图 12.43　坡屋顶通风示意图

小结 12

①屋顶按屋面坡度及结构选型的不同,可分为平屋顶、坡屋顶及其他形式的屋顶。平屋顶的坡度小于 5% ,坡屋顶的坡度一般大于 10% 。

②平屋顶防水屋面按其防水层做法的不同,可分为柔性防水屋面、刚性防水屋面、涂膜防水屋面和粉剂防水屋面等类型。

③卷材防水屋面下需做找平层,上面应做保护层,上人屋面的保护层同地面面层做法。保温层铺在防水层之下时,须在其下加隔汽层,铺在防水层之上时则不加,但必须选择不透水的保温材料。卷材防水屋面的细部构造包括泛水、天沟、雨水口、变形缝等。

④混凝土刚性防水层多用于我国的南方地区。为防止开裂,应在防水层中加钢筋网片,设置分格缝,在防水层与结构层之间加隔离层。泛水、分格缝、变形缝、檐口、雨水口等细部构造须有可靠的防水措施。

⑤坡屋顶屋面包括平瓦屋面、彩板屋面、装饰瓦屋面等,坡屋顶的细部构造有檐口、山墙、天沟等。

复习思考题 12

12.1 影响屋顶坡度的因素有哪些? 如何形成屋顶的排水坡度?

12.2 屋顶的排水方式有哪几种? 简述各自的优缺点和适用范围。

12.3 卷材防水屋面的基本构造层次有哪些? 各层次的作用是什么?

12.4 柔性防水屋面的细部构造有哪些? 各自的设计要点是什么?

12.5 刚性防水屋面的基本构造层次有哪些? 各层次的作用是什么?

12.6 刚性防水屋面的细部构造有哪些? 各自的设计要点是什么?

12.7 涂料防水屋面的基本构造层次有哪些?

12.8 平屋顶的保温材料有哪几类? 其保温构造有哪几种做法?

12.9 平屋顶的隔热构造处理有哪几种做法?

12.10 平瓦屋面的常见做法有哪几种? 简述各自的优缺点。

12.11 平瓦屋面的檐口、天沟构造如何?

12.12 分析附图 1,说明屋顶的排水方式是哪一种? 坡度是多少?

12.13 分析附图 1,屋顶的构造层次都有哪些层? 在那个图上能找到做法? 保温层的厚度是多少?

12.14 分析附图 1,有没有上人楼梯间? 对立面图造成什么改变?

12.15 分析附图 1,有没有女儿墙? 有没有檐沟? 尺寸又是多少?

13　门窗构造

　　门与窗是房屋建筑中的两个围护部件,它们在不同情况下,有分隔、采光、通风、保温、隔声、防水及防火等不同的作用。窗的主要功能是采光、通风及观望;门的主要功能是交通出入、分隔联系建筑空间,有时也兼起通风、采光的作用。此外,门窗对建筑物的外观及室内装修造型影响也很大,因此,对门和窗来说,总的要求应是坚固耐用、美观大方、开启方便、关闭紧密、便于清洁维修。

　　常用门窗材料有木、钢、铝合金、塑料和玻璃等。木门窗制作简易,较讲究的可以用硬木,一般多用松木、杉木,所用木料常常经过干燥处理,以防变形。为了节约木材,金属和塑料门窗已有了相当规模和数量的应用,其断面形状和构造也比木门窗复杂得多。目前由于门窗在制作生产上已经基本标准化、规格化和商品化,各地均有一般民用建筑门窗通用图集,设计时即可按所需类型以及尺度大小直接从中选用。

13.1　门窗的形式与尺度

· 13.1.1　窗的形式和尺度 ·

1)窗的开启方式
窗按其开启方式通常有固定窗、平开窗、悬窗、立转窗、推拉窗等(图 13.1)。

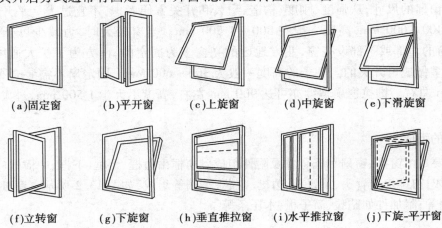

(a)固定窗　　(b)平开窗　　(c)上旋窗　　(d)中旋窗　　(e)下滑旋窗

(f)立转窗　　(g)下旋窗　　(h)垂直推拉窗　　(i)水平推拉窗　　(j)下旋-平开窗

图 13.1　窗的开启方式

- 固定窗　不能开启的窗。一般将玻璃直接装在窗框上,尺寸可大些。
- 平开窗　这是一种可以水平开启的窗,有外开、内开之分。平开窗构造简单,制作、安装和维修均较方便,在一般建筑中使用最为广泛。
- 悬窗　按转动铰链或转轴的位置不同可以分为上悬窗、中悬窗和下悬窗。上悬窗与中悬窗一般向外开启,防雨效果比较好,且有利于通风。上悬窗常用于高窗。而下悬窗通风防水性能均较差,在民用建筑中用得极少。
- 立转窗　这是一种可以绕竖轴转动的窗。竖轴沿窗扇的中心垂线而设,或略偏于窗扇的一侧。这种窗通风效果好,但不够严密,防雨防寒性能差。
- 推拉窗　可以左右或垂直推拉的窗。水平推拉窗需上下设轨槽,垂直推拉窗需设滑轮和平衡重。推拉窗开关时不占室内空间,但推拉窗不能全部同时开启,可开面积最大不超过1/2 的窗面积。水平推拉窗扇受力均匀,所以窗扇尺寸可以较大,但五金件较贵。

2)窗的尺度

窗的尺度应综合考虑以下几方面因素:

- 采光　从采光要求来看,窗的面积与房间面积有一定的比例关系。
- 使用　窗的自身尺寸以及窗台高度取决于人的行为和尺度。
- 节能　在《民用建筑节能设计标准(采暖居住建筑部分)》中,明确规定了寒冷地区各朝向窗墙面积比。该标准规定,按地区不同,北向、东西向以及南向的窗墙面积比,应分别控制在20% ,30% ,35%左右。窗墙面积比是窗户洞口面积与房间的立面单元面积(及建筑层高与开间定位轴线围成的面积)之比。
- 符合窗洞口尺寸系列　为了使窗的设计与建筑设计、工业化和商业化生产,以及施工安装相协调,国家颁布了《建筑门窗洞口尺寸系列》这一标准。窗洞口的高度和宽度(指标志尺寸)规定为 3M 的倍数。但考虑到某些建筑,如住宅建筑的层高不大,以 3M 进位作为窗洞高度,尺寸变化过大,所以增加 1 400,1 600 mm 作为窗洞高的辅助参数。
- 结构　窗的高宽尺寸受到层高及承重体系以及窗过梁高度的制约。
- 美观　窗是建筑物造型的重要组成部分,窗的尺寸和比例关系对建筑立面影响极大。可开窗扇的尺寸,从强度、刚度、构造、耐久和开关方便考虑,不宜过大。平开窗扇的宽度一般在400 ~ 600 mm,高度一般在 800 ~ 1 500 mm。当窗较大时,为减少可开窗扇的尺寸,可在窗的上部或下部设亮窗,北方地区的亮窗多为固定的,南方为了扩大通风面积,窗的上亮子多做成可开关的。亮子的高度一般为 300 ~ 600 mm。固定扇不需装合页,宽度可达 900 mm 左右。推拉窗扇宽度亦可达 900 mm 左右,高度不大于 1 500 mm,过大时开关不灵活。

3)窗的组成

窗主要是由窗框、窗扇和五金件及附件组成。窗框由边框、上框、下框、中横框(中横档)、中竖框组成;窗扇由上冒头、下冒头、边梃、窗芯、玻璃等组成,如图 13.2 所示。窗五金零件如铰链、插销等;附加件如贴脸、筒子板、木压条等。

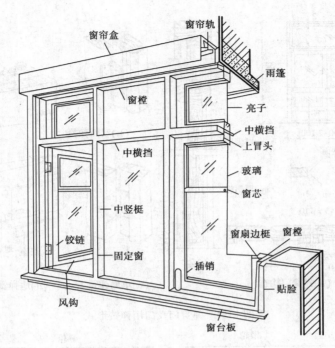

图 13.2　窗的组成

·*13.1.2　门的形式和尺度*·

1)门的开启方式

门的开启方式主要是由使用要求决定的,通常有以下几种不同方式:

图 13.3　普通平开门

● 平开门:水平开启的门。铰链安在侧边,有单扇、双扇,有向内开、向外开之分。平开门的构造简单,开启灵活,制作和维修均较方便,是一般建筑中使用最广泛的门,如图 13.3 所示。

● 弹簧门　形式同平开门,不同的是,弹簧门的侧边用弹簧铰链或下面用地弹簧传动,开启后能自动关闭。多数为双扇弹簧门,能内外两个方向弹动;少数为单扇或单向弹动,如纱门。弹簧门的构造与安装比平开门稍复杂,多用于人流出入较频繁或有自动关闭要求的场所,如图 13.4 所示。

● 推拉门　可以在上下轨道上滑行的门。在门扇的上部装置滑轮称为上挂式推拉门,一般用于门扇高度小于 4 m 的门;在门扇的下部装置滑轮时称为下滑式推拉门,一般用于门扇高度大于 4 m 的门。推拉门有单扇和双扇之分,可以藏在夹墙内或贴在墙面外,占地少,受力合理,不易变形。因此门扇可以做的大些,但关闭不够严密。推拉门的构造也较复杂,一般用于两个空间需扩大联系的门。在人流众多的地方,还可以用光电管或触动式设施使推拉门自动启闭,如图 13.5 所示。

● 折叠门　为多扇折叠,可以拼合折叠推移到侧边的门。当每侧均为双扇折叠门时,在两个门扇侧边用合页连接在一起,开关和普通平开门一样。两扇均为多扇折叠门时,除在相邻各扇的侧面装合页以外,还需要在门顶或门底安装滑轮和导轨以及可以转动的五金配件。每扇

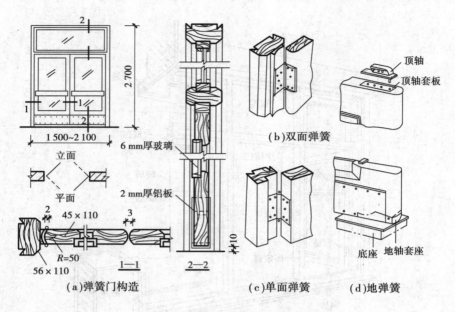

图 13.4 弹簧门及门用弹簧形式

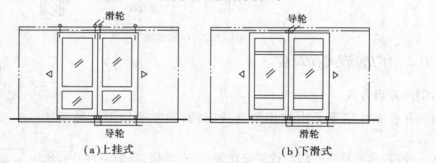

图 13.5 推拉门

折叠三扇或更多的门,虽然仍可称之为门,实际上已成为折叠或移动式隔墙了。折叠门一般用于两个空间需要更为扩大联系的门(图 13.6)。

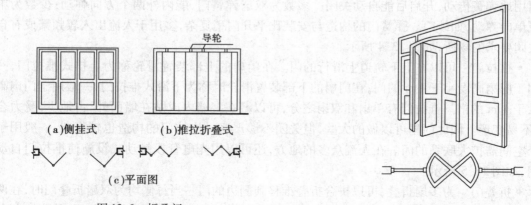

图 13.6 折叠门

图 13.7 转门

• 转门 为三或四扇连成风车形,在两个固定弧形门套内旋转的门,如图 13.7 所示。转门可以作为公共建筑中人流出入频繁,且有采暖和空调设备的情况下的外门,对减弱或防止内外空气对流有一定作用。使用时各门扇之间形成的封闭空间起着门斗作用。一般在转门的两旁另设平开门或弹簧门,以作不需空气调节的季节或大量人流疏散之用。转门构造复杂,造价较高,一般情况不宜采用。

2)门的尺度

门的尺度一般是指门的高宽尺寸。门的具体尺寸应综合考虑以下几方面因素:

①使用:应考虑到人体的尺度和人流量,搬运家具、设备所需高度尺寸等要求,以及有无其他特殊需要。例如门厅前的大门往往由于美观及造型需要,常常考虑加高、加宽门的尺度。

②符合门窗口尺寸系列:与窗的尺寸一样,应遵守国家标准《建筑门窗洞口尺寸系列》。门洞口宽和高的标志尺寸规定为:600,700,800,900,1 000,1 200,1 400,1 500,1 800 mm 等。其中部分宽度不符合 3M 规定,而是根据门的实际需要确定的。

③对于外门,在不影响使用的前提下,应符合节能原则,特别是住宅的门不能随意扩大尺寸。总之门的尺寸主要是根据使用功能和洞口标准确定的。

④一般房间门的洞口宽度最小为 900 mm,厨房、厕所等辅助房间门洞的宽度最小为 800,700 mm。门洞口高度除卫生间、厕所可为 1 800 mm 以外,均应不小于 2 000 mm。门洞口高度大于 2 400 mm 时,应设上亮窗。门洞较窄时可开一扇,1 200 ~ 1 800 mm 的门洞,应开双扇。大于 2 000 mm 时,则应开三扇或多扇。对于大型公共建筑,门的尺度可根据需要另行确定。

3)门的组成

门由门框、门扇、亮子、五金零件及附件组成。门框由上框、边框、中横框、中竖框组成,一般不设下框。门扇有镶板门、夹板门、拼板门、玻璃门、百页门和纱门等,如图 13.8 所示。亮子又称腰窗,它位于门的上方,起辅助采光及通风的作用。有时有贴脸板和筒子板等附件。

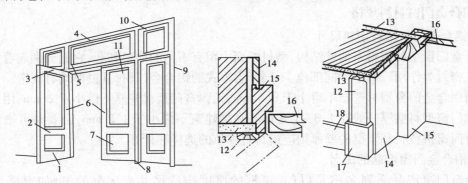

图 13.8　门的组成

1—下冒头;2—中冒头;3—上冒头;4—门樘上槛;5—横挡;6—门梃;7—门心板;8—门樘中梃;
9—门樘边梃;10—腰头窗;11—玻璃;12—贴脸;13—墙面抹灰;14—筒子板;
15—门樘;16—门扇;17—门蹬;18—踢脚板

13.2 成品门窗

· *13.3.1 铝合金门窗* ·

铝合金门窗以其用料省、质量轻、密闭性好、耐腐蚀、坚固耐用、色泽美观、维修费用低等优点已经得到广泛的应用。

1）铝合金门窗的特点

①质量轻。铝合金门窗用料省、质量轻，每 1 m² 耗用铝材平均只有 80 ~ 120 N（钢门窗为 170 ~ 200 N），较木门窗轻 50% 左右。

②性能好。铝合金门窗在气密性、水密性、隔声和隔热性能方面较钢、木门窗都有显著的提高。因此，它适用于装设采暖空调设备以及对防水、防尘、隔声、保温隔热有特殊要求的建筑。

③坚固耐用。铝合金门窗耐腐蚀，不需涂任何涂料，其氧化层不褪色、不脱落。这种门窗强度高、刚度好，坚固耐用，开闭轻便灵活，安装速度快。

④色泽美观。铝合金门窗框料型材，表面经过氧化着色处理，既可以保持铝材的银白色，也可以制成各种柔和的颜色或带色的花纹，如古铜色、暗红色、黑色等。还可以在铝材表面涂刷一层聚丙烯酸树脂保护装饰膜，制成的铝合金门窗造型新颖大方、表面光洁、外观美丽、色泽牢固，增加了建筑物立面和室内的美观。

铝合金门窗具有如上几个优点，选用时应针对不同地区、不同气候和环境、不同使用要求和构造处理，选择不同的门窗形式。

2）铝合金门窗材料规格

（1）铝合金门窗型材用料尺寸

铝合金门窗型材用料系薄壁结构，型材断面中留有不同的槽口和孔，它们分别起着空气对流、排水、密封等作用。对于不同部位、不同开启方式的铝合金门窗，其壁厚均有规定：

普通铝合金门窗型材壁厚不得小于 0.8 mm，地弹簧门型材壁厚不得小于 2 mm，用于多层建筑外铝门窗型材壁厚一般在 1.0 ~ 1.2 mm，高层建筑不应小于 1.2 mm，必要时可增设加固件。组合门窗拼樘料和竖梃的壁厚则应进行更细致的选择和计算。

（2）铝合金门窗产品的命名

铝合金门窗产品系列名称是以门、窗框的厚度构造尺寸来区分的，例如窗框厚度为 70 mm，则称为 70 系列铝合金窗。再如，TLC70-32A-C，此标记中的"TLC"代表"推拉铝合金窗"，"70"表示"70 系列"，"32A"表示为这一系列中的第 32 号 A 型窗，字母"S"表示纱扇。平开窗窗框厚度一般采用 40,50,70 mm，推拉窗窗框的厚度一般采用 55,60,70,90 mm，平开门门框的厚度一般采用 50,55,70 mm，推拉铝合金门则采用 70,90 mm 厚度的门框。图 13.9 为铝合金平开窗和推拉窗的窗框的几种型材示例。

铝合金门窗常见尺寸见表 13.1、表 13.2。

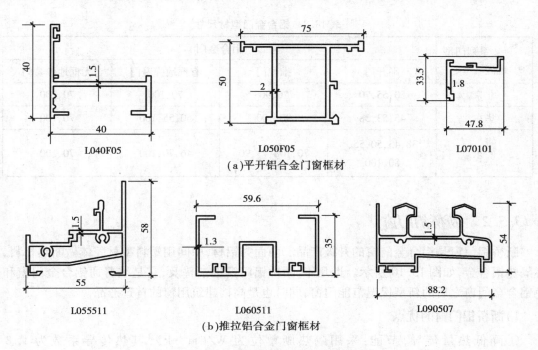

图 13.9　铝合金窗窗框的几种型材截面图

表 13.1　铝合金窗最大窗口尺寸、最大开启扇尺寸

窗型种类	系列	最大窗口尺寸($B \times H$)	最大开启扇面积($b \times h$)
平开窗 滑轴窗	40	$1\,800 \times 1\,800$	$600 \times 1\,200$
	50	$2\,100 \times 2\,100$	$600 \times 1\,400$
	70	$2\,100 \times 2\,100$	$600 \times 1\,200$
推拉窗	55	$2\,400 \times 2\,100, 3\,000 \times 1\,500$	$845 \times 1\,500$
	60	$2\,400 \times 2\,100, 3\,000 \times 1\,800$	$900 \times 1\,750$
	70	$3\,500 \times 1\,800, 2\,000 \times 2\,000 \times 2\,700$	$1\,000 \times 2\,000$
	90	$3\,000 \times 2\,100$	$900 \times 1\,800$
	90-1	$3\,000 \times 2\,100$	$900 \times 1\,800$
固定窗	40	$1\,800 \times 1\,800$	
	50	$2\,100 \times 2\,100$	
	70	$2\,100 \times 2\,100$	
立轴、中悬窗	70(立)	$3\,000 \times 2\,100$	
	70(中)	$1\,200 \times 2\,000$	$1\,200 \times 2\,000$
	80	$1\,200 \times 600$	$1\,200 \times 600$
百叶窗	100	$1\,400 \times 2\,000$	$700 \times 2\,000$
	100	$1\,400 \times 2\,000$	$(700 + 700) \times 2\,000$

表 13.2　铝合金门型材尺寸

系列门型 地区	铝合金门			
	平开门	推拉门	有框地弹簧门	无框地弹簧门
北京	50,55,70	70,90	70,100	70,100
华东	45,53,38	90,100	50,55,100	70,100
广东	38,45,50,55, 80,100	70,108,73,90	46,70,100	70,100

·13.3.2　断桥铝门窗·

断桥铝门窗是铝合金门窗的升级产品。两面为铝材,中间用塑料型材腔体做断热材料,又称隔热铝合金,如图 13.10 所示。近几年,断桥铝门窗逐渐普及,它是继普通铝合金门窗和彩色铝合金门窗之后的新型保温节能门窗,同时也是高档建筑用窗的首选产品。

1)断桥铝门窗的优点

①降低热量传导,节能:采用隔热断单位为 $W/(m^2 \cdot k)$,其热传导系数为 1.8 ~ 3.5 $W/(m^2 \cdot k)$ 大大低于普通铝合金型材 140 ~ 170 $W/(m^2 \cdot k)$;绝大部分的铝合金门窗依然是普通铝合金型材安装单层玻璃,而断桥铝门窗采用中空玻璃结构(如 5 +9 +5),阻止了热量的传导。其热传导系数为 2.0 ~ 3.59 $W/(m^2 \cdot k)$ 大大低于普通铝合金型材 6.69 ~ 6.84 $W/(m^2 \cdot k)$,有效降低了通过门窗传导的热量。比普通门窗热量散失减少 50%,降低取暖费用 30% 左右。同时减少了由于空调和暖气产生的环境辐射。

②防止冷凝:带有隔热条的型材内表面的温度与室内温度接近,降低室内水分因过饱和而冷凝在型材表面的可能性。在寒冷的冬季,即使温差达 500 ℃门窗也不会产生结露现象。

③隔声性能好,降低噪声:采用厚度不同的中空玻璃结构和隔热断桥铝型材空腔结构,能够有效降低声波的共振效应,阻止声音的传递,可以降低噪音 30 ~ 40 dB。能保证在高速公路两侧 50 m 内的居民不受噪音干扰,毗邻闹市也可保证室内宁静温馨。

④颜色丰富多彩,极具装饰性:采用阳极氧化、粉末喷涂喷涂、氟碳喷涂表面处理后可以生产不同颜色的铝型材,经滚压组合后,使隔热铝合金门窗产生室内、室外不同颜色的双色窗户。

⑤防水功能:下滑设计斜面阶梯式,设排水口,排水畅通,水密性好。

⑥防火功能:铝合金为金属材料,隔热条材质为 PA66 + GF25(俗称尼龙隔热条)不燃烧,且耐高温性好。

⑦防风沙、抗风压:断桥铝窗体抗拉伸和抗剪切强度及抵御热变形能力强度高,坚固耐用。内框直料采用空心设计、抗风压变形能力强 ,抗震动效果好。可用于高层建筑及民用住宅,可设计大面积窗型,采光面积大;这种窗的气密性比任何铝、塑钢窗都好,能保证风沙大的地区室内窗台和地板无灰尘。

⑧绿色建材:断桥铝型材不易受酸碱侵蚀,不易变黄褪色,几乎不必保养。无老化问题之忧、无气体污染之困扰。断桥铝门窗在生产过程中不仅不会产生有害物资,在建筑达到寿命周期后,所有材料均可回收循环再利用,属绿色建材环保产品,符合人类可持续发展。

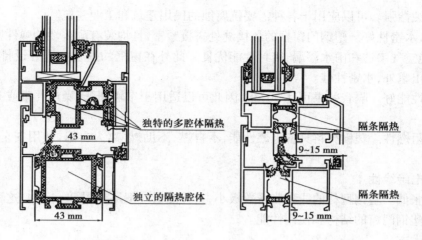

独特的多腔体隔热

43 mm

独立的隔热腔体

43 mm

隔条隔热

9~15 mm

隔条隔热

9~15 mm

(a)浇筑式　　　　　　　(b)穿条式

(c)实物图片

图 13.10　断桥铝门窗构造图

· 13.3.3　塑钢门窗 ·

塑钢门窗是以改性聚氯乙烯(简称 UPVC),经挤压机挤出成型为各种断面的中空门窗异型材,轻质碳酸钙为填料,添加适量助剂或改性剂,再根据不同的品种规格选用不同截面异型材料组装而成。由于塑料的变形大、刚度差,一般在竖框、中横框和挤樘料等主要受力塑料型材的空腔内衬以型钢、硬铝等加强筋,以增强抗弯曲能力。这种门窗即为我们通常所说的塑钢门窗。

1)塑钢门窗的特点

①强度高,耐冲击性强。

②耐候性佳。这种门窗一般可以在 -40 ~70 ℃任何气候下使用,经受烈日、暴雨、风雪、干燥、潮湿的侵袭而不脆化、不变质,在正常使用下可达 50 年左右。

③隔热性能好、节约能源。塑钢的导热系数小,相当于铝合金的 1/1 250,钢的 1/360 左右,所以相同面积、相同玻璃层数的塑钢门窗的隔热效果优于铝合金和钢门窗,并可节约能源30% 左右,是良好的节能门窗。

④耐腐蚀性强。可以应用于各种需要抗腐蚀的民用建筑和工业建筑。

⑤气密、水密性好。塑钢门窗框的各接缝处搭接紧密,且均装有耐久性的弹性密封条或阻风板,能隔绝空气渗透和雨水渗漏,密封性能优良。此外在窗框的适合位置开设排水孔,能将雨水完全排出室外,水密性佳。

⑥隔音性能好。隔音效果可达 30 dB,因此可以适用于车辆频繁、噪声严重或有宁静要求的环境。

⑦具备阻燃性。塑钢材料具备阻燃性能,不自燃、不助燃、离火自熄,使用安全性高,符合防火要求。

⑧具有电绝缘性。

⑨热膨胀低。塑钢型材的线膨胀系数极小,其伸缩量一般不超过 2 mm/m,这种收缩膨胀量不会影响塑钢门窗的结构和使用性能。

⑩美观大方。

13.3 其他门窗

1)保温门窗

对寒冷地区及冷库建筑,为了减少热损失,应做保温门窗。保温门窗的设计要点在于提高门窗的热阻,以减少冷空气渗透量。因此室外温度低于 −20 ℃ 或建筑标准要求较高时,保温窗可采用双层窗、中空玻璃保温窗;保温门采用拼板门、双层门芯板,门芯板间填以保温材料,如毛毡、兽毛或玻璃纤维、矿棉等(图 13.11)。

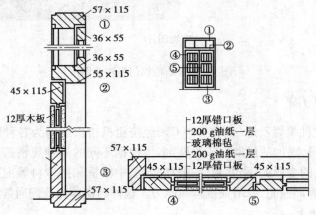

图 13.11 保温门构造

2)隔声门窗

对录音师、电话会议室、播音室等应采用隔声门窗。为了提高门窗隔声能力,除铲口及缝隙需特殊处理外,可适当增加隔声的构造层次;避免刚性连接,以防止连接处固体传声(图 13.12);当采用双层玻璃时,应选用不同厚度的玻璃。

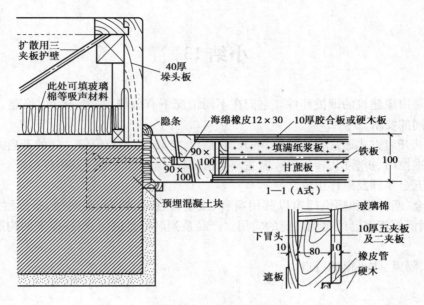

图 13.12 隔声门构造

3)防火门窗

依据我国高层民用建筑防火规范规定,防火门可分为甲、乙、丙三级,其耐火极限分别为 1.2 h,0.9 h,0.6 h。防火门不仅应具有一定的耐火性能,且应关闭紧密,开启方便。防火门一般外包镀锌铁皮或薄钢板,美观性较差。常用防火门多为平开门、推拉门。它平时是敞开的,一旦发生火灾,需关闭且关闭后能从任意一侧手动开启。用于疏散楼梯间的门,应采用向疏散方向开启的单项弹簧门。当建筑物设置防火墙或防火门窗有困难时,可采用防火卷帘代替防火门,但必须用水幕保护(图 13.13)。

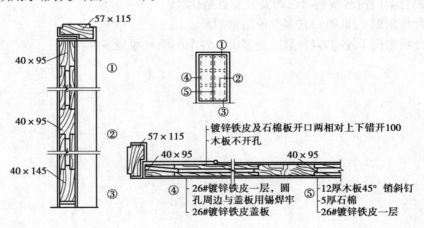

图 13.13 防火门构造

防火门可用难燃烧体材料如木板外包铁皮或钢板制作,也可用木或金属骨架外包铁皮,内填矿棉制作,还可用薄壁型钢骨架外包铁皮制作。

小结 13

①门窗是房屋建筑的围护部件。它们在不同情况下有分隔、采光、通风、保温、隔声、防水及防火等不同的要求。

②窗按其开启方式通常有固定窗、平开窗、悬窗、立转窗、推拉窗等。门的开启方式有平开门、弹簧门、推拉门、折叠门、转门等。窗主要是由窗框、窗扇和五金件及附件组成。门由门框、门扇、亮子、五金零件及附件组成。

③铝合金、断桥铝和塑钢门窗以其用料省、质量轻、密闭性好、耐腐蚀、坚固耐用、色泽美观、维修费用低等优点已经得到广泛的应用。产品系列名称是以门、窗框厚度的构造尺寸来区分的。

④保温、隔声、防火窗的特点。

复习思考题 13

13.1 门和窗各有哪几种开启方式？它们各有何特点？使用范围如何？

13.2 平开木窗、木门主要由哪些部分组成？

13.3 木门窗框的安装方法有哪些？各有什么特点？门窗框与墙体之间的缝隙如何处理？

13.4 铝合金门窗和塑钢门窗有哪些特点？

13.5 铝合金门窗和塑钢门窗的安装要点是什么？

13.6 分析附图1,说明一共多少种门窗型号。

13.7 分析附图1,各个窗台高度是多少？各个门垛尺寸是多少？

14　工业建筑构造

14.1　工业建筑概述

工业建筑是指用于工业生产及直接为生产服务的各种房屋。18世纪由于工业革命影响，英国最早出现了工业建筑，后来在西欧和北美一些国家也迅速发展起来，我国是20世纪50年代才大量建造工业建筑。

· *14.1.1　工业建筑的特点* ·

工业建筑与民用建筑在设计原则、建筑技术及材料等方面有许多相同之处，但它也具有以下特点：

（1）应满足生产工艺的要求

工业建筑设计多以生产工艺为基础，设计应满足工业生产的要求，并为工人创造良好的劳动卫生条件，以提高产品质量和劳动生产率。

（2）内部有较大的面积和空间

由于工业建筑内各生产工部联系紧密，同时需要设置大量或大型的生产设备以及起重运输设备，还要保证各种起重运输设备运行畅通，因此其内部多具有较大的面积和宽敞的空间。

（3）工业建筑的结构、构造复杂，技术要求高

工业建筑的面积、空间较大，常采用由大型的承重构件组成的钢筋混凝土结构或钢结构，不同的生产工艺还会对工业建筑提出不同的功能要求。因此，在采光、通风、防水排水等建筑处理上以及结构、构造上都较一般民用建筑复杂。

· *14.1.2　工业建筑的分类* ·

工业建筑的种类繁多，为便于掌握建筑物的特征和标准，进行设计和研究，常将工业建筑按用途、生产特征、层数进行分类。

1）按用途分类

（1）主要生产厂房

在主要生产厂房中，进行着产品生产和加工的主要工序。例如，机械制造厂中的铸工车间、机械加工车间及装配车间等。这类厂房的建筑面积较大、从事生产的人数较多，在全厂生产中占重要地位，是工厂的主要厂房。

（2）辅助生产厂房

辅助生产厂房是为主要生产厂房服务的。例如，机械制造厂中的机修车间、工具车间等。

（3）动力用厂房

动力用厂房是为全厂提供能源的场所，如发电站、锅炉房、变电站、煤气发生站、压缩空气站等。动力设备的正常运行，对全厂生产特别重要，故这类厂房必须具有足够的坚固耐久性、妥善的安全设施。

（4）贮藏用房屋

贮藏用房屋即贮藏各种原材料、成品或半成品的仓库。由于所贮物质的不同，在防火、防潮、防爆、防腐蚀、防变质等方面将有不同要求。设计时应根据不同要求按有关规范、采取妥善措施。

（5）运输用房屋

运输用房屋即停放、检修各种运输工具的车间，如汽车库、电瓶车库等。

2）按内部生产状况分类

（1）热加工车间

热加工车间在生产中往往散发出大量热量、烟火，如炼钢、轧钢、铸工、锻工车间等。

（2）冷加工车间

冷加工车间的生产是在正常温度条件下进行的，如机械加工车间、装配车间等。

（3）有侵蚀性介质作用的车间

有侵蚀性介质作用的车间在生产中会受到酸、碱、盐等侵蚀性介质的作用，从而会降低厂房的耐久性，因此在建筑材料选择及构造处理上应有可靠的防腐蚀措施，如化工厂和化肥厂中的某些生产车间，冶金工厂中的酸洗车间等。

（4）恒温湿车间

恒温湿车间的生产是在温湿度波动很小的范围内进行的。室内除装有空调设备外，厂房也要采取相应的措施，以减少室外气候对室内温湿度的影响，如纺织车间、精密仪表车间等。

（5）洁净车间

洁净车间所生产的产品对室内空气的洁净度要求很高，除通过净化处理，将空气中的含尘量控制在允许的范围内以外，厂房围护结构应保证严密，以免大气灰尘的侵入，以保证产品质量，如集成电路车间、精密仪表的微型零件加工车间等。

3）按层数分类

（1）单层厂房

单层厂房广泛地应用于各种工业企业，约占工业建筑总量的65%。它一般适用于具有大型生产设备、震动设备、地沟、地坑或重型起重运输设备的生产，如冶金、机械制造等工业生产。单层厂房便于沿地面水平方向组织生产工艺流程，生产设备荷载直接传给地基，也便于工艺改革，如图14.1（a）、（b）所示。

（2）多层厂房

多层厂房适用于垂直方向组织生产和生产设备及产品负荷较轻的企业。多用于轻工、食品、电子、仪表等工业生产。因它占地面积少，更适用于在用地紧张的城市建厂及老厂改建。在城市中修建多层厂房，还易于适应城市规划和建筑布局的要求，如图14.1（c）所示。

（3）层次混合的厂房

层次混合厂房内既有单层，又有多层，如图14.1(d)所示。

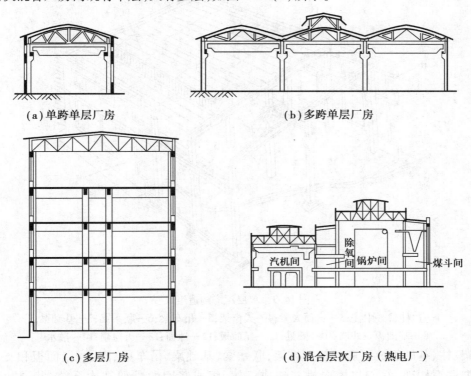

（a）单跨单层厂房　　　　　　　　　（b）多跨单层厂房

（c）多层厂房　　　　　　　　　（d）混合层次厂房（热电厂）

图 14.1　厂房按层数分类

14.1.3　单层厂房的组成

单层厂房的结构类型主要分为承重墙结构和骨架结构两种。装配式钢筋混凝土骨架结构的单层厂房，坚固耐久、承载力大、构件预制装配和运输简便，广泛用于工业建筑中。这种结构形式也称为混凝土排架结构，其构件组成如下（图14.2）：

1）承重构件

● 基础　承受来自柱和基础梁的荷载，并把它们传给地基。

● 柱子　承受屋架、吊车梁、连系梁传来的各种荷载及作用于外墙上的风荷载，并将其传给基础。

● 屋架　承受屋面板、天窗架、悬挂式吊车的荷载，并将其传给柱子。

● 基础梁　主要承受其上部的墙荷载。

● 吊车梁　承受吊车自重、被起吊重物以及吊车运行中产生的纵、横向水平冲力，并将其传给柱子。

● 联系梁　增强厂房的纵向刚度，承受其上部墙荷载并将其传给纵向列柱。

● 屋面板　承受屋面自重、雨雪、积灰及施工荷载，并将其传给屋架。

● 天窗架　承受天窗架上部屋面板传来的荷载。

● 支撑构件　设置在屋架之间的称为屋盖支撑，设置在纵向柱列之间的称为柱间支撑。

支撑的主要作用是加强厂房结构的空间整体刚度和稳定性,传递水平荷载。

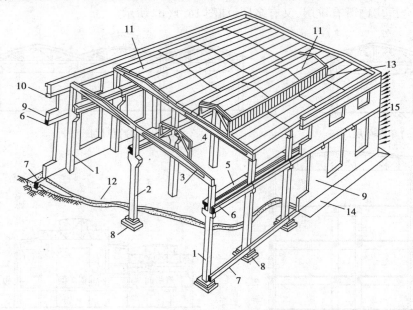

图 14.2　单层厂房构造组成

1—边柱;2—中柱;3—屋面大梁;4—天窗架;5—吊车梁;6—联系梁;7—基础梁;

8—基础;9—外墙;10—圈梁;11—屋面板;12—地面;13—天窗扇;14—散水

屋架、柱、基础组成厂房的横向排架,联系梁、基础梁、吊车梁、圈梁、屋面板和支撑构件均为纵向联系构件,它们将横向排架连成一体,组成坚固的骨架结构系统,共同承受各种荷载。

2)围护结构

单层厂房的围护结构构件主要有屋面、外墙、门窗、天窗和地面等。它们除了具有民用建筑相应构件的功能外,应能满足生产使用要求和提供良好的工作条件。

· *14.1.4　单层工业厂房的结构类型* ·

单层工业厂房的功能组成是由生产性质、规模和工艺流程所决定的,一般由主要生产车间、辅助生产车间、仓库及生活间组成。工业厂房的主要承重骨架是由支撑各种荷载作用的构件所组成,通常称之为结构。单层工业厂房的承重结构形式主要有排架结构和钢架结构。

1)排架结构

排架结构由横向排架和纵向排架两个方向的骨架体系组成。从厂房横剖面来看,横向排架由柱、基础和屋架(或屋面梁)构成,其基本特点是将屋架视作刚度很大的横梁,屋架(或屋面梁)与柱的连接为铰接,柱与基础的连接为刚接。从厂房纵向列柱来看,由柱、基础、基础梁、吊车梁、连系梁(墙梁式圈梁)、柱间支撑、屋盖支撑及屋面板等构件构成纵向排架结构,从而形成厂房的整个骨架结构系统。排架结构具有整体刚度好和稳定性强的优点。

排架结构按其用料不同常见如下几种类型:

（1）装配式钢筋混凝土结构

这类排架结构采用钢筋混凝土或预应力混凝土构件（标准构配件）。使用范围较广，跨度可达 30 m 以上，高度可达 20 m 以上，吊车起质量可达 150 t。同时也适用于有侵蚀性介质或空气湿度较高等特殊要求的工业厂房，如图 14.3 所示。

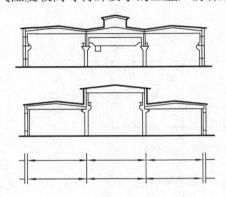

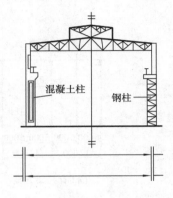

图 14.3 钢筋混凝土骨架承重结构

图 14.4 钢结构骨架承重结构

（2）钢屋架与混凝土柱组成的结构

这种结构常用于跨度 30 m 以上，吊车起重量 150 t 以上的厂房，如图 14.4 所示。

2）刚架结构

钢结构门式刚架的主要构件（屋架、柱、吊车梁等）用钢材制作。屋架与柱做成刚接以提高厂房的横向刚度。钢结构刚架结构承载力大，抗震性能好，但能耗较大，耐火性能差，适用于跨度较大，空间较高，吊车起重量大的重型和有震动荷载的厂房，如图 14.5 所示。

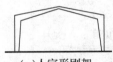
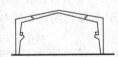
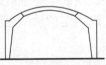
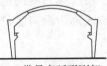

（a）人字形刚架　　（b）带吊车人字形刚架　　（c）弧形拱刚架　　（d）带吊车弧形刚架

图 14.5 装配式钢筋混凝土门式刚架结构

· 14.1.5　单层工业厂房的柱网与定位轴线 ·

1）柱网

在厂房中，承重的柱子在平面上排列时所形成的网格称为柱网。柱网尺寸是由跨度和柱距组成的。图 14.6 是单层厂房柱网示意图，图中 L 为跨度，指屋架或屋面梁的跨度；B 为柱距，指相邻两柱子之间的距离。

跨度是排柱的纵向间距。当厂房跨度 ≤18 m，采用30M系列（18,15,12,9,6 m 等）；厂房跨度 >18 m 时，采用 60M系列（24,30,36,42 m 等）；若工艺有特殊要求也可采用 21,17,33 m 等。

柱距一般采用60M系列。我国装配式钢筋混凝土排

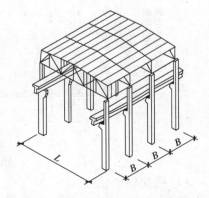

图 14.6 单层厂房柱网尺寸示意图

架体系的单层厂房基本柱距为 6 m。为适应厂房内部设备安装和提高面积利用率,适应生产工艺的灵活性,减少构件数量,常将柱距扩大,形成扩大柱网。常用的扩大柱网(跨度×柱距)为 12 m×12 m,15 m×12 m,18 m×12 m,18 m×18 m,24 m×24 m,单层厂房采用扩大网柱后,屋顶承重方案有两种:有托架方案和无托架方案,如图 14.7 所示。

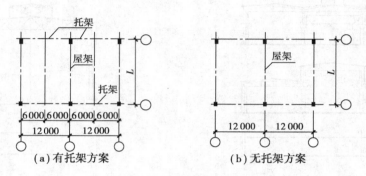

(a)有托架方案　　　　(b)无托架方案

图 14.7　扩大柱网屋顶承重方案

2)定位轴线

单层厂房的定位轴线是确定厂房主要承重构件标志尺寸及其相互位置的基准线,也是厂房施工放线和设备安装定位的依据。为了减少厂房建筑主要构配件的规格,增加构件的互换性和通用性,提高厂房建筑工业化水平,厂房设计应执行我国现行的《厂房建筑模数协调标准》的有关规定。

与民用建筑相类似,厂房的定位轴线也分为纵向与横向。通常把与厂房长度方向相垂直的定位轴线称为横向定位轴线,横向定位轴线之间的距离称为柱距;与厂房长度方向相平行的定位轴线称为纵向定位轴线,纵向定位轴线之间的距离称为跨度(图 14.8)。

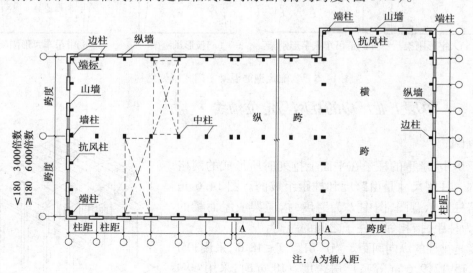

注:A为插入距

图 14.8　单层厂房定位轴线

(1)横向定位轴线

横向定位轴线用来标注厂房纵向构件如屋面板、吊车梁、连系梁、纵向支撑等长度的标志尺寸,及其与屋架(或屋面梁)之间的相互关系。

①中间柱与横向定位轴线的关系。

中间柱的中心线应与柱的横向定位轴线相重合,在一般情况下,横向定位轴线之间的距离也就是屋面板、吊车梁长度方向的标志尺寸(图14.9)。

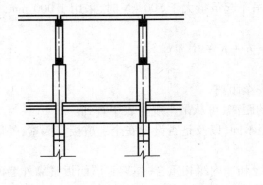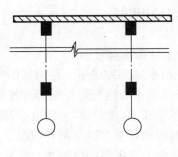

图14.9　中间柱与横向定位轴线的联系

②山墙与横向定位轴线的关系。

当山墙为非承重墙时,墙内缘与横向定位轴线重合,端部柱的中心线从横向定位轴线内移600 mm,这样做是由于山墙一般需设抗风柱,该柱通至屋架上弦或屋面梁上翼缘处,为避免与端部屋架或屋面梁发生矛盾,端部屋架或屋面梁与山墙间应留出抗风柱通上去的位置,同时也与横向变形缝处柱离开轴线600 mm 的处理一致(图14.10)。

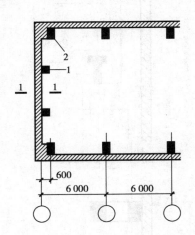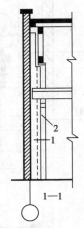

图14.10　非承重山墙与横向定位轴线的联系
1—山墙抗风柱;2—厂房排架柱(端柱)

(2)纵向定位轴线

纵向定位轴线用来标注厂房横向构件如屋架(或屋面梁)长度的标志尺寸和确定屋架(或屋面梁)、排架柱等构件间的相互关系。

①外墙、边柱与纵向定位轴线的关系。

在有吊车的厂房中,为了保证吊车安全运行,以及使厂房结构与吊车规格相协调,吊车跨度与厂房跨度之间应满足以下关系式:

$$L = L_k + 2e$$

式中　L——厂房跨度,即纵向定位轴线之间的距离;

　　　L_k——吊车跨度,即吊车轨道中心线的距离(也就是吊车的轮距);

　　　e——吊车轨道中心线与纵向定位轴线之间的距离,一般为 750 mm,当吊车为重级工作制而需要设安全走道板,或者吊车起重量大于 500 kN 时,采用 1 000 mm。

从图 14.11 中可知:

$$e = h + K + B$$

式中　h——上柱截面高度;

　　　K——吊车端部外缘至上柱内缘的安全距离;

　　　B——吊轨中心线至吊车端部外缘的距离,可从吊车规格表中查到。

由于吊车形式、起重量、厂房跨度、柱距不同,以及是否设置安全走道板等因素,外墙、边柱与纵向定位轴线的联系有以下两种情况。

a. 封闭结合。当纵向定位轴线与柱外缘和墙内缘相重合,屋架和屋面板紧靠外墙内缘时,称为封闭结合,如图 14.11(a)所示。封闭结合具有构造简单,无附加构件,施工方便,造价经济等优点,适用于无吊车或吊车起重量 $Q \leqslant 200$ t 的厂房。

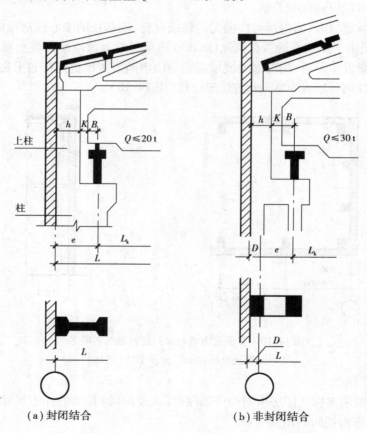

（a）封闭结合　　　　　　　（b）非封闭结合

图 14.11　外墙边柱与纵向定位轴线的关系

b. 非封闭结合。当纵向定位轴线与柱子外缘有一定距离,此时屋面板与墙内缘之间有一段空隙时,称为非封闭结合,如图 14.11(b)所示。它适用于起重量 $Q \geqslant 300$ kN 的厂房。当吊车起重量 $Q = 300$ kN/50 kN 时,查吊车规格表可得出:$B = 300$ mm,$K \geqslant 100$ mm,上柱截面高度 h 仍为 400 mm,$e = 750$ mm,若按封闭结合的情况下考虑,则 $K = e - (B + h) = 750$ mm $- (300 + 400)$ mm $= 50$ mm,不能满足 $K \geqslant 100$ mm 的要求,这时需将边柱从定位轴线向外移一段距离,这个值称为联系尺寸,用 D 表示。

在吊车为重级工作制的厂房,吊车运行中可能需设安全走道板,或者当起重量大于500 kN时,e 值取 1 000 mm。

非封闭结合构造复杂,施工不便,吊车荷载对柱的偏心距也较大,厂房占地面积增大,成本较高。

②中柱与纵向定位轴线的关系。

在多跨厂房中,中柱有平行等高跨和平行不等高跨两种形式,且有设变形缝与不设变形缝两种情况,仅介绍不设变形缝的中柱与定位轴线的关系。

a. 平行等高跨中柱。当厂房为平行等高跨时,通常设置单柱和一条定位轴线,柱的中心线一般与纵向定位轴线相重合,如图 14.12(a)所示。当等高跨中柱需采用非封闭结合时,仍可采用单柱,但需设两条定位轴线,在两轴线间设插入距 A,并使插入距中心与柱中心相重合,如图 14.12(b)所示。

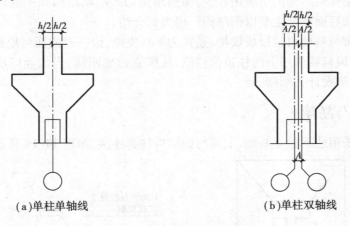

(a)单柱单轴线　　　　　　(b)单柱双轴线

图 14.12　平行等高跨中柱与纵向定位轴线的联系

b. 平行不等高跨中柱。平行不等高跨中柱与纵向定位轴线的关系,主要有以下几种形式:

单轴线封闭结合:高跨上柱外缘与纵向定位轴线重合,纵向定位轴线按封闭结合设计,不需设联系尺寸,如图 14.13(a)所示。

双轴线封闭结合:高低跨都采用封闭结合,但低跨屋面板上表面与高跨柱顶之间的高度不能满足设置封墙的要求,此时需增设插入距 A,其大小为封墙厚度 B,如图 14.13(b)所示。

双轴线非封闭结合:当高跨为非封闭结合,且高跨上柱外缘与低跨屋架端部之间不设封闭墙时,两轴线增设插入距 A 等于轴线与上柱外缘之间的联系尺寸 D,如图 14.13(c)所示;当高跨为非封闭结合,且高跨柱外缘与低跨屋架端部之间设封墙时,则两轴线之间的插入距 A 等于墙厚 B 与联系尺寸 D 之和,如图 14.13(d)所示。

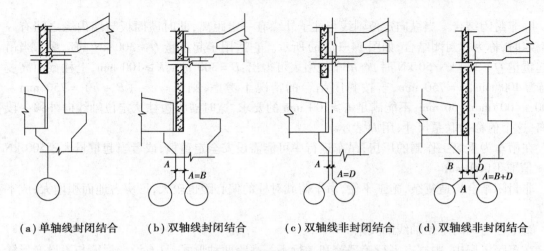

　　（a）单轴线封闭结合　　（b）双轴线封闭结合　　（c）双轴线非封闭结合　　（d）双轴线非封闭结合

图 14.13　平行不等高跨中柱纵向定位轴线

14.2　门式刚架基础与柱脚构造

　　因为目前混凝土排架结构厂房应用较少,而钢结构门式刚架结构在工业厂房建设中越来越广泛。所以本节和后面章节主要以钢结构厂房为例介绍。

　　门式刚架的柱脚与基础通常做成铰接,通常为平板支座,设一对或两对地脚螺栓。但当柱高度较大时,为控制风荷载作用下的柱顶位移值,柱脚宜做成刚接;当工业厂房内设有梁式或桥式吊车时,宜将柱脚设计为刚接。

· 14.2.1　基础与柱脚 ·

　　基础形式一般采用柱下独立基础,上部与钢结构柱脚连接,如图 14.14 所示。

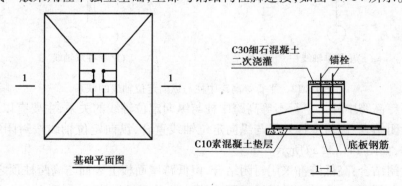

基础平面图

图 14.14　独立基础形式

　　能抵抗弯矩作用的柱脚称为刚接柱脚,相反不能抵抗弯矩作用的柱脚称为铰接柱脚,刚接与铰接的区别在于是否能传递弯矩。刚接或铰接柱脚关键取决于锚栓布置。

　　①铰接柱脚一般采用 2 个或 4 个锚栓［图 14.15（a）］,以保证其充分转动,为安全起见,常布置 4 个锚栓［图 14.15（b）］,锚栓宜尽量接近,保证柱脚转动。

　　②刚接柱脚一般采用 4 个、6 个及以上锚栓连接［图 14.15（c）］,图中采用 6 个锚栓,可以

认为柱脚不能转动,前面讲的几种柱脚均为平板式柱脚,构造简单,是工程上常用的柱脚型式,另外还有一种柱脚型式,即靴梁式柱脚[图14.15(d)],这种柱脚可看成固接柱脚,由于柱脚有一定高度,使其刚度较好,能起到抵抗弯矩的作用,但这种柱脚构造及制作较繁。

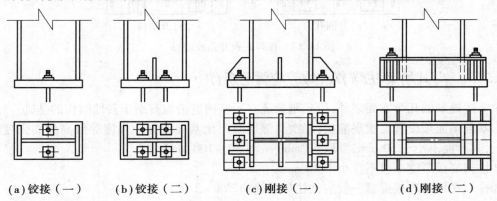

(a)铰接(一)　　(b)铰接(二)　　(c)刚接(一)　　(d)刚接(二)

图 14.15　门式刚架常见柱脚型式

· *14.2.2*　*锚栓* ·

锚栓是将上部结构荷载传给基础,在上部结构和下部结构之间起桥梁作用。

锚栓主要有两个基本作用:①作为安装时临时支撑,保证钢柱定位和安装稳定性。②将柱脚底板内力传给基础。

锚栓采用 Q235 或 Q345 钢制作,按外形分为弯钩式和锚板式两种。直径小于 M39 的锚栓,一般为弯钩式[图14.16(a)];直径大于 M39 的锚栓,一般为锚板式[图14.16(b)]。

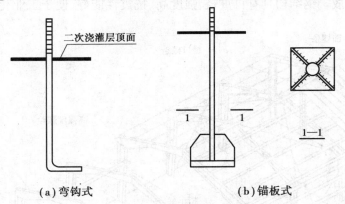

二次浇灌层顶面

1　　1

1—1

(a)弯钩式　　　　　　　(b)锚板式

图 14.16　基础锚栓

对于铰接柱脚,锚栓直径一般不小于 M24;对于刚接柱脚,锚栓直径一般不小于 M30。锚栓直径由计算确定,锚栓长度由钢结构设计手册确定,若锚栓埋入基础中长度不能满足要求,则考虑将其焊于受力钢筋上。为方便柱安装和调整,柱底板上锚栓孔为锚栓直径的 1.5~2.5倍[图14.17(a)];或直接在底板上开缺口[图14.17(b)]。

底板上须设置垫板,垫板尺寸一般为锚栓直径的 2.5~3.0倍,一般为方形,垫板厚度根据计算确定,垫板上开孔较锚栓直径大 1~2 mm,待安装、校正完毕后将垫板焊于底板上。

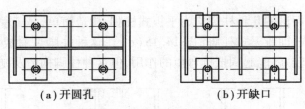

(a)开圆孔   (b)开缺口

图 14.17 柱脚底板开孔或缺口

·14.2.3 *门式刚架柱脚节点构造应满足条件*·

除上述提到的几个方面之外,门式刚架还有一些构造措施有别于其他结构的基础:

①基础顶面须设置二次浇灌层;二次浇灌层应用比基础混凝土强度等级高的高强度细石混凝土,其厚度不小于 50 mm,常取 50 mm(一般 50~100 mm)。

②柱脚底板厚度一般不宜小于 20 mm。

③柱与底板的连接焊缝一般应比柱身焊缝加厚 1~2 级。

④底板上部的锚栓螺帽应采用双螺帽等防松措施,底板下一般还应设置一个调整螺母。

⑤柱脚底板上应留设灌浆孔(二次浇灌混凝土用到)。

14.3 单层厂房主结构构造

钢结构建筑主要采用钢板、型钢、冷弯型钢等材料为骨架制作受力构件,采用焊接或螺栓连接等方式进行连接,采用压型钢板或具有隔热、防水、隔音等功能的其他材料作为屋面、楼层及墙体围护结构组成。钢结构具有自重轻、强度高、抗震性能好、便于工业化生产、节能环保、可循环使用等特点。

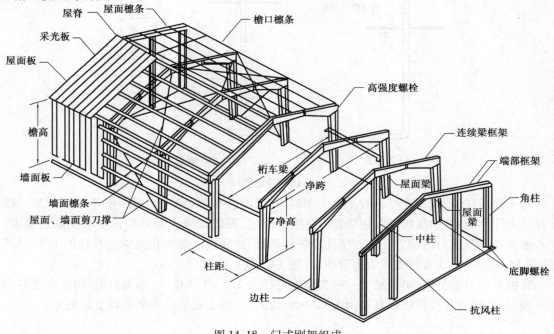

图 14.18 门式刚架组成

· 14.3.1　单层工业厂房门式刚架的结构体系组成 ·

1)结构体系

如图 14.18 中,平面门式刚架组成了门式刚架结构的主要受力骨架,即主结构。屋面支撑和柱间支撑、隔撑、系杆等传递侧向力,一定程度上保证结构的稳定,构成支撑体系。屋面檩条和墙梁既是围护材料的支承结构,构成门式刚架的次结构。屋面板和墙面板对整个结构起围护和封闭作用。同时,厂房内部如有必要,还应设置相应的吊车梁、楼梯、栏杆、平台、夹层等。

门式刚架房屋钢结构体系中,屋盖一般采用压型钢板屋面板和冷弯薄壁型钢檩条;主刚架可采用实腹式刚架;外墙宜采用压型钢板墙板和冷弯薄壁型钢墙梁,也可采用砌体外墙或底部为砌体、上部为轻质材料的外墙;主刚架斜梁下翼缘和刚架柱内翼缘的平面外的稳定性,由与檩条或墙梁相连接的隔撑来保证;主刚架间的交叉支撑可采用张紧的圆钢、角钢等。

门式刚架房屋一般采用带隔热层的板材作屋面、墙面隔热和保温层,需要时应设置屋面防潮层。

门式刚架房屋设置门窗、天窗、采光带时应考虑墙梁、檩条的合理布置。

2)荷载传递

主刚架按受荷范围承受整个结构传来的恒荷载、屋墙面活荷载、吊车竖向和横向水平荷载,最终传递内力到柱脚和基础上;而横向风荷载以及纵向风荷载、地震力、吊车纵向水平荷载等通过屋面和柱间支撑等传递到柱脚和基础上。

一般情况下,门式刚架的最优间距应在 6~9 m,柱距不宜超过 9 m,超过 9 m 时,屋面檩条与墙架体系的用钢量增加太多,综合造价并不经济。

· 14.3.2　钢结构图例表达方法 ·

钢结构主要构件是由型钢组成的,与混凝土结构不同,型钢的表示方法和钢结构构件代号见表 14.1 和表 14.2。

表 14.1　型钢的表示方法

序号	名　称	截　面	标　注	说　明
1	热轧等边角钢	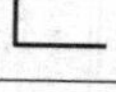 ∟	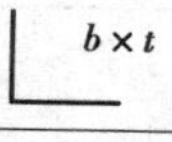 ∟ $b \times t$	b 为肢宽,t 为肢厚
2	热轧不等边角钢	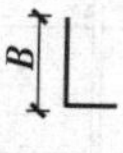 B ∟	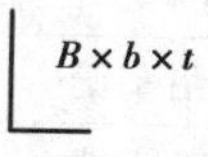 ∟ $B \times b \times t$	B 为长肢宽,b 为短肢宽,t 为肢厚
3	热轧工字钢	 I	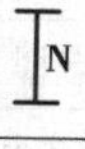 I N	N 为工字钢的型号
4	热轧槽钢	[	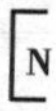 [N	N 为槽钢的型号
5	方钢	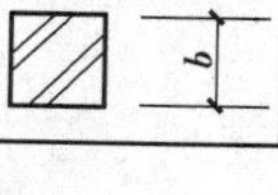 ▨ b	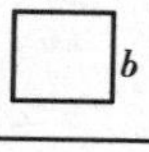 □ b	b 为方钢的边长

续表

序号	名 称	截 面	标 注	说 明
6	扁钢	b	$-b \times t$	b 为钢板宽度,t 为钢板厚度,l 为钢板长度
7	钢板		$\dfrac{-b \times t}{t}$	
8	圆钢		ϕd	d 为圆钢的直径
9	钢管		$\phi d \times t$	d 为钢管外径,t 为管壁厚度
10	薄壁方钢管		$B \quad b \times t$	薄壁型钢加注 B 字,b 为钢管外径,t 为管壁厚度
11	T 型钢		$TWh \times b$ $TMh \times b$ $TNh \times b$	TW 为宽翼缘 T 型钢 TM 为中翼缘 T 型钢 TN 为窄翼缘 T 型钢
12	热轧 H 型钢		$HWh \times b$ $HMh \times b$ $HNh \times b$ $HTh \times b$	HW 为宽翼缘 H 型钢 HM 为中翼缘 H 型钢 HN 为窄翼缘 H 型钢 HT 为薄壁 H 型钢
13	起重机钢轨		$QU \times \times$	QU 为起重机轨道型号

表 14.2 建筑钢结构图纸常用构件代号

序号	名 称	代号	序号	名 称	代号	序号	名 称	代号
1	刚架	GJ	10	钢屋架	GWJ	19	刚性系杆	GXG
2	刚架(梁式吊车)	GJL	11	山墙柱	SQZ	20	檩条	LT
3	刚架(桥式吊车)	GJQ	12	门柱	MZ	21	墙梁	QL
4	钢框架柱	GKZ	13	门梁	ML	22	刚性檩条	GL
5	非钢框架柱	GZ	14	钢吊车梁	GDL	23	屋脊檩条	WL
6	钢框架柱柱脚	GZJ	15	水平支撑	SC	24	撑杆	CG
7	钢框架梁	GKL	16	柱间支撑	ZC	25	直拉条	ZLT
8	钢次梁	GL	17	剪力墙支撑	JV	26	斜拉条	XLT
9	钢悬臂梁	GXL	18	系杆	XG	27	隔撑	YC

·14.3.3 门式刚架主结构构造·

门式刚架的主刚架可由多个梁、柱单元构件组成,一般为边柱、刚架梁、中柱。

边柱和梁通常根据门式刚架弯矩包络图的形状制作成变截面以节材;边柱和梁为刚接。

刚架的主要构件运输到现场后通过高强度螺栓节点相连。

　　门式刚架腹板主要以抗剪为主,翼缘以抗弯为主,在无振动荷载作用下,可充分利用腹板屈曲后强度分析构件的强度和稳定性,将构件设计成为高而窄的截面形式,截面高宽比一般为2~5。

　　门式刚架柱构件截面形式通常用焊接的工字形截面或轧制 H 形截面。刚架柱有等截面柱或阶形柱以及变截面的楔形柱。各跨边柱应保证外侧翼缘竖直平齐。柱一般为单独单元构件。

1)刚架柱

(1)楔形柱

　　楔形柱常用于刚架跨度、高度、荷载不大的情况下,当无吊车时首选。门式刚架当采用铰接柱脚,刚架柱为美观及节材,边柱常用楔形柱。楔形柱最大截面高度取最小截面高度 2~3 倍为最优,楔形柱下端截面高度不宜小于 200 mm,见图 14.18 中的刚架柱。

(2)等截面柱或阶形柱

　　门式刚架当设有桥式吊车时,应采用刚接柱脚,刚架柱用等截面柱。等截面柱,常用方管、圆管或焊接的工字形截面或轧制 H 形截面。当柱高较大时,柱脚宜做成刚接。而在柱牛腿顶面处改变上、下柱截面,形成阶形柱。

2)钢架横梁

　　门式刚架横梁构件截面形式通常用焊接工字形钢或轧制 H 型钢。实腹式门式刚架横梁截面高度一般可取跨度的 1/40~1/30。当刚架跨度较小时,刚架横梁也可采用等截面构造。

　　①楔形梁　门式刚架梁段一般可采用楔形梁,变截面原理同楔形柱。

　　②等截面梁　门式刚架横梁当跨度较小时常用等截面梁。

3)门式刚架梁柱连接节点构造

　　门式刚架梁与柱的工地连接,常用螺栓端板连接,它是在构件端部截面上焊接一平板并以螺栓与另一构件的端板相连的一种节点形式。刚架梁柱、梁梁构件的连接一般应采用摩擦型高强度螺栓,通常采用 M16~M24 高强螺栓。梁柱连接形式分为端板平放、竖放、斜放 3 种基本形式(图 14.19)。

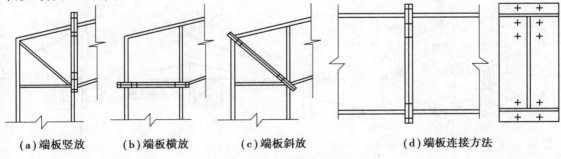

　　(a)端板竖放　　　(b)端板横放　　　　(c)端板斜放　　　　(d)端板连接方法

图 14.19　梁柱连接形式

　　典型的主刚架节点连接形式如图 14.20 所示。

4)托梁构造

　　当某榀框架柱因为建筑净空需要被抽除时,托梁通常横跨在相邻的两榀框架柱之间,支承已抽柱位置上的中间那榀框架上的斜梁。托梁是一种仅承受竖向荷载的结构构件,按照位置分为边跨托梁[图 14.21(a)]和中间跨托梁[图 14.21(b)]。

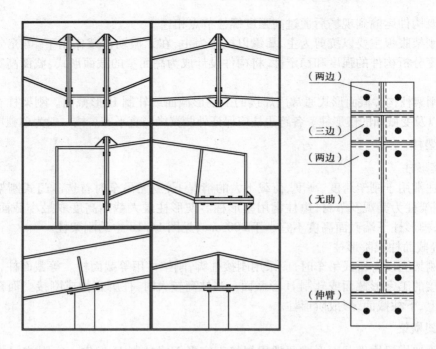

图 14.20　主刚架典型连接节点

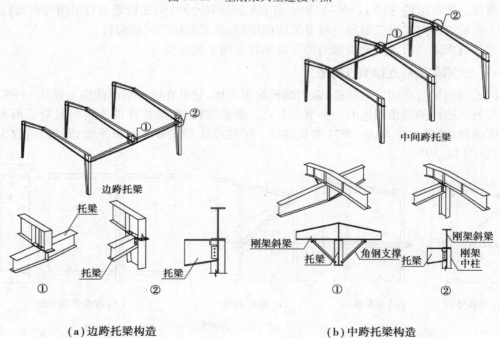

（a）边跨托梁构造　　　　　　　　　（b）中跨托梁构造

图 14.21　托梁构造

当沿建筑物纵向要设置大于 10 m 的大开间时，常需要设置托梁。采用托梁后的开间可达 20 m。

在多跨厂房或仓库内部，当为了满足建筑净空间要求而必须抽去一个或多个内部柱子时，托梁常放置在柱顶。当大梁直接搁置在托梁顶部时,需要额外添加隅撑为托梁下翼缘提供面外的支撑。

钢托梁可以是通常的工型组合截面梁或楔形组合截面梁,楔形组合截面梁可以是平顶斜底也可以是平底斜顶,当然,托梁也可以采用其他合适的截面形式的梁或桁架。

5)门式刚架伸缩缝构造与识图

一般经验要求的纵向温度缝之间的最大间距在 180~220 m。建筑横向的宽度超过 100 m 时和纵向一样需要考虑温差伸缩应力。

为避免热胀冷缩,一种简单但比较昂贵的处理办法是在伸缩缝处采用双刚架,如图 14.22(a)所示,刚架的间距以保证柱脚底板不相碰为依据。另一种避免热胀冷缩的方法较为经济,具体办法是:在伸缩缝处只设置一榀刚架,而在伸缩缝处的檩条上,设置长圆孔,如图 14.22(b)所示。

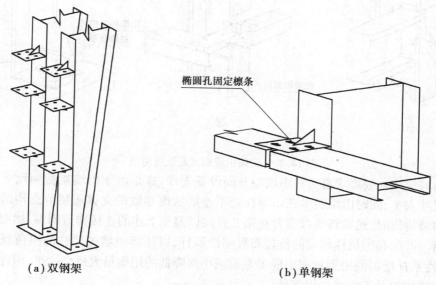

椭圆孔固定檩条

(a)双钢架   **(b)单钢架**

图 14.22 双刚架伸缩缝和椭圆长孔单刚架伸缩缝

14.4 门式刚架山墙构造

· 14.4.1 山墙构架构造 ·

山墙构架由端斜梁、支撑端斜梁的构架柱及墙架檩条组成,构架柱的上下端部铰接,并且与端斜梁平接,墙架檩条也和构架柱平接,这样可以提高柱子的侧向稳定性,同时也给建筑提供了简洁的外观,一般构造如图 14.23 所示。

山墙构架可以由冷弯薄壁 C 型钢组成,外观轻便且节省钢材,能够有效地抵抗作用在靠近端墙附近的边墙上的横向风荷载。构架柱在设计时应满足同时能够抵抗竖向荷载和水平荷载的要求。由于构架柱的间距较小,单根构件分担的荷载比较小,因此可以使用比较小的薄壁截面。

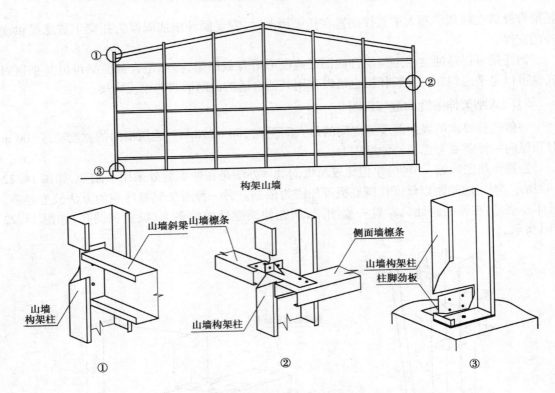

构架山墙

图 14.23　构架山墙型式及连接构造

　　采用山墙构架一般要求避免在山墙端开间设置支撑,这是由于山墙梁截面尺寸和基本刚架梁相比尺寸太小,同时山墙斜梁在山墙柱处不连续从而导致的支撑连接节点构造困难。所以在采用山墙构架时,通常将支撑布置在第二开间以避免上述的连接构造困难,然而这种情况下必须在第一开间和构架柱相应的位置布置刚性系杆,以便将山墙构架柱的风荷载传递到支撑开间,刚性系杆增加的用钢量和山墙梁截面减小而降低的用钢量大概会持平,因此总体上采用轻便的山墙构架并不能减少用钢量。

·14.4.2　刚框架山墙构造·

　　当轻型钢结构建筑存在吊车起重系统(行车梁)并且延伸到建筑物端部,或需要在山墙上开大面积无障碍门洞,或把建筑设计成将来能沿其长度方向进行扩建的情况下,就应该采用门式刚框架端墙这种典型的构造形式。

　　刚框架端墙由门式刚框架、抗风柱和墙架檩条组成。抗风柱常上下端铰接,被设计成只承受水平风荷载作用的抗弯构件,由与之相连的墙梁提供柱子的侧向支撑。这种型式端墙的门式刚框架被设计成能够抵抗全跨荷载,并且通常与中间门式主框架相同,如图 14.24 所示。

　　端墙柱的间距一般为 6 m 左右。采用刚框架山墙形式,由于端刚架和中间标准刚架的尺寸完全相同,比较容易处理支撑连接节点,所以可以把纵向支撑系统设置在结构的端开间。

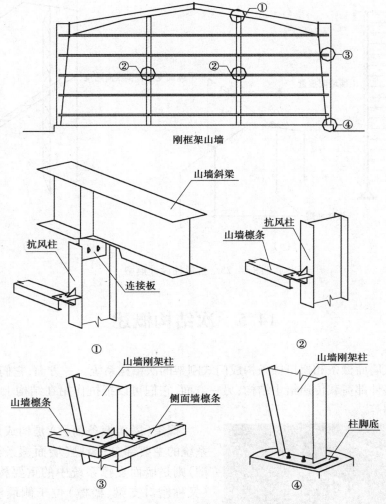

图 14.24　刚框架山墙型式及连接构造

· *14.4.3* 　*抗风柱构造设计* ·

　　刚框架端墙的抗风柱计算的标准模型如图 14.25(a)所示,柱脚铰接,柱顶由支撑系统提供水平向约束。抗风柱承受山墙的所有纵向风荷载和山墙本身的竖向荷载,屋面荷载则通过端刚架传递给基础。

　　抗风柱设计一般按照受弯构件考虑,抗风柱一般采用焊接工字型钢柱强轴沿山墙平面设置,以抵抗主要来自垂直于山墙方向的水平风荷载。在抗风柱跨中弯矩最大处需要设置墙梁隅撑以保证受压情况下内翼缘的稳定。

　　当山墙高度较高,风荷载较大时,设计得到的实腹式柱会具有较大的截面,这时可以使用抗风桁架代替抗风柱,如图 14.25(b)所示,桁架的自重轻并且有很好的抗弯性能,较抗风柱有更好的力学性能。

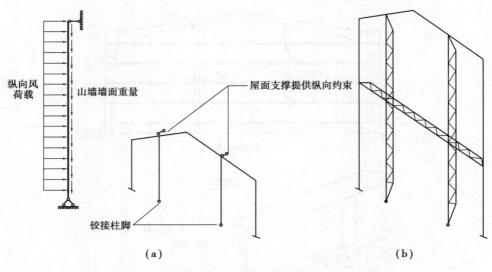

纵向风荷载

山墙墙面重量

屋面支撑提供纵向约束

铰接柱脚

(a)

(b)

图 14.25　抗风柱设计模型

14.5　次结构概述

屋面檩条、墙面檩条和檐口檩条构成门式刚架的次结构系统。一方面,它们可以支承屋面板和墙面板,将外部荷载传递给主结构;另一方面,它们可以抵抗作用在结构上的部分纵向风荷载、地震作用等。

图 14.26　典型的冷弯薄壁型钢构件

檩条(屋面檩条简称)是构成屋面水平支撑系统的主要部分;墙梁(墙面檩条简称墙梁或墙檩)则是墙面支撑系统中的重要构件;檐口檩条(又称檐口支梁、檐檩)位于侧墙和屋面的接口处,对屋面和墙面都起到支撑的作用。

门式刚架的檩条、墙梁以及檐口檩条一般都采用带卷边的槽形(C 型)和 Z 型(斜卷边或直卷边)截面的冷弯薄壁型钢,如图 14.26 所示。

檩条应保证其具有足够的强度、刚度和稳定性。适宜的构造是保证檩条受力合理的前提。

· 14.5.1　屋面檩条布置和构造 ·

门式刚架的屋面檩条可以采用 C 型卷边槽钢和 Z 型带斜卷边或直卷边的冷弯薄壁型钢。构件的高度一般为 140～300 mm,壁厚 1.5～3.0 mm。其截面表示方式为:C 或 Z + 高度 + 宽度 + 卷边宽度 + 厚度。

冷弯薄壁型钢构件一般采用 Q235 或 Q345 钢,大多数檩条表面涂层采用防锈底漆,也有采用镀铝或镀锌的防腐措施。

1)檩条间距和跨度的布置

檩条的设计首先应考虑天窗、通风屋脊、采光带、屋面材料及檩条供货规格的影响,以确定檩条间距,并根据主刚架的间距确定檩条的跨度。确定最优的檩条跨度和间距是一个复杂的问题。随着跨度的增大,主刚架及檩条的用量势必加大。但主刚架榀数的减少可以降低用钢量,檩条间距的加大也可以减少檩条的用量。厚度更大的檩条也可以降低单位用钢量的价格。但是檩条跨度的加大,支撑用量也相应增多。所有这些因素需要综合考虑。英国对 90 m 长的建筑作过系统的研究,结果显示,对于跨度超过 20 m 的框架,7.5 m 的框架间距是最优的;对于跨度小于 20 m 的框架,4.5 m 的框架是最优的。这个结果在我国只能参考使用,实际设计还要根据历史经验数据。

2)简支檩条和连续檩条的构造

檩条构件可以设计为简支构件,也可以设计为连续构件。简支檩条和连续檩条一般通过搭接方式的不同来实现。简支檩条一般不需要搭接长度,图 14.27(a)是 Z 型檩条的简支搭接方式,其搭接长度很小;对于 C、Z 型檩条可以分别连接在檩托上。中小跨度的檩条常用简支连接。

采用连续构件可以承受更大的荷载和变形,因此比较经济。檩条的连续化构造也比较简单,可以通过搭接和拧紧来实现。带斜卷边的 Z 型檩条可采用叠置搭接,卷边槽型檩条可采用不同型号的卷边槽型冷弯型钢套来搭接,图 14.27(b)显示了连续檩条的搭接方法。注意在端跨檩条的搭接与中间跨的搭接稍有不同,主要是因为端跨框架要跟山墙墙架连接。设计成连续构件的檩条搭接长度有一定的要求,连续檩条的工作性能是通过耗费构件的搭接长度来获得的,所以连续檩条一般跨度大于 6 m,否则并不一定能达到经济的目的。

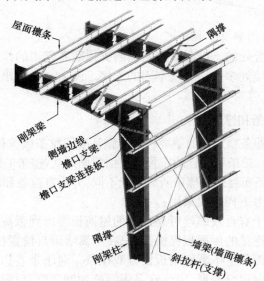

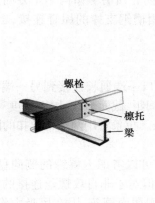

(a)中间跨,简支搭接方式　　　　　　(b)连续檩条,连续搭接

图 14.27　檩条布置

· 14.5.2　侧向支撑的设置及构造 ·

如前所述,外荷载作用下檩条同时产生弯曲和扭转的共同作用。冷弯薄壁型钢本身板件宽厚比大,抗扭刚度不足,荷载通常位于上翼缘的中心,荷载中心线与剪力中心相距较大,因为

坡屋面的影响,檩条腹板倾斜,扭转问题将更加突出。所有这些说明,侧向支撑是保证冷弯薄壁型钢檩条稳定性的重要保障。

1)屋面板的支撑作用

首先,可以将屋面视为一大构件,承受平行于屋面方向的荷载(如风、地震作用等),称之为屋面的蒙皮效应。考虑蒙皮效应的屋面板必须具有合适的板型、厚度及连接性能,主要是一些用自攻螺丝连接的屋面板,可以作为檩条的侧向支撑,使檩条的稳定性大大提高。扣合式或咬合式的屋面板不能对檩条提供很好的侧向支撑。

2)檩托

①在简支檩条的端部或连续檩条的搭接处,设置檩托能较妥善防止檩条在支座处倾覆或扭转。檩托常采用角钢、矩形钢板、焊接组合钢板等与刚架梁连接。

②檩托高度应至少达到檩条高度的3/4,且与檩条以螺栓连接。图14.28 示意了檩托的设置方法。

③檩条两端部至少应各采用两个螺栓与檩托连接,故一般两端各留两个螺栓孔,孔径根据螺栓直径来定(连续檩条须多设置栓孔)。当有隔撑相连时,檩条与之连接处应按要求打孔。

图14.28　檩托　　　　　　　　　　　　　　　图14.29　屋脊连接

④屋脊处的支撑起着将两侧的支撑联系起来的作用,以防止所有檩条向一个方向失稳,所以屋脊连接处多采用比较牢固的连接。图14.29 给出了采用槽钢支撑的屋脊连接;也可采用拉条拉紧。

3)拉条和撑杆

提高檩条稳定性的重要构造措施是采用拉条或撑杆从檐口一端通长连接到另一端,连接每一根檩条。拉条和撑杆的布置应根据屋面形式、檩条的跨度、间距、截面形式、屋面坡度等因素来选择。拉条布置按与檩条所成角度不同,分为直拉条和斜拉条。拉条常用两端带丝扣的圆钢。

可参考下列建议采用:

①对于有自攻螺丝可靠连接的屋面板考虑到蒙皮效应,可以考虑上翼缘的侧向稳定性由自攻螺丝连接的屋面板提供,而只在下翼缘附近设置拉条。但对于非自攻螺丝连接的屋面板,则需要在檩条上下翼缘附近设置双拉条。对于带卷边的 C 型截面檩条,因在风吸力作用下自由翼缘将向屋脊变形,因此宜采用螺栓加钢套管、角钢截面、方管截面等作撑杆。

②除设置直拉条通长拉结檩条外,应在屋脊两侧、檐口处、天窗架两侧加置斜拉条和撑杆,牢固地与檐口檩条在刚架处的节点连接[图14.30(c)、(d)]。

注意斜拉条的倒向应正确。图14.30(a)给出了一般结构拉条和撑杆设置的方法。

③当檩条跨度 $L \leqslant 4$ m 时,通常可不设拉条或撑杆;当檩条跨度 4 m $< L \leqslant 6$ m 时,可仅在檩条跨中设置一道拉条,檐口檩条间应设置撑杆和斜拉条[图14.30(a)];当 $L > 6$ m 时,宜在檩条跨间三分点处设置两道拉条,檐口檩条间应设置撑杆和斜拉条[图14.30(b)];图14.30(c)、(d)是有天窗时的拉条与撑杆布置。天窗架檩条也应根据情况设置拉条和撑杆。

④圆钢拉条直径不小于 10 mm,工程常取 12 mm 及以上。撑杆的长细比不得大于 200。

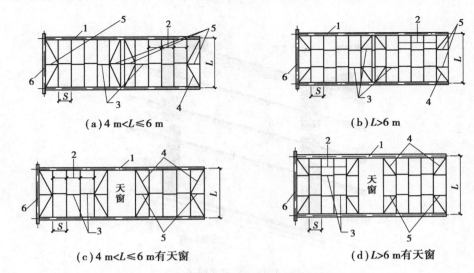

(a) 4 m<*L*≤6 m (b) *L*>6 m

(c) 4 m<*L*≤6 m 有天窗 (d) *L*>6 m 有天窗

图 14.30 檩间拉条(撑杆)布置示意图

1—刚架;2—檩条;3—拉条;4—斜拉条;5—撑杆;6—承重天沟或墙顶梁

·*14.5.3 墙梁(墙檩)*·

墙梁应保证其具有足够的强度、刚度和稳定性。适宜的构造和布置是保证墙梁受力合理的前提。

墙梁的布置与屋面檩条的布置有类似的考虑原则。墙梁的布置首先应考虑门窗、挑檐、遮雨篷等构件和围护材料的要求,综合考虑墙板板型和规格,以确定墙梁间距。墙梁的跨度取决于主刚架的柱距。当柱距过大,引起墙梁使用不经济时,可设置墙架柱。墙梁的放置方式一般与门窗匹配。

墙梁与主刚架柱的相对位置一般有两种。图 14.31 显示的是穿越式,墙梁的自由翼缘简单地与柱子外翼缘螺栓连接或檩托连接,根据墙梁搭接的长度来确定墙梁是连续的还是简支的。图 14.32 显示的是平齐式,即通过连接角钢将墙梁与柱子腹板相连,墙梁外翼缘基本与柱子外翼缘平齐。

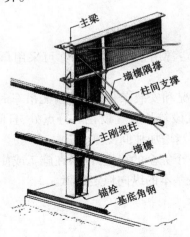

(a) 穿越式连续墙梁

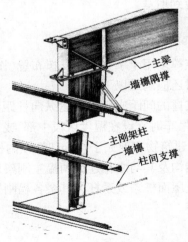

(b) 穿越式简支墙梁

图 14.31 穿越式墙梁

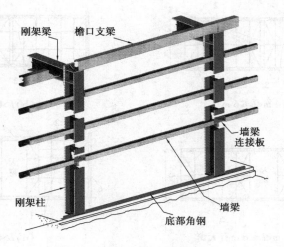

图 14.32　平齐式墙梁

14.6　门式刚架支撑系统

门式刚架结构沿宽度方向的横向稳定性，一般由门式刚框架来抵抗横向荷载而保证。门式刚架结构需要采用各种可靠的支撑结构以加强结构的整体和局部稳定性及力的可靠传递。由于建筑物在长度方向的纵向结构刚度较弱，于是需要沿建筑物的纵向设置支撑以保证其纵向稳定性。支撑主要分为屋面支撑和柱间支撑等。

支撑布置的目的是使每个温度区段或分期建设的区段能构成稳定的空间结构骨架。在每个温度区段或分期建设的区段中，应分别设置能独立构成空间稳定结构的支撑体系；在设置柱间支撑的开间，宜同时设置屋盖横向支撑，以组成几何不变体系。

支撑系统的主要作用是把施加在建筑物纵向上的风、吊车、地震等荷载从其作用点传到柱基础最后传到地基。

· 14.6.1　柱间支撑 ·

柱间支撑多用十字交叉的支撑布置(图 14.33)，常用张紧的圆钢，亦可采用角钢；柱间支撑布置同时还应满足以下要求：

柱间支撑的间距应根据房屋纵向柱距、受力情况和安装条件确定：当无吊车时宜取 30 ~ 45 m；当有吊车时宜设在温度区段中部，或当温度区段较长时宜设在三分点处，且间距不宜大于 60 m；当建筑物宽度大于 60 m 时，在内柱列宜适当增加柱间支撑。

支撑结构及其与之相连的两榀主刚架形成了一个完全的稳定开间，在施工或使用过程中，它都能通过屋面檩条或系杆为其余各榀刚架提供最基本的纵向稳定保障。

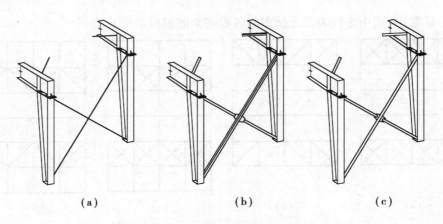

图 14.33　柱间支撑（交叉支撑）

· *14.6.2*　*屋面支撑* ·

结构纵向的风荷载实际的传力路径有两部分：大部分通过存在支撑的跨间传到基础，如图 14.34 所示；另外一部分荷载则由檩条系统作用到结构中部的各榀刚架，并依靠刚架本身的面外刚度传递至地面。通常认为支撑承担了所有的纵向风荷载。

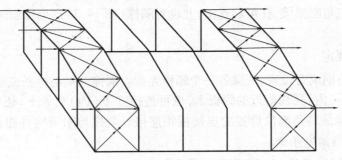

图 14.34　山墙风荷载传递路径

屋面支撑宜用十字交叉的支撑布置，如图 14.35（a）所示，对具有一定刚度的圆管和角钢也可使用对角支撑布置，如图 14.35（b）所示。

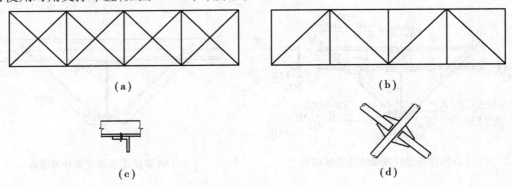

图 14.35　屋面支撑（交叉支撑）

图 14.36（a）～（d）代表典型的 4 种常见的支撑布置形式：张拉圆钢支撑和角钢支撑，尤其

是(a)、(c)最常用(图中虚线表示连接中间各榀刚架的屋面系杆)。

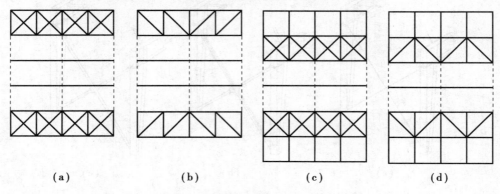

|(a)|(b)|(c)|(d)|

图 14.36　屋面横向支撑布置形式

屋盖横向支撑宜设在温度区间端部的第一个或第二个开间。当端部支撑设在第二个开间时,在第一个开间的相应位置应设置刚性系杆,如图 14.36(c)、(d)所示。在需要时还应设置屋面纵向支撑。

·14.6.3　隅撑·

檩条和墙梁应与刚架梁、柱可靠连接,并设置隅撑(图 14.37),确保刚架总体及刚架梁、柱的侧向稳定。

1)隅撑构造规定

隅撑常用单角钢成对设置,两端各一个螺栓连接。隅撑一端与檩条或墙梁连接,另一端可连接在刚架梁柱下(内)翼缘附近的腹板上,也可连接在下(内)翼缘上,还可以与在腹板与刚架构件下(内)翼缘的转角部位设置的连接板相连接。隅撑与刚架构件腹板的夹角不宜小于45°。隅撑宜用冷弯薄壁角钢。

2)隅撑与次结构、梁柱下(内)翼缘连接基本形式

隅撑一端与次结构栓接,另一端与梁柱连接形式如图 14.37(a)、(b)所示。图 14.38 是某厂房内的实物隅撑布置。

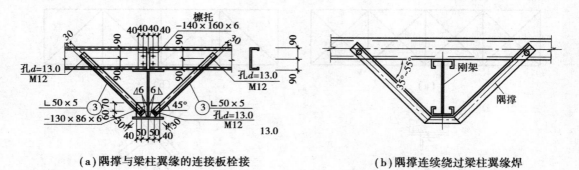

(a)隅撑与梁柱翼缘的连接板栓接　　　　(b)隅撑连续绕过梁柱翼缘焊

图 14.37　隅撑

图 14.38　隔撑实物图

3）综合布置要求

门式刚架结构应在其横梁顶面设置横向水平支撑,在刚架柱间设置柱间支撑。刚架横梁的横向水平支撑和刚架柱的柱间支撑设置在同一开间内,当建筑物较短时,支撑可设在两端开间内。当建筑物较长时,支撑宜设在两端第二开间内。此外,尚需每隔 30~45 m 增设一道支撑,如图 14.39 所示。

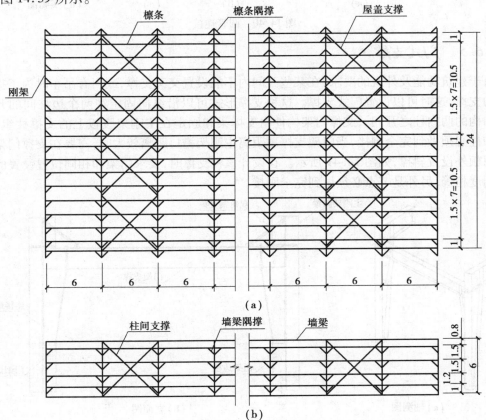

图 14.39　门式刚架结构支撑布置简图（单位:m）

· *14.6.4*　*系杆* ·

在刚架转折处(单跨房屋边柱柱顶刚架横梁折角处和中央弯折(屋脊)处,以及多跨房屋某些中间柱柱顶和屋脊以及梁、柱交角处的受压翼缘)应沿房屋全长设置刚性系杆。当有吊车时宜在牛腿高度处柱身部位全长设置刚性系杆。

圆管截面连接最简单的做法如图14.40(a)所示,杆件压扁的两端可以直接和连接板栓接,但这种连接形式适用于小管径的情况,而且需验算端头截面削弱后的承载力。对于管径大于100 mm的较大圆管,通常使用图14.40(b)所示连接,连接板的插入深度和焊缝尺寸根据轴力计算得到。圆管截面最普遍的连接如图14.40(c)所示。圆钢管的表示方法是:ϕ 外径×壁厚。

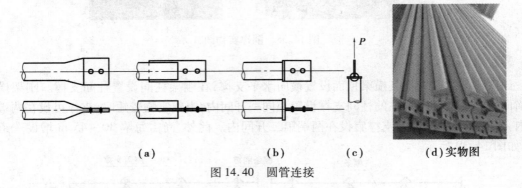

(a)   (b)   (c)   (d)实物图

图 14.40 圆管连接

· 14.6.5 门式支撑 ·

由于建筑功能及外观的要求,在某些开间内不能设置交叉支撑,或当有吊车时为了提供更可靠的支撑,这时可以设置门式支撑。这种支撑形式可以沿纵向固定在两个边柱间的开间或多跨结构的两内柱之开间。支撑门架构件由支撑梁和固定在主刚架腹板上的支撑柱组成,其中梁和柱必须做到完全刚接,当门架支撑顶距离主刚架檐口距离较大时,需要在支撑门架和主刚架间额外设置斜撑,如图14.41所示。在设计该种支撑时,要求门架和相同位置设置的交叉支撑刚度相等,另外是节点必须做到完全刚接。

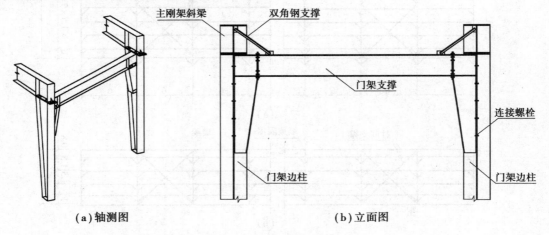

(a)轴测图   (b)立面图

图 14.41 门式支撑

14.7 门式刚架屋面系统构造

一般门式刚架等轻钢建筑常见的屋顶形式为坡屋顶,坡度一般为 1/40~1/8。

轻型钢结构屋面材料,宜采用具有轻质、高强、耐久、耐火、保温、隔热、隔声、抗震、防风及防水等性能的建筑材料,同时要求构造简单,施工方便,并能工业化生产,如压型钢板、太空板(由水泥发泡心材及水泥面层组成的轻板)等。目前在国内外普遍使用的是压型钢板、复合保温板。

随着金属屋面的广泛使用,其防水和保温隔热的功能得到不断的改进和完善。从保温隔热方面考虑,从单板发展到复合板。从防水方面考虑,从原先的低波纹屋面板,发展到现在的高波纹屋面;从原先的采用自攻螺丝的连接方法发展到现在的暗扣式连接方式。以上几个方面的发展,逐步满足了业主对选择金属屋面的要求,从而进一步推动了金属屋面的应用和发展。

压型钢板屋面一般由以下几种材料和构件组成:屋面上下层压型钢板、保温材料、采光材料、防潮材料、屋面开洞(包括安装屋面通风设备、工艺开孔等)以及屋面泛水收边等。

如图 14.42 所示为金属压型钢板屋面系统示意图。

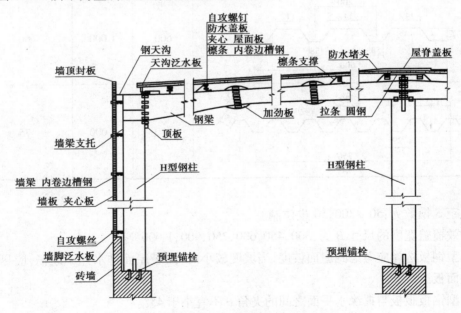

图 14.42 金属压型钢板屋面构造示意图

·14.7.1 屋面压型钢板·

压型钢板是目前轻型屋面有檩体系中应用最广泛的屋面材料。

1)屋面压型钢板简介

建筑用压型钢板(简称压型钢板)是以冷轧薄钢板为基板,经热镀锌或镀锌后覆以彩色涂层再经辊压冷弯成型 V 形、U 形、梯形或类似这几种形状的波形,在建筑上用作屋面板、楼板、墙板及装饰板,也可被选为其他用途的钢板。压型钢板具有成型灵活、施工速度快、外观美观、高强、重量轻、耐用、抗震、防火、易于工业化、商品化生产等优点。

2)屋面压型钢板有关构造

单层压型钢板基板板厚宜取 0.4~1.6 mm,板长定尺为 1.5~12 m。自重为 5~12 kg/m²,它的自重是传统结构的1/30~1/20。当有保温隔热要求时,可采用双层钢板中间夹保温层(超细离心玻璃纤维棉或岩棉等)的做法。

压型钢板重要参数有:代号 YX;波高 H;波距 S;板厚 t;有效覆盖宽度 B,见表 14.3。

表 14.3　压型板规格

断面基本尺寸/mm	有效宽度	展开宽度	有效利用率/%
	600	1 000	60
	600	1 000	60
	750	1 000	75

①波距 S 模数为:50~300,50 进位制。

②有效覆盖宽度的尺寸 B 为:300,450,600,750,900,1 000 等。

③压型钢板选择应考虑到屋面坡度,当坡度较小时,由于屋面排水并不通畅,应尽量采用高波纹屋面板。

④压型钢板腹板与翼缘水平面之间的夹角 θ 不宜小于45°。

⑤压型钢板宜采用长尺板材,以减少板横向搭接数量,有利于屋面防水。

⑥压型钢板横向搭接应与檩条有可靠连接,搭接长度须满足规范要求,波高大于 70 mm 的高波纹压型钢板,搭接长度不宜小于 350 mm,波高小于 70 mm 的低波纹压型钢板,搭接长度不宜小于 250 mm,且在搭接处须涂密封胶带。图 14.43 为高波和低波板板型示意图。

⑦压型钢板侧向连接有不同方式,详见后文。为防止屋面漏水,有条件尽量采用暗扣式连接。屋面板侧向搭接时,搭接宽度应视压型钢板形状、规格而定,一般不小于半波,搭接方向应

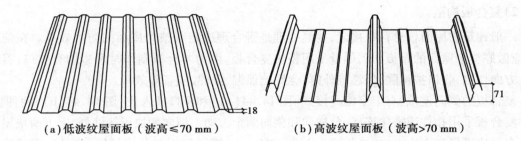

（a）低波纹屋面板（波高≤70 mm） （b）高波纹屋面板（波高>70 mm）

图 14.43 金属屋面板常用型式

与主导风向一致。对于波高小于 70 mm 低波纹压型钢板,可不设固定支架,而对于波高大于 70 mm 高波纹压型钢板,须设固定支架。

·*14.7.2 复合保温板构造与规格*·

单层压型钢板很薄,包括涂层在内,厚度也仅为 0.5 ~ 0.6 mm,这样的板不能满足保温隔热要求。若采取现场复合保温板,必须在屋面板下面另设保温层,下托不锈钢丝网片,或者再设计一层屋面内板,在屋面内外板之间再填塞保温材料,例如聚苯乙烯、聚氨脂、玻璃纤维保温棉、岩棉等,一般保温棉的容重为 12 ~ 20 kg/m²,厚度应根据保温要求由热工计算确定。对于一般的工业厂房,可选用 50 ~ 100 mm 的厚度,对于有较高隔热要求的生产车间或办公楼,还可以考虑吊顶;对于冷库或保鲜库等对隔热有特殊要求的建筑,应适当增加保温棉厚度。

满足保温隔热的另一个措施是直接选择保温隔热比较好的工厂复合保温板。

1）工厂复合保温板

工厂复合保温板,也称复合板或夹芯板,是由内外两层彩色涂层钢板作面层,自熄性聚苯乙烯泡沫等作芯材,通过高强度粘合剂粘合而成的板材（图 14.44）。彩钢夹芯板是一种多功能新型建筑板材,具有轻质、高强、保温、隔热、隔音、防水、装饰等性能,主要用于工业与民用建筑的屋面和墙面、组合式冷库以及加层、改建等工程。

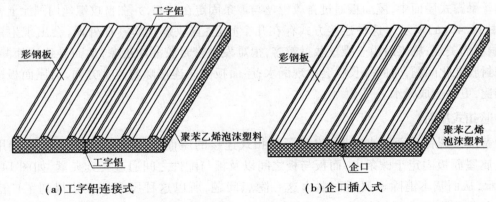

（a）工字铝连接式 （b）企口插入式

图 14.44 复合板型式

根据板的厚度（mm）,复合板常用的规格有 40,50,60,75,80,100,150,200,250 等,选材时应根据使用要求由热工计算确定板厚。对冷库等有较高保温要求的应采用较厚的复合板。

2）复合板构造

一般建筑物屋面板总存在接缝,接缝处理是否合理决定着整个屋面的防水效果。在施工前,应做好整个屋面的布板图。尽量采用整块复合板,因为复合板制作时两边均有收口,若沿长度方向切割,收口被切除,保温棉外露,会影响保温、隔热、隔音等效果。

复合板的侧向连接:有工字铝连接式[图14.44(a)]和企口插入式[图14.44(b)]两种。

复合板采用扣件或搭接连接,分横向和侧向两个方向。横向两块板接缝处,上下两块屋面板上表面应搭接在支座上,搭接长度为150~250 mm,搭接钢板部分用拉铆钉连接,搭接处用密封胶密封(图14.45),外露部分由拉铆钉连接,四周均须涂密封胶;侧向两块板接缝处,上表面彩钢板向上翻边≥25 mm,上面倒扣彩钢扣件,密封胶填实,详见后面扣接连接。

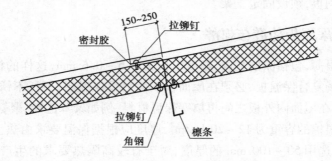

图14.45　沿坡度方向屋面板搭接

建筑物边缘处均须进行包角处理,一般制作单位均有这方面的定型产品,如角铝、槽铝、门框铝或窗框铝以及各种彩钢扣件、泛水板等。

· 14.7.3　螺丝暴露式(锁螺钉)屋面和暗扣式屋面 ·

按连接形式分类,金属屋面板可分为螺丝暴露式屋面和暗扣式屋面。

1）螺丝暴露式屋面

螺丝暴露式屋面中,屋面板通过自攻螺丝与檩条固定在一起,并在自攻螺丝周围涂上密封胶,如图14.46(a)所示。这种连接方式存在几个问题:自攻螺丝暴露在外面,会出现生锈现象,影响屋面美观;施工时由于螺丝数量较多,很难发现密封胶漏涂现象,从而导致该处漏水;由于密封胶老化问题,时间一长就会出现漏水;屋面板侧向连接顺着流水方向,与屋面板横向连接相比,更易造成漏水。

2）暗扣式屋面

为解决锁螺钉屋面漏水问题,出现了暗扣式连接的屋面板,屋面板侧向连接直接用配件将金属屋面板固定于檩条上,而板与板之间以及板与配件之间通过夹具夹紧,如图14.46(b)所示,从而基本消除金属屋面漏水这一隐患问题,所以这种屋面板很快得到了广泛采用。尤其是360°咬合式屋面板类似卷铁桶工艺,彻底解决了屋面密封隔气问题,可用于较小坡度屋面。

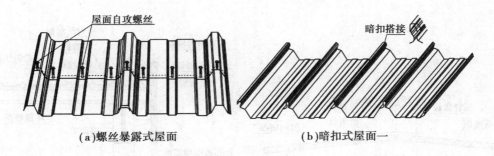

(a)螺丝暴露式屋面　　　　　　　　(b)暗扣式屋面一

图 14.46　两种常用屋面板类型的施工方法

·14.7.4　屋面防水构造·

屋面压型板都是通过各种搭接形式达到防水的,因此它们搭接的构造是防水的关键。在一般压型金属板屋面中容易引起漏水的部位是板材的纵向及横向接缝、天沟、山墙、天窗侧壁、出屋面洞口、通风屋脊及高低跨处。

屋面板及异型板的搭接长度需要根据屋面的坡度及坡长确定。屋脊及高低跨处泛水板与屋面板的搭接长度不宜小于 200 mm,并应在搭接部位设置挡水板或堵头等防水密封材料。

泛水板与泛水板、包角板与包角板之间的搭接长度以不小于 60 mm 为宜,屋面泛水板、包角板,尤其是屋脊板,其搭接方向应与当地主导风向一致,在搭接部位必须设置防水密封材料。

金属材料对温度变化很敏感。如果建筑物的构件例如檩条、墙梁,直接与外层压型金属板接触,在冬季气候条件下,这些钢件将出现结露现象。为了避免这一现象,应在钢件与外层压型金属板接触面上设置非金属隔离层。

图 14.47 至图 14.52 为常见的屋面节点构造。

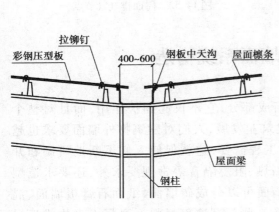

图 14.47　中天沟节点

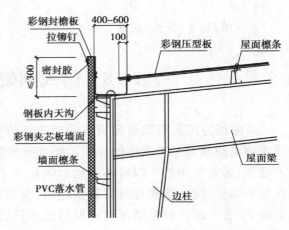

图 14.48　边天沟节点

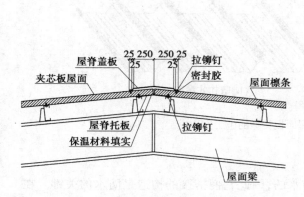

图 14.49 双坡屋脊节点

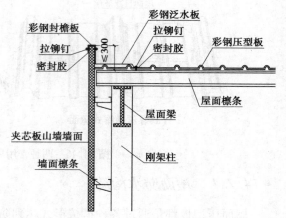

图 14.50 山墙封檐节点

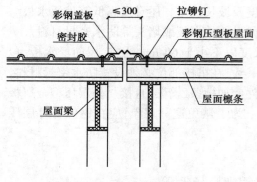

图 14.51 屋面伸缩缝节点

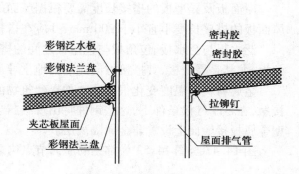

图 14.52 屋面排气管节点

14.8 门式刚架墙面系统构造

墙面作为门式刚架等轻钢结构建筑系统组成部分,它不仅起围护作用,而且对整个建筑物美观起着至关重要的作用。随着我国建筑业发展,人们对建筑物外墙面要求也越来越高,通常使用的外墙材料已远远满足不了工程需要,这就促使人们不断地研制和开发新的墙面材料,这些材料除高强轻质、保温隔热、阻燃隔音等常规要求外,还要求造型美观、安装方便。根据墙面组成材料的不同,墙面可以分成砖墙面、纸面石膏板墙面、混凝土砌块或板材墙面、金属墙面、玻璃幕墙以及一些新型墙面材料。混凝土砌块或板材墙面常见的有 GRC 玻璃纤维增强水泥板、粉煤灰轻质墙板或砌块、ALC 墙面板或墙面砌块(如前面已提到的上海易通公司的易通板)等,金属墙面常见的有压型钢板、EPS 夹芯板、金属幕墙板等。

· 14.8.1   几种墙面板介绍 ·

(1)砖墙面和纸面石膏板墙面

砖墙面作为一种传统的墙面材料,既可作为外墙面,也可作为内墙面,已被大量用于工程中,这种墙面材料施工方便,价格便宜。但我国墙体材料革新"十五"规划明文规定,为节省耕地、节约能源、保护环境,禁止使用实心粘土砖。纸面石膏板作为一种新型轻质的墙面材料,主要用于内墙板,并已被大量使用。

(2)玻璃纤维增强水泥板

玻璃纤维增强水泥(GlassFibre Reinforced Cement,简称GRC)轻型板材目前主要开发了两种产品:GRC 平板和 GRC 隔墙轻质条板。GRC 平板以高标号低碱度硫铝酸盐类水泥为基材,以抗碱玻璃纤维作增强材料,经过先进流浆辊压复合成型工艺制成。产品具有轻质、高强、高韧、耐火、不燃、防腐等优良性能,不含石棉等污染环境的有害物质,同时具有卓越的加工性能。和同类产品相比,独树一帜。这种板材彻底地克服了石膏板耐水性差,石棉水泥板容重大,抗冲击性差和加工困难,污染环境等的弊端,成为目前国内综合性能优良的一类新型建筑板材。GRC 隔墙轻质空芯条板是一种面层喷射 GRC,芯层注入膨胀珍珠岩混合料,即采用喷注复合工艺制成的新型空芯隔墙板。该产品的突出特点是:夹芯结构,构造合理;抗折强度高,抗裂性强;耐水,防火,防腐;加工性好,施工方便;尺寸精度高,可以确保安装质量。玻璃纤维增强水泥板具有良好的性能指标,被广泛用于建筑物的内墙板。

(3)粉煤灰轻质墙板或砌块

粉煤灰质多孔轻质墙板——自然养护的粉煤灰质多孔轻质墙板以粉煤灰为主原料,氯氧镁水泥为胶凝材料,中碱玻璃纤维为增强材料,再配以有效的改性外加剂和发泡液,经过适当的生产工艺控制,在常温常压下固化成型的一种新型多孔轻质建筑材料。粉煤灰质多孔轻质建筑板具有质量轻、力学性能好、隔热隔声性能好、变形性小、不燃烧等优点。

粉煤灰质多孔轻质建筑板可广泛应用于建筑物的外墙内保温、外墙外保温、屋面保温、非承重分户分室隔墙及有相类似要求的其他建筑工程部位。该建筑板可以比较方便地与母体墙体连接,并能很好地处理预埋件、预挂件、门窗口、阴阳角等位置,确保了板面平整,板缝不开裂,从而保证了施工速度和施工质量。

另外,粉煤灰轻质墙板或砌块还包括粉煤灰硅酸盐墙板、蒸压粉煤灰加气混凝土板、粉煤灰泡沫混凝土砌块、粉煤灰混凝土小型空心砌块、粉煤灰硅酸盐砌块、蒸压粉煤灰加气混凝土砌块等,用途也较广。

(4)压型钢板和 EPS 夹芯板

压型钢板和 EPS 夹芯板是目前轻钢建筑中常用的金属墙面板,有关这类板材的性能指标已在金属屋面部分作了较详细的介绍,下面给出有关安装节点构造供参考,如图 14.53 ~ 图 14.55 所示。

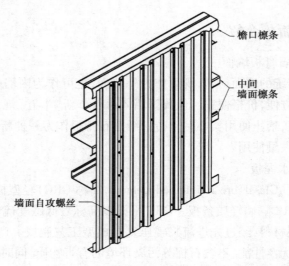

图 14.53　墙面板安装节点

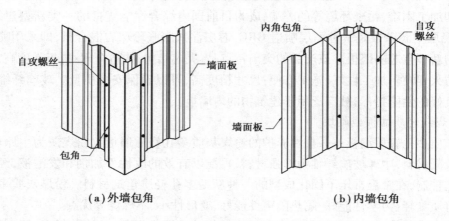

（a）外墙包角　　　　　　　　　　　　（b）内墙包角

图 14.54　墙面包角节点

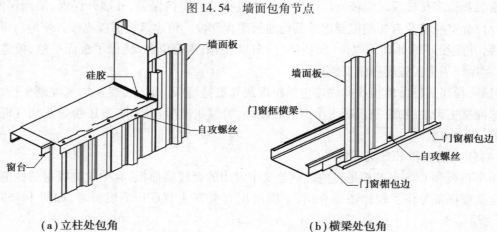

（a）立柱处包角　　　　　　　　　　　　（b）横梁处包角

图 14.55　门窗包角节点

· 14.8.2　门窗构造 ·

门窗作为轻钢结构不可缺少的部分,既要考虑美观,又要安装方便。门窗作为定型产品,每个制作单位都有自己的产品,这里仅提供浙江精工钢结构有限公司的部分门窗规格(表14.4)。详图见国标图集01J925—1。

表 14.4　门窗规格表

分　类	名　称	简　图	规　格	材　料
门	卷帘门		$W3000 \times H3000$	彩钢板、铝合金
			$W3600 \times H3600$	
			$W4500 \times H4500$	
	推拉门		$W3000 \times H3000$	夹芯板(厚度有 50 mm, 75 mm,100 mm)、彩钢板
			$W3600 \times H3600$	
			$W4500 \times H4500$	
	平开门		$W900 \times H2100$	铝合金 夹芯板 钢板
			$W1200 \times H2100$	
			$W1500 \times H2400$	
窗	固定窗		$W1500 \times H1000$	铝合金塑钢
			$W1500 \times H1200$	
			$W3000 \times H1800$	
	推拉窗		$W1500 \times H1000$	铝合金塑钢
			$W1500 \times H1200$	
			$W3000 \times H1800$	
	百叶窗		$W1000 \times H600$	彩板
			$W1200 \times H600$	
			$W1500 \times H900$	

14.9　门式刚架围护结构的采光与通风

· 14.9.1　采光 ·

一般轻钢结构,当采用门窗还不能满足采光要求时,可在屋面设置采光带或在房屋侧面设采光窗,采光带一般沿房屋跨度方向设置,宽度在 600 ~ 800 mm,可每跨设置,也可隔跨设置,具体由计算确定,但须注意采光带和屋面板的泛水处理。如果须大面积采光,如体育场馆、暖棚等,可采用阳光板。屋面采光目前采用的方法有以下几种方式:

（1）玻璃钢采光瓦采光

屋面采光采用玻璃钢采光瓦在屋面构造上与压型金属板屋面类似,处理简单(不须专门设置骨架),防水性能可等同压型金属板屋面。

图 14.56　玻璃钢采光瓦

图 14.57　采光窗

（2）采光窗采光及采光帽采光

本采光方式选用的材料品种很多,有聚碳酸酯板(阳光板)、PC 板、夹胶玻璃、中空玻璃等。本采光方式需要为采光专门设置骨架,采光部分均高出金属压型板屋面,防水处理较复杂,但采光部分不易积灰,透光率较高。

· *14.9.2*　**通风** ·

通风可分为自然通风和机械通风。自然通风一般通过设置可开启的天窗和侧窗来实现有组织的通风换气。机械通风需要较大的通风设备的投资及运行维护费用。

采用何种通风方式(自然通风、机械通风或两种通风方式相结合),应根据建筑物的用途、工艺和使用要求、室外气象条件及能源状况等,同各有关专业配合,通过技术经济比较确定。

如果房屋对通风有特殊要求时,可设置天窗或气楼等通风器。屋面通风传统上是采用设置气楼、安装轴流风机的方式来解决,这些方法需专门设计相应的结构作为其支撑架,在屋面防雨水方面也需较复杂的处理。目前在轻钢结构中采用了一种涡轮通风器克服以上问题。

1)自然通风的形式及构造特点

工业和民用建筑的自然通风主要依靠门洞、平开窗或垂直转动窗、屋面通风器等。下面主要讲述在工业建筑自然通风中广泛采用的屋面通风器。

屋面自然通风器按形状可分为点式和条式。条式通风器通常又称为通风气楼,一般由建筑设计单位自行设计,但目前各钢结构厂家均有自己的定型产品,根据要求的通风量可灵活选用。点式通风器多由专业厂家设计生产,价格较条式通风器昂贵。

（1）简易通风气楼

图 14.58 所示为比较常见的简易通风气楼,其主要特点是结构简单,制作安装简便,成本较低。气楼外围可用采光板,兼有通风和采光双重功能。

简易通风气楼的结构为简单的小刚架,气楼柱与刚架梁铰接,与气楼梁刚接。对于跨度较大、高度较高的大型通风气楼,与下部主体结构共同计算。对于跨度较小的小型通风气楼,可对小刚架进行单独计算。

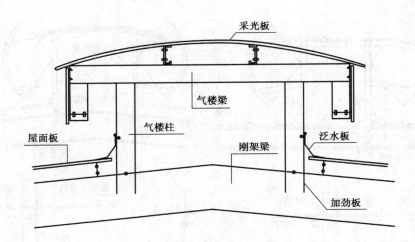

图 14.58 简易通风气楼

(2)弧形通风气楼

弧形气楼与其他形式气楼相比具有外形美观、抽风力强、安全、防水等优点。可沿屋脊或屋面坡度方向布置,如图 14.59 所示。

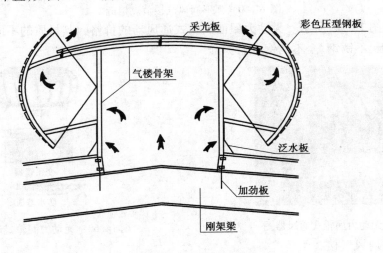

图 14.59 弧形通风气楼

弧形通风气楼也是采用角钢或方管等小截面构件焊接成的小刚架。通风气楼沿厂房横向(即屋面坡度方向)设置时,小刚架与屋面檩条通过螺栓连接,小刚架间距同檩条间距,如图 14.60(a)所示。通风气楼沿厂房纵向(屋脊上)设置时,小刚架与兼作屋面檩条的槽钢梁通过螺栓连接,小刚架间距通常取 1 m,如图 14.60(b)所示。

(3)无动力屋面涡轮式通风器(点式通风器)

如图 14.61 所示,涡轮式通风器的工作原理是利用自然风力及室内外温度差造成的空气对流,推动涡轮转动,从而利用离心力及负压效应实现通风换气。无动力屋面涡轮式通风器与通风气楼相比具有高效率的排风功能、质量轻、安装快捷等优点。但气楼一般可兼有采光功能,而通风器只有单纯的通风、排烟功能。涡轮式通风器主要由三部分组成:涡轮头、变角管颈

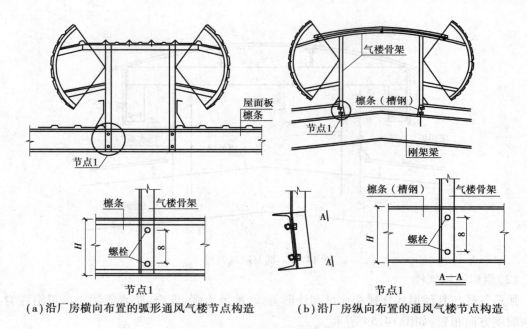

(a)沿厂房横向布置的弧形通风气楼节点构造　　(b)沿厂房纵向布置的通风气楼节点构造

图 14.60　弧形通风气楼节点构造

和防水基板,如图 14.62 所示。无动力屋面涡轮式通风器的价格因其材质的不同而不同,常用的材质有彩钢板、不锈钢、全不锈钢、铝材等。

图 14.61　无动力涡轮式通风器图

图 14.62　无动力涡轮式通风器组成

（4）可开启通风气楼

室内的通风换气有时并不是时时刻刻都需要的,尤其对于北方需要冬季采暖的用房,设置一直敞开的气楼不但不起作用,而且浪费能源。这就需要在屋面上设置可开启的气楼,按需要随时打开关闭。

可开启通风气楼按开启动力的不同可分为人工开启式和电动开启式。图 14.63 为某北方工程的电动开启式天窗。

2）通风气楼（或通风器）的布置

以自然通风为主的建筑物,通风气楼(即条式通风器)的布置应根据主要进风面和建筑物的形式,按当地有利的风向布置。因此,通风气楼的设置通常分为沿厂房纵向布置和厂房横向布置两种,如图 14.64、图 14.65 所示。

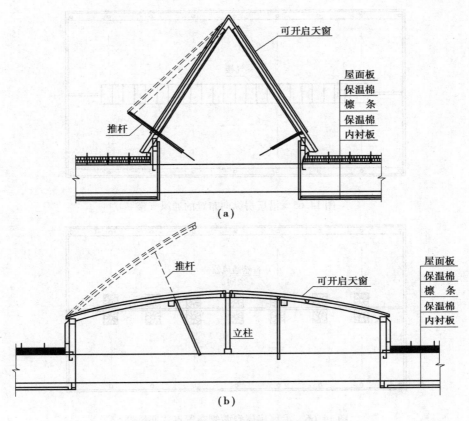

图 14.63 某北方工程的电动开启式天窗

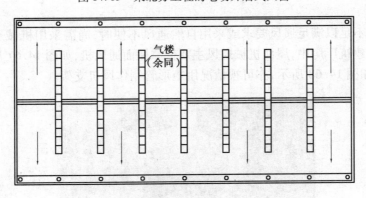

图 14.64 沿厂房横向布置

　　通风气楼的布置数量及通风气楼的规格、形式等应根据暖通专业按自然通风计算确定的通风量选定。选定通风气楼的形式及所需规格尺寸后方可进行结构计算,确定其各构件的截面。

　　点式通风器宜沿屋脊的两侧设置,且应尽量避免将通风器置于有乱流的地方,以及和垂直墙相邻的低屋面处,如图 14.66 所示。通风器安装时,应将防水基板嵌入屋面板与屋脊金属盖板之间的缝隙里,以避免漏水。

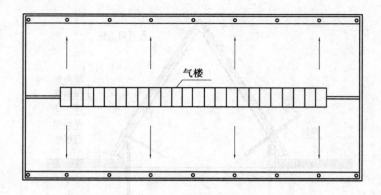

图 14.65　沿厂房纵向布置的通风气楼

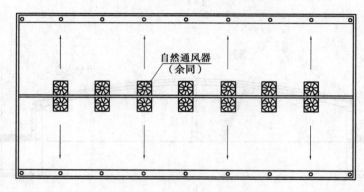

图 14.66　沿厂房屋脊两侧布置点式通风器

3)机械通风

当自然通风不足以满足通风要求或采用自然通风不便时,尚需采用机械通风方式实现通风换气。在工业建筑厂房中,屋面机械通风主要依靠屋面通风机,如图 14.67 所示。风机支架多由角钢制成,如图 14.68 所示,亦可视情况用矩形管制作风机支架。

图 14.67　屋面通风机

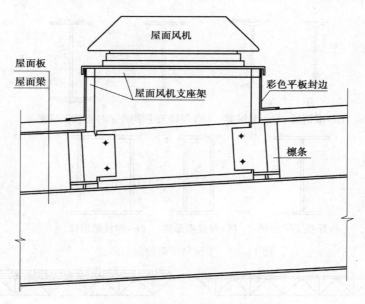

图 14.68 风机与屋面连接构造

14.10 吊车梁构造

· 14.10.1 吊车梁概述 ·

直接支承吊车轮压的受弯构件有吊车梁和吊车桁架,一般设计成简支结构。吊车梁有型钢梁、组合工字形梁及箱形截面梁等(图 14.70);吊车桁架常用截面形式为上行式直接支承吊车桁架和上行式间接支承吊车桁架(图 14.71)。

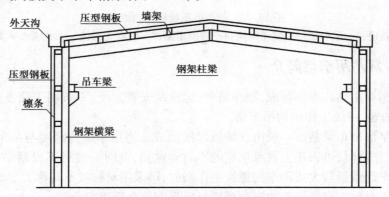

图 14.69 吊车梁的位置

吊车梁系统一般由吊车梁(吊车桁架)、制动结构、辅助桁架及支撑(水平支撑和垂直支撑)等组成(图 14.72)。

一般将吊车工作制分为轻、中、重和特重四级,应根据工艺提供的资料确定其相应的级别。门式刚架一般最大额定起重量 $Q \leqslant 20$ t 的吊车梁(或吊车桁架)。

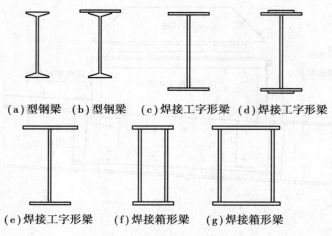

(a)型钢梁　(b)型钢梁　(c)焊接工字形梁　(d)焊接工字形梁

(e)焊接工字形梁　　(f)焊接箱形梁　　(g)焊接箱形梁

图 14.70　实腹吊车梁的截面形式

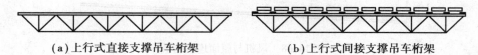

(a)上行式直接支撑吊车桁架　　　　　(b)上行式间接支撑吊车桁架

图 14.71　吊车桁架结构简图

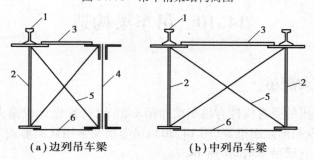

(a)边列吊车梁　　　　　　　　(b)中列吊车梁

图 14.72　吊车梁系统构件的组成

1—轨道;2—吊车梁;3—制动结构;4—辅助桁架;5—垂直支撑;6—下翼缘水平支撑

· 14.10.2　常用吊车梁简介 ·

①型钢吊车梁用热轧型钢制成,制作简单、运输及安装方便,一般用于跨度≤6 m,吊车起重量 $Q \leqslant 10$ t 的轻、中级工作制的吊车梁。

②焊接工字形吊车梁截面一般由三块板焊接而成。当吊车梁的跨度与吊车起重量不大,并为轻、中级工作制时,可采用上翼缘加宽的不对称截面,此时一般可不设制动结构。当吊车梁的跨度与吊车起重量较大或吊车为重级工作制时,可采用对称或不对称工字形截面,但需设置制动结构。不对称工字形截面能充分利用材料强度使截面更趋合理。

工字形吊车梁一般设计成等高度等截面的形式,根据需要也可设计成变高度(支座处梁高缩小)变截面的形式。

③吊车桁架有桁架式、撑杆式、托架-吊车桁架合一式等。一般设计成上承式简支桁架,由劲性上弦、腹杆和下弦组成。常用的几何形式为带中间竖杆的三角形腹杆体系平行弦桁架,其支座设于上弦平面内。上弦为劲性连续梁,适用吊车轨道直接铺设在上弦上,吊车桁架跨度

$L \geqslant 18$ m且吊车为轻、中级工作制的情况。

④箱形吊车梁由上下翼缘板与两侧各一块腹板组成。箱型吊车梁具有较大的整体抗弯和抗扭刚度,梁的截面高度相对较小和具有较高的安全度的优点,但用钢量可能较多且制作和安装的难度较大。一般可用作扭矩较大的中列柱、大跨度及较大起重量的吊车梁或环形吊车梁等。

箱形吊车梁可分为窄箱形梁和宽箱形梁。前者为两块腹板共同承受一条吊车轨道的荷重,后者为两块腹板各自分别承受一条吊车轨道的荷重(中列吊车梁),或两块腹板各自分别承受一条吊车轨道及屋盖(或墙架支柱)传来的荷重(边列吊车梁)。

⑤壁行吊车梁是承受一种可移动的悬挂吊车的梁,一般可分为分离式壁行吊车梁和整体式壁行吊车梁(即箱形梁)两种。由承受水平荷载的上梁及同时承受水平和竖向荷载的下梁组成分离型式的壁行吊车梁较为经济,但需严格控制上、下梁的相对变形。

⑥悬挂式吊车梁包括悬挂单梁和轨道梁,由轧制工字钢制成,悬挂于屋盖及楼盖承重结构下或特设的支柱、支架下。单轨吊车梁可分为直线梁和弧线梁,直线梁可根据材料、安装及支承等条件设计为简支、双跨或三跨连续梁,弧线梁在弧线段及弧线与直线交接处均应设计为连续构造。

· 14.10.3　焊接工字形吊车梁 ·

在门式刚架结构体系中,最常见的吊车支承结构形式为焊接工字形简支吊车梁,以下介绍该形式的构造要求。门式刚架结构中吊车的起重量通常较小,一般做法为等截面或变截面的焊接 H 型钢简支梁。

焊接工字形吊车梁的横向加劲肋与上翼缘相接处应切角。当切成斜角时,其宽约为 $b_s/3$(但不大于 40 mm),高约为 $b_s/2$(但不大于 60 mm)。b_s 为加劲肋宽度。横向加劲肋的上端应与上翼缘刨平顶紧后焊接,加劲肋的下端宜在距离受拉翼缘 50 ~ 100 mm 处断开,不应另加零件与受拉翼缘焊接(图 14.73)。

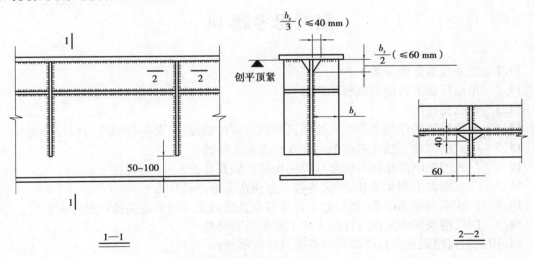

图 14.73　焊接工字形吊车梁构造

当同时采用横向加劲肋和纵向加劲肋时,其相交处应留有缺口(图 14.73 剖面图 2—2),以免形成焊接过热区。

小结 14

①工业建筑是指用于工业生产及直接为生产服务的各种房屋,一般称厂房。单层厂房的结构类型主要分为承重墙结构和骨架结构两种。装配式钢筋混凝土骨架结构的单层厂房由承重构件和围护结构组成。在厂房中,承重结构柱子在平面上排列时所形成的网格称为柱网。柱网尺寸由跨度和柱距组成。单层厂房的定位轴线是确定厂房主要承重构件标志尺寸及其相互位置的基准线,也是厂房施工放线和设备安装定位的依据。

②门式刚架基础最常用的有柱下独立基础、门式刚架柱脚受力有两种,柱脚与基础的链接通过锚栓。

③门式刚架梁、柱最常用的截面是轧制或焊接 H 型钢,注意其区别与联系;门式刚架梁柱、梁梁连接节点、山墙构造与识图是关键点。

④门式刚架屋面、墙面檩条最常用的截面是卷边 C 或 Z 型冷弯薄壁型钢,注意区别与联系;门式刚架檩条连接及侧向支撑连接节点构造与识图是关键点。

⑤门式刚架屋面、柱间支撑主要起到纵向稳定、增加整体刚度及抵抗纵向地震力、风荷载(有吊车时,柱间支撑还承担和传递吊车纵向刹车力)的作用,注意其区别与联系;门式刚架支撑布置图与支撑节点连接构造与识图是关键点。

⑥门式刚架屋面围护结构与墙面围护结构之间,既有联系又有区别,常见的围护结构材料有压型钢板、复合保温板。门式刚架屋面和墙面围护结构的具体作用、组成、连接节点构造;注意保温隔热在其中的体现。

⑦门式刚架通风与采光对围护结构的作用,认真做好其与周边围护结构的连接处。

⑧门式刚架屋面、墙面排水构造应如何注意做好。

复习思考题 14

14.1 工业建筑如何分类?
14.2 单层厂房的构造组成有哪些?
14.3 什么是柱网?
14.4 定位轴线的作用是什么?绘图说明横向定位轴线、纵向定位轴线与构件的关系。
14.5 门式刚架柱下独立基础的组成及构造是怎样的?
14.6 门式刚架刚接柱脚与铰接柱脚的构造区别是什么?
14.7 门式刚架主刚架梁柱、梁梁连接节点构造关键点是什么?
14.8 门式刚架屋面檩条、墙面檩条连接节点及侧向支撑的构造关键点是什么?
14.9 门式刚架屋面支撑与柱间支撑主要受力有哪些?
14.10 门式刚架支撑具体类型与截面具体有哪些?
14.11 如何熟练掌握支撑连接节点构造与识图?
14.12 门式刚架屋面围护结构组成有哪些?
14.13 门式刚架墙面围护结构组成有哪些?
14.14 如何掌握门式刚架围护结构构造与熟练识图?

参考文献

［1］许光.建筑识图与房屋构造［M］.重庆:重庆大学出版社,2008.

［2］李社生.工程图识读［M］.北京:科学出版社,2004.

［3］何铭新.建筑工程制图［M］.4版.北京:高等教育出版社,2008.

［4］樊琳娟,刘志麟.建筑识图与构造［M］.北京:科学出版社,2005.

［5］李必瑜.房屋建筑学［M］.武汉:武汉工业大学出版社,2000.

［6］舒秋华.房屋建筑学［M］.武汉:武汉工业大学出版社,2002.

［7］中国建筑工业出版社.现行建筑设计规范大全［M］.北京:中国建筑工业出版社,2009.

［8］沈先荣.建筑构造［M］.北京:中央广播电视大学出版社,2010.

［9］同济大学,西安建筑科技大学,东南大学,重庆大学.房屋建筑学［M］.北京:中国建筑工业出版社,2008.

［10］中国建筑标准设计研究所.压型钢板、夹芯板屋面及墙体建筑构造［S］.北京:中国计划出版社,2001.

［11］中国建筑标准设计研究所.12m实腹式钢吊车梁［S］.北京:中国计划出版社,2009.

［12］中国建筑标准设计研究所.门式刚架轻型房屋钢结构［S］.北京:中国计划出版社,2009.

［13］中国建筑标准设计研究院.门式刚架轻型房屋钢结构(有吊车)［S］.北京:中国计划出版社,2008.

［14］中国建筑标准设计研究院.钢檩条 钢墙梁(2011年合订本)［S］.北京:中国计划出版社,2011.